计算电磁学导论

耿军平　金荣洪　编著

上海交通大学出版社
SHANGHAI JIAO TONG UNIVERSITY PRESS

内容提要

针对电磁问题，本书从麦克斯韦方程及其引申方程出发，构建电磁问题的表征方程，同时从数学原理出发，分析电磁表征方程的数学分析、等效与求解。主要包括电磁问题与电磁分析方法等的描述，基本数学原理的讲解，解析方法、数值方法原理、矩量法、几何绕射法、时域有限差分法、并行计算等具体方法的讲解。

本书可用作"计算电磁学"课程的教材，另外也可供电磁计算方法研究者及相关人员参考。

图书在版编目(CIP)数据

计算电磁学导论 / 耿军平，金荣洪编著. —上海：
上海交通大学出版社，2021.12

ISBN 978-7-313-20860-6

Ⅰ. ①计… Ⅱ. ①耿… ②金… Ⅲ. ①电磁计算
Ⅳ. ①TM15

中国版本图书馆 CIP 数据核字(2021)第 058666 号

计算电磁学导论

JISUAN DIANCIXUE DAOLUN

编　　著：耿军平　金荣洪
出版发行：上海交通大学出版社
地　　址：上海市番禺路 951 号
邮政编码：200030
电　　话：021-64071208
印　　制：当纳利(上海)信息技术有限公司
经　　销：全国新华书店
开　　本：787 mm×1092 mm　1/16
印　　张：15
字　　数：341 千字
版　　次：2021 年 12 月第 1 版
印　　次：2021 年 12 月第 1 次印刷
书　　号：ISBN 978-7-313-20860-6
定　　价：62.00 元

前　言

上海交通大学为研究生开设“计算电磁学”这门课已有三十多年历史，1994年至2008年由金荣洪主讲，2009年起由耿军平主讲。期间一直没有采用一本固定的教材，而是由主讲教师参照一些著作、参考文献以及科研中的案例形成教案，这样做的好处是可以根据学科的发展、生源的不同而及时调整，使得授课内容更贴近需求，也能及时介绍一些前沿性的研究成果。但不便之处也显而易见，学生不便于预习，教师备课工作量大，也不符合学校规范化管理的要求。经过这么多年的打磨，已具备了出一本教材的条件。因此借上海市“高峰高原”学科建设的东风，编写了这本以满足研究生学位课程“计算电磁学”为首要目的的教材。在此衷心感谢上海市“高峰高原”学科建设计划的支持。

自1865年麦克斯韦发表的《电磁场的动力学理论》一文中揭示了电、磁现象与光的内在联系及统一性以来，电磁问题的求解是电磁领域理论研究和工程设计的基础。我们所面对的电磁问题中，除了极少数可以得到解析解之外，绝大多数电磁问题需要通过数值计算的方法来求解。随着频谱资源的日趋紧张和高频电磁波、毫米波，甚至更高频率电磁问题的出现，相应的数值计算的难度和问题规模也快速增加。对应的电磁计算方法也经由矩量法、有限元法、FDTD等向跨域计算、快速计算、并行计算等方向发展。

本书从电磁计算的基本原理出发，阐述了电磁场问题与泛函极值问题的映射关系，并结合物理问题的边界条件分析了与电磁问题对应的泛函极值问题的求解方法。在此基础上，介绍了几类主要的电磁计算方法，包括问题建模和求解过程。本书可作为学生学习电磁计算的教材，也是专门研究电磁计算方法的入门书。通过阅读本书，可以系统了解电磁计算方法的原理和发展过程，理解电磁计算的发展方向。

第1章绪论，主要介绍电磁计算的发展历史和一些观点，包括电磁计算的新进展。第2章主要回顾电磁场理论和电磁问题求解的解析方法。第3章主要介绍各种电磁计算方法及其分类。第4章主要介绍电磁计算方法的数学基础，尤其是对应的变分问题的泛函分析方法。第5章主要讲述矩量法的原理和演化，包括不同问题的求解过程。第6章介绍有限元方法在电磁计算中的基本原理和应用。第7章主要介绍时域有限差分法的基本原理和计算不同电磁问题的具体应用。第8章主要介绍几何绕射方法的基本原理和几种问题的应用求解。第 9 章主要介绍并行电磁计算的基本理论,平台环境和几种算法的应用。

部分章节专门增加了新进展的相关名词,让读者了解相应算法近期的发展。每章的最后留有思考题和计算题,读者可以通过对习题的解答加深对每章内容的理解,并把算法具体运用到电磁问题的求解中。

在本书的撰写过程中,这些年来听计算电磁学课的很多同学和我们天线课题组的很多同学参与了上课录音和书稿的整理,特别是吴昊博、王磊、任超凡、刘二伟、张静、周晗、王堃、陈瑞华、韩家伟、程旭旭、高伟男、杨思磊等同学,在此一并表示感谢。同时也感谢上海市"高峰高原"学科建设计划"通信与信息工程学科"负责人张文军教授和负责系列教材出版计划的解蓉副教授的大力支持,感谢上海交通大学出版社编辑张勇老师的辛勤工作,感谢大家的支持和帮助。

由于作者水平所限,书中存在的疏漏之处,恳请同行专家和读者不吝指正。

目 录

第1章 绪　论

1.1 电磁研究新进展的相关名词

1. 太赫兹技术

由于无线通信技术的发展，频带资源显得越来越紧缺，现有的频带不仅呈现出饱和的趋势，而且也越来越不能满足人们对于高通信速率的需求。由此，太赫兹(THz)通信技术应运而生。太赫兹通信天线从种类和性能上都得到了很快的发展，然而太赫兹通信天线由于工作的频段高，相对波长很小，电磁波损耗非常大，所以对材料和天线结构以及加工工艺都有特殊的要求。

高速成像技术是太赫兹技术应用领域的重要研究方向之一，它在材料分析、高能物理过程分析、生物医学成像、人体安检等方面具有重要的应用价值。然而，由于低温匹配读出电路的缺乏，使得快速响应光子型焦平面阵列探测器的设计十分困难，从而造成太赫兹高速与实时成像技术的研究进展缓慢。

太赫兹技术在医学应用上实现了组织的快速、无损诊断，减少了等待组织病理学检查的时间。尽管太赫兹技术在医学检测和诊断方面上的应用还处在发展阶段，但是太赫兹技术在临床应用方面已展现出广阔的发展前景。随着技术的不断进步，更精密、价格更合理的仪器设备将得到商品化和普及应用，太赫兹技术能有效提高医学检测和诊断水平，更好地为人类健康服务。

2. 电磁污染

随着经济的发展和物质文化生活水平的不断提高，各种家用电器——电视机、空调、电冰箱、电风扇、洗衣机、组合音响等已经相当普及；家用电脑、家庭影院等现代高科技产品早已进入千家万户，给人们的生活带来诸多方便和乐趣。然而，现代科学研究发现，各种家用电器和电子设备在使用过程中会产生多种不同波长和频率的电磁波，这些电磁波充斥空间，对人体具有潜在危害。由于电磁波看不见，摸不着，令人防不胜防，因而对人类生存环境构成了新的威胁，被称为“电磁污染”。

3. 石墨烯超导

作为目前世界上最薄却又是最坚硬的纳米材料，石墨烯(Graphene)(见图1－1)还被期待用来发展出更薄、导电速度更快的新一代电子元件或晶体管、透明触控屏幕、光板，甚至是太阳能电池。

常规超导体材料，其超导特性的实现依赖于成对电子的稳定导电，而石墨烯中可用的电子数量很少，若其中的电子能够以某种方式使其实现配对的话，则该种方式的相互作用应该比常规超导体的性能要强得多。

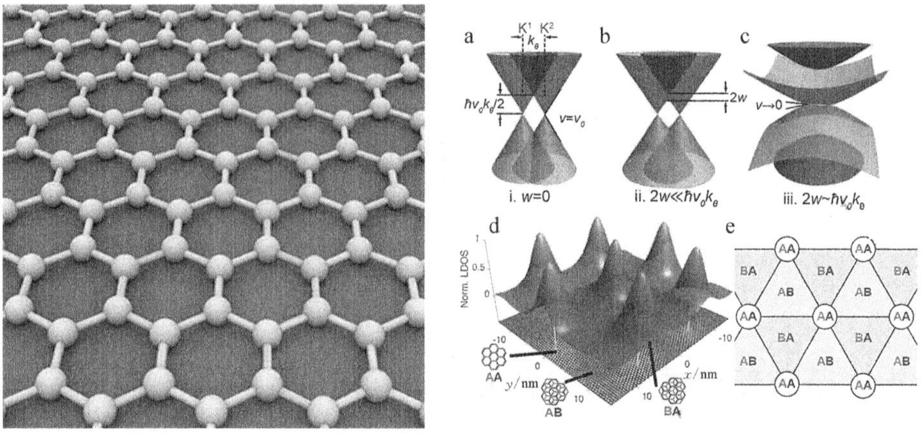

(a) (b)

图 1-1 石墨烯

(a) 石墨烯结构；(b) 石墨烯超导

4. 涡旋电磁波成像

涡旋电磁波比普通电磁波多一个自由度——轨道角动量(orbital angular momentum, OAM)，可以包含更多更丰富的信息，利用此特点可以在人脑医学成像等方面有所应用，弥补目前医学成像上的不足。

如图 1-2 所示，应用涡旋电磁波成像可以清晰地看到人脑中的病灶(血块、肿瘤)。

5. 频率选择表面

如图 1-3 所示，频率选择表面(frequency selective surface, FSS)是由相同的贴片或孔径单元按二维周期性排列构成的无限大平面结构，它对具有不同工作频率、极化状态和入射角度的电磁波具有频率选择特性，因而在工业产品、军事通信、电磁隐身等电磁领域得到广泛应用。

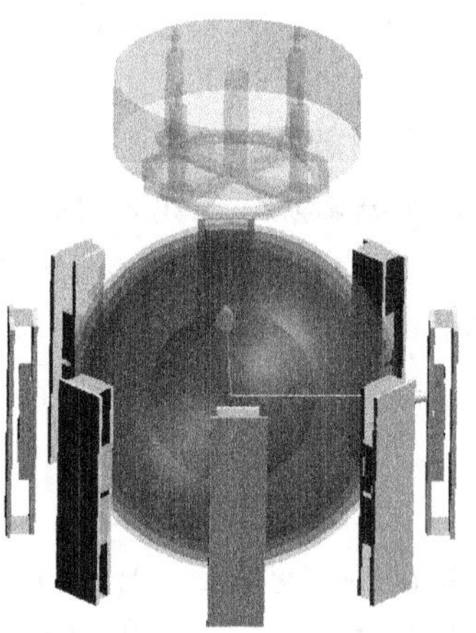

图 1-2 轨道角动量(OAM)成像

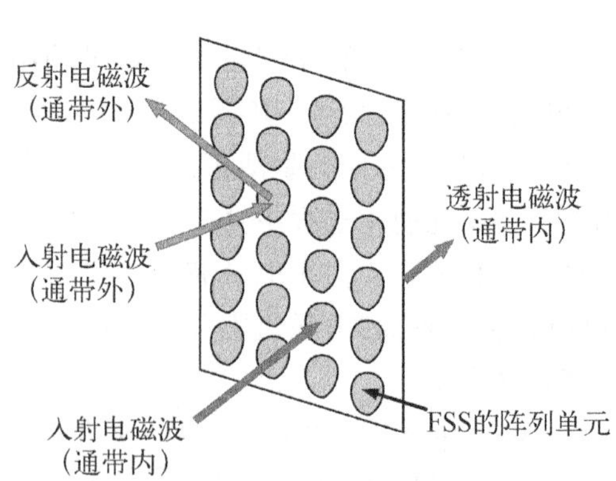

图 1-3 频率选择表面

进一步来看，又有人研制了光电可调控频率选择表面。采用具有光电导特性的材料制成光电导薄膜，使其与金属 FSS 有效连接，利用光电导薄膜的光照导电特性控制金属 FSS

结构的尺寸变化，从而实现 FSS 的调控。当无光照射时，光电导薄膜导电能力接近于零，只有金属 FSS 实现特性频选作用；当有光照射时，光电导薄膜具有很好的导电能力，与金属 FSS 共同构成新结构尺寸的 FSS，其中心谐振频率将发生变化。与其他主动 FSS 相比，该光电可调控 FSS 结构简单、制作工艺难度小。

6. 新型碳纳米管纤维天线

如图 1 - 4 所示，由新型碳纳米管(NCT)纤维制成的天线，性能堪比铜天线，而重量却只有铜天线的 1/20。因为它在重量和柔性方面具有优势，这种天线有望应用于航空航天领域和可穿戴电子设备。

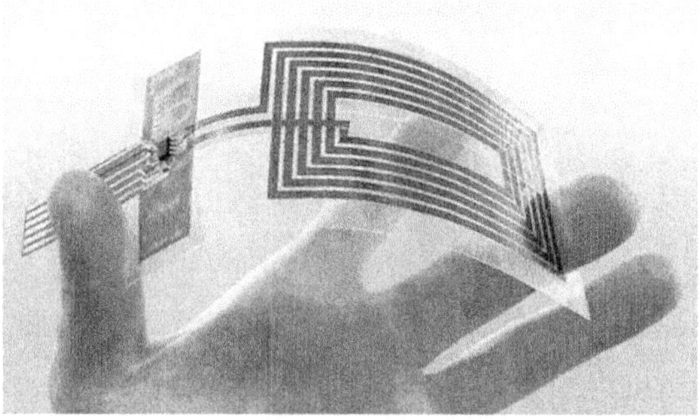

图 1 - 4 新型碳纳米管纤维天线

使用石墨烯制造出完全柔性的天线，它可以利用手机等近场通信设备交换信息，并且具有传统金属天线的功能。这种石墨烯 NFC 天线具有化学惰性，可抗几千次弯曲，可以放置于不同标准的柔性基底之上。

7. 磁单极子

自从狄拉克 1931 年建立了关于磁单极子的全面理论以来，尚未有狄拉克磁单极子在一种由一个量子场所描述的介质内被直接观察到。但是 David Hall 及其同事在 2014 年《自然》(*Nature*)期刊报告了对在由一个自旋或"玻色-爱因斯坦"凝聚态所产生的人造磁场中的狄拉克磁单极子的实验观察。作者获得了在凝聚态内的涡线末端的单极子的真实空间图像，提供了证明狄拉克磁单极子存在的证据。狄拉克磁单极子在一个受控环境中的生成和操控为一系列实验和理论研究打开了大门。

8. 5G 通信

5G 网络的主要目标是让终端用户始终处于联网状态。5G 网络将来支持的设备远远不止是智能手机——它还要支持智能手表、健身腕带、智能家庭设备如鸟巢式室内恒温器等。5G 网络是指下一代无线网络。5G 网络将是 4G 网络的真正升级版，它的基本要求并不同于今天的无线网络。

5G 通信技术带来的不仅仅是高速、安全的网络，更多的是全球化网络的无缝连接，5G 的未来对军事、医疗、建筑、教育等各个方面都会带来前所未有的信息便利，整个世界将建成更加智能、完善的移动网络，实现"万物互联"。

当前信息技术发展正处于新的变革时期，5G 技术发展呈现出如下新的特点。

(1) 5G 研究在推进技术变革的同时将更加注重用户体验，网络平均吞吐速率、传输时延以及对虚拟现实、3D、交互式游戏等新兴移动业务的支撑能力等将成为衡量 5G 系统性能的关键指标。

(2) 与传统的移动通信系统理念不同，5G 系统研究将不仅仅把点到点的物理层传输与信道编译码等经典技术作为核心目标，而是从更为广泛的多点、多用户、多天线、多小区协作组网作为突破的重点，力求在体系构架上寻求系统性能的大幅度提高。

(3) 室内移动通信业务已占据应用的主导地位，5G 室内无线覆盖性能及业务支撑能力将作为系统优先设计目标,从而改变传统移动通信系统“以大范围覆盖为主、兼顾室内”的设计理念。

(4) 高频段频谱资源将更多地应用于5G移动通信系统,但由于受到高频段无线电波穿透能力的限制,无线与有线的融合、光载无线组网等技术将被更为普遍地应用。

9. 非线性和多物理场分析

线性、单一和经典麦克斯韦方程的求解无法满足未来电磁器件的设计需求。将非线性问题的一次求解转化为线性问题的两次求解,结合多极子快速算法可实现表面等离子体目标非线性响应的快速仿真(见图1-5)。处理场路之间的复杂相互作用对未来微波电路的设计有重大意义,特别是在电路具有强的非线性又无法了解其内部细节(元器件)情况下尤为重要。

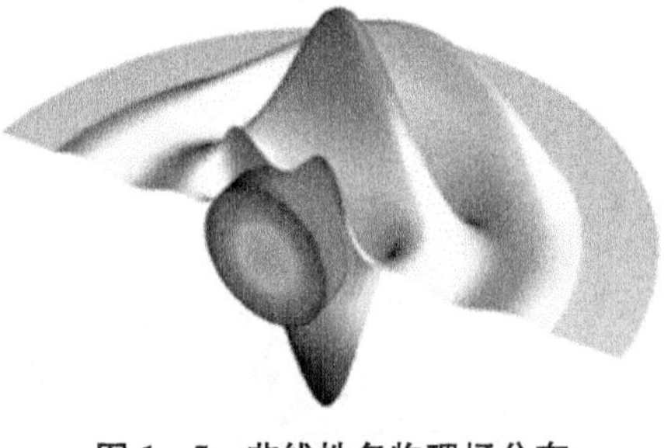

图1-5 非线性多物理场分布

10. 电磁动力装备

1) 电磁步枪

电磁步枪是用电磁作为动力发射子弹的步枪(见图1-6a)。该种步枪可以针对无人机干扰情况,在短时间内迫使远距离低空无人机跌落、返回操作处或平稳下降,进而实现对“管制区”飞行无人机的有效管控。

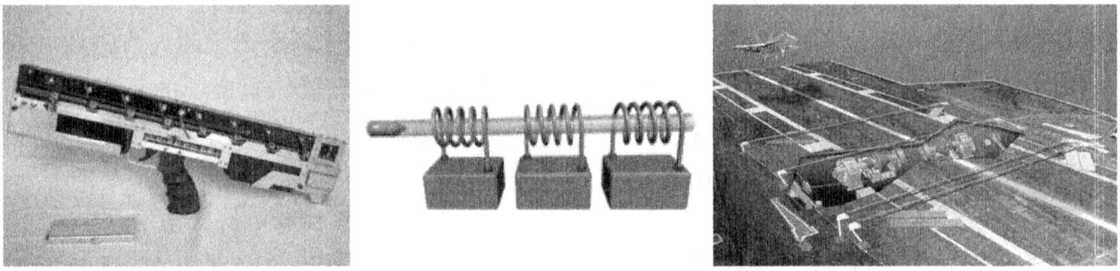

(a) (b) (c)

图1-6 电磁动力装备

(a) 电磁步枪;(b) 电磁导轨炮;(c) 电磁拦阻

2) 电磁弹射

电磁弹射即采用电磁能量来推动被弹射的物体向外。目前,通常采用的弹射有机械弹射,如弹簧、皮筋等;能量弹射,如子弹(利用火药瞬间爆发能量)、磁悬浮列车等。

电磁弹射器相比蒸汽弹射器的区别在于不需要用蒸汽驱动活塞,而是采用电驱动。

3) 电磁导轨炮

电磁导轨炮(见图1-6b),是一种使用电能代替化学发射弹丸的远程打击武器,弹丸初速为2~2.5 km/s;电磁导轨炮利用强电流产生的磁场来加速可在两条导轨间滑动的金属导体(电枢),从而将弹药以4 500~5 600 n mile/h的速度发射出去。

强电流使滑动电枢在两导轨间加速运动,从而产生强磁场,强磁场驱动弹药高速发射。

4) 电磁拦阻

舰载机在母舰降落时,为了在没有挂住拦阻索的情况下也能安全复飞,油门都处于最大位置，这意味着拦阻索要承受比飞机冲击更大的力量。而且，如果拦阻索为了加固而导致过粗的话，那么将引起舰载机尾钩很难钩住的情况。

拦阻系统的滑轮阻尼器有两个测量拉力的传感器，可以直接把不同的拉力信号传递到中央集中控制器，提醒其启动相应的控制程序，有效防止过载(见图 1-6c)。

5) 电磁脉冲武器

电磁脉冲武器号称“第二原子弹”，世界军事强国的电磁脉冲武器开始走向实用化，对电子信息系统及指挥控制系统及网络等构成极大威胁。常规型的电磁脉冲炸弹已经爆响，而核电磁脉冲炸弹——“第二原子弹”正在临近。

电磁脉冲武器主要包括核电磁脉冲弹和非核电磁脉冲弹。核电磁脉冲弹是一种以增强电磁脉冲效应为主要特征的新型核武器。非核电磁脉冲弹，是利用炸药爆炸压缩磁通量的方法产生高功率微波的电磁脉冲武器。

11. *超材料*

超材料具体包括超材料、编码超材料和可编程超材料(见图 1-7)。

1) 左手材料

21 世纪以来，一种被称为“左手材料(Left-handed Material)”的人工复合材料在固体物理、材料科学、光学和应用电磁学领域内开始获得愈来愈广泛的青睐，其研究呈现迅速发展之势，而它的出现却是源于 20 世纪 60 年代苏联科学家的假想。

“左手材料”是指一种介电常数和磁导率同时为负值的材料。电磁波在其中传播时，波矢 $\boldsymbol{k}$、电场 $\boldsymbol{E}$ 和磁场 $\boldsymbol{H}$ 之间的关系符合左手定则，因此称之为“左手材料”。它具有负相速度、负折射率、理想成像等奇异的物理性质。“左手材料”颠倒了物理学的“右手定则”，而后

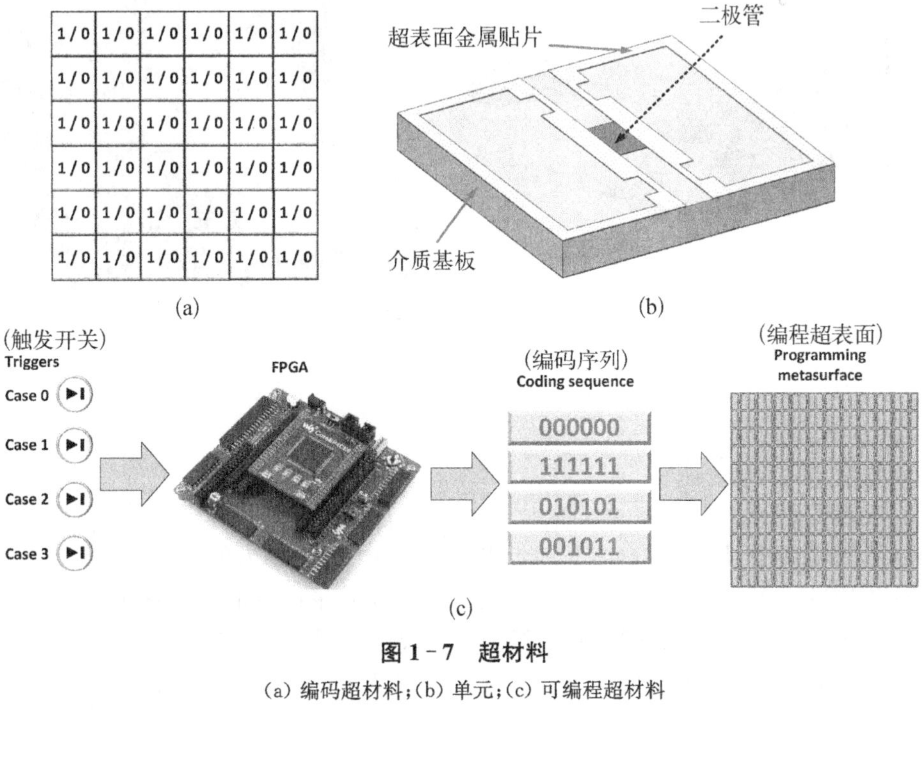

图 1-7 超材料

(a) 编码超材料；(b) 单元；(c) 可编程超材料

者描述的是电场、磁场与波矢之间符合右手定则。

2）编码超材料

编码超材料是相对于传统的模拟超材料而言，以一种数字编码的方式来简化单元的设计，能够更加简单高效地调控电磁波。

3）可编程超材料

编码超材料提供了一种全新的思路来控制电磁波，东南大学崔铁军等人在此基础上进一步拓展，提出了一种调控数字单元来实现可编程超材料。

利用此数字单元构造一款 1-bit 的可编程超表面，其包含 30×30 个相同的单元，每相邻的 5 列单元共用一个偏置电压。为了数字化地控制编码序列，设计了 FPGA 控制电路。当其中一个开关被触发时，FPGA 就会输出对应的编码序列。通过触发开关来控制二极管的开或关状态，从而形成数字超表面所需的“0”和“1”数字态。此情形下，同一款数字超表面通过 FPGA 的控制就可以拥有不同的功能，从而实现可编程超表面。

12. 近场通信

近距离无线通信技术，该技术由非接触式射频识别（RFID）演变而来，由飞利浦半导体、诺基亚和索尼公司共同研制开发，其基础是 RFID 及互联技术。近场通信（near field communication，NFC）是一种短距高频的无线电技术（见图 1-8）。目前这项技术在日韩被广泛应用。手机用户借助配置了支付功能的手机就可以行遍全国：他们的手机可以用作机场登机验证、大厦的门禁钥匙、交通一卡通、信用卡、支付卡等。

图 1-8　近场通信的应用

1.2　电磁理论的发展

1864 年麦克斯韦（James Clerk Maxwell，1831—1879）在前人的理论（高斯定律、安培定律、法拉第定律和自由磁极不存在）和实验的基础上建立了统一的电磁场理论，并用数学模型揭示了自然界一切宏观电磁现象所遵循的普遍规律，这就是著名的麦克斯韦方程。在 11 种可分离变量坐标系求解麦克斯韦方程组或者其退化形式，最后得到解析解。这种方法可以得到问题的准确解，而且效率也比较高，但是适用范围有限，只能求解具有规则边界的简单问题。对于不规则形状或者任意形状边界则需要比较高的数学技巧，甚至无法求得解析解。

自20世纪60年代以来，随着电子计算机技术的发展，一些电磁场的数值计算方法发展起来了，并得到广泛的应用，相对于经典电磁理论而言，数值方法受边界形状的约束大为减少，可以解决各种类型的复杂问题。但各种数值计算方法都有优缺点，一个复杂的问题往往难以依靠一种单一方法解决，通常需要将多种方法结合起来，互相取长补短，因此混合方法日益受到人们的重视。

1. *电磁学的发展历史*

电磁理论是人类探索自然活动的结晶和宝贵财富。人类认识电磁运动规律的道路是漫长而曲折的。早在两千多年前，人类就有了关于磁石和摩擦起电的知识，我们祖先发明的指南针，为人类文明做出了不朽的贡献。但是，将电磁现象系统地上升为理论的研究并加以应用则是18世纪中叶，特别是19世纪中叶以后的事情，以库仑定律的建立为分界线。

1771—1773年，卡文迪许(Henry Cavendish，1731—1810)进行了著名的静电实验。法国物理学家库仑(Charles-Ausgustin de Coulomb，1736—1806)在1784—1785年间，设计了一个扭秤实验。该实验通过细金属丝悬挂的一根一端带有电荷金属球的秤杆，测量此金属球与一固定带有电荷的金属球之间产生的悬丝力矩，就能得到电荷施加电力的力矩。

库仑通过实验总结出下列的库仑定律：在真空中，两个静止的点电荷 q_1 和 q_2 之间的相互作用力的大小与 q_1 与 q_2 的乘积成正比，与它们之间的距离 r 的平方成反比；作用力的方向沿着它们的连线，同号电荷相斥，异号电荷相吸。

在很长的时期内，人们把电和磁看成是相互独立的现象，并不知道它们之间有什么联系。直到1820年，在康德哲学的影响下，丹麦学者奥斯特(Hans Christian Oersted，1777—1851)深信电与磁之间存在着联系，在一次课程实验中，发现电流可使磁针偏转，即电流可产生磁力，才开始了将电与磁联系起来的研究。奥斯特的发现引起了许多学者的重视和更深入的研究，其中最著名的便是毕奥(Jean Baptist Biot，1774—1862)、萨伐尔(Felix Savart，1791—1841)和安培(Andre Marie Ampere，1775—1836)。毕奥和萨伐尔通过对奥斯特实验的分析，确定了磁场和电流之间的定量关系：载流导线对磁极的作用力与其间垂直距离成反比，以及弯折载流导线对磁极作用力的大小与折线角的关系，他们的实验观察结论经法国数学家拉普拉斯的数学表示后，得到现代形式的毕奥-萨伐尔-拉普拉斯定律。

安培在物理思想上走得更远：认为磁的本质是电流，一个磁体是由无数小电流环有序排列下形成的，因此安培认为研究电流元之间的相互作用更为根本。1825年，安培通过四个杰出的示零实验，确定两电流之间相互作用及载流导体能受到磁力作用的定律，即安培定律。到此为止，人们一直都还是在静止的或恒定的状态下研究电磁现象。

英国物理学家法拉第(Michael Farady，1791—1867)经过十余年的不断努力，在1831年的实验中发现电磁感应现象，这是人们第一次对随时间变化的电磁场进行研究。在实验中，法拉第发现：当把与电池、开关相连的线圈A的开关合上，使线圈A中的电流从零增大到某恒定电流的瞬间，在闭合线圈B附近的磁针偏转、振动并且最终停在原来的位置上；当把开关断开，线圈 A 中的电流从恒定电流值减少到零的瞬间，在闭合线圈 B 附近的磁针偏转、振动并且最终停在原来的位置上。法拉第领悟到电磁感应现象是一种在变化过程中出现的非恒定的暂态效应。

法拉第同时代的德国物理学家诺伊曼在 1845 年发表的论文中，首次给出了法拉第电磁感应定律的定量表达式。电磁感应定律一方面推动了电磁在工程中的应用，另一方面它是电磁理论的一块基石。1864 年，麦克斯韦在总结前人发现的实验定律的基础上，进行了创造性的理论研究工作，建立了后来以他的名字命名的麦克斯韦方程组，从而创立了完整的电磁理论体系。

构造电磁理论，先得从电磁现象中提炼出最为本质的物理概念，然后将物理规律表现为数学表达式，这样转化为用抽象的数学公式表达物理本质概念，进而从考察数学表述系统完备性中去分析，提出对理论系统的修正、补充、推断、预测及检验。此为麦克斯韦建立电磁波理论的大致思路。麦克斯韦从法拉第力线思想中提炼出了电磁现象中最为本质的电场和磁场概念，并用这两个概念改写了库仑定律、安培定律、法拉第定律；通过对改写的三大定律的考察，萌发引入位移电流，并将安培定律改写补充为安培-麦克斯韦定律，最终完成电磁理论之构建。

麦克斯韦在前人的基础上，通过提炼物理概念和运用数学工具，对电磁知识进行了梳理和构想，建立了数学形式完备的电磁理论，即麦克斯韦电磁理论。此理论不是对实验知识简单的直接总结，它含有丰富的逻辑想象，超出了实验知识的物理内容。

麦克斯韦方程微分形式：

$$\nabla \times \boldsymbol{E} = -\frac{\partial \boldsymbol{B}}{\partial t} \quad \text{（法拉第电磁感应定律）} \tag{1-1a}$$

$$\nabla \times \boldsymbol{H} = \boldsymbol{J} + \frac{\partial \boldsymbol{D}}{\partial t} \quad \text{（全电流定律）} \tag{1-1b}$$

$$\nabla \cdot \boldsymbol{B} = 0 \quad \text{（磁通连续性定律）} \tag{1-1c}$$

$$\nabla \cdot \boldsymbol{D} = \rho \quad \text{（高斯定律）} \tag{1-1d}$$

麦克斯韦方程积分形式：

$$\oint_l \boldsymbol{E} \cdot \mathrm{d}\boldsymbol{l} = -\int_S \frac{\partial \boldsymbol{B}}{\partial t} \cdot \mathrm{d}\boldsymbol{S} \quad \text{（法拉第电磁感应定律）} \tag{1-2a}$$

$$\oint_l \boldsymbol{H} \cdot \mathrm{d}\boldsymbol{l} = \int_S \left(\boldsymbol{J} + \frac{\partial \boldsymbol{D}}{\partial t}\right) \cdot \mathrm{d}\boldsymbol{S} \quad \text{（全电流定律）} \tag{1-2b}$$

$$\oint_S \boldsymbol{B} \cdot \mathrm{d}\boldsymbol{S} = 0 \quad \text{（磁通连续性定律）} \tag{1-2c}$$

$$\oint_S \boldsymbol{D} \cdot \mathrm{d}\boldsymbol{S} = \int_V \rho \mathrm{d}V \quad \text{（高斯定律）} \tag{1-2d}$$

2. 电磁研究的频谱范围

我们目前认知的范围最小单位是 $h = 6.626\,069\,3 \times 10^{-34}\ \mathrm{J \cdot s}$，最大 $c = 3 \times 10^{8}\ \mathrm{m/s}$。我们所碰到的电磁问题也主要在这个范围内。常见的电磁频谱如表 1－1 所示，常用电磁频谱的分布如图1-9所示，常用电磁频谱分布，更大范围的频谱及可见光频谱特性可参看图1-10频谱分布和图1-11电磁谱图。

表1-1 电 磁 频 谱

IEEE Radar Bands		ITU Frequency Bands		Common-usage Bands		Electric-countermeasure Bands	
Band	Frequency Range /GHz	Band	Frequency Range /GHz	Band	Frequency Range /GHz	Band	Frequency Range /GHz
HF	0.003～0.03	HF	0.003～0.03	HF	0.003～0.03	A	0～0.25
VHF	0.03～0.3	VHF	0.03～0.3	VHF	0.03～0.3	B	0.25～0.5
UHF	0.3～1	UHF	0.3～3	UHF	0.3～1	C	0.5～1
L	1～2	SHF	3～30	L	1～2	D	1～2
S	2～4	EHF	30～300	S	2～4	E	2～3
C	4～8			C	4～8	F	3～4
X	8～12			X	8～12.4	G	4～6
Ku	12～18			Ku	12.4～18	H	6～8
K	18～27			K	18～26.5	I	8～10
Ka	27～40			Ka	26.5～40	J	10～20
mm	40～300			Q	33～50	K	20～40
				V	50～75	L	40～60
				W	75～110	M	60～100

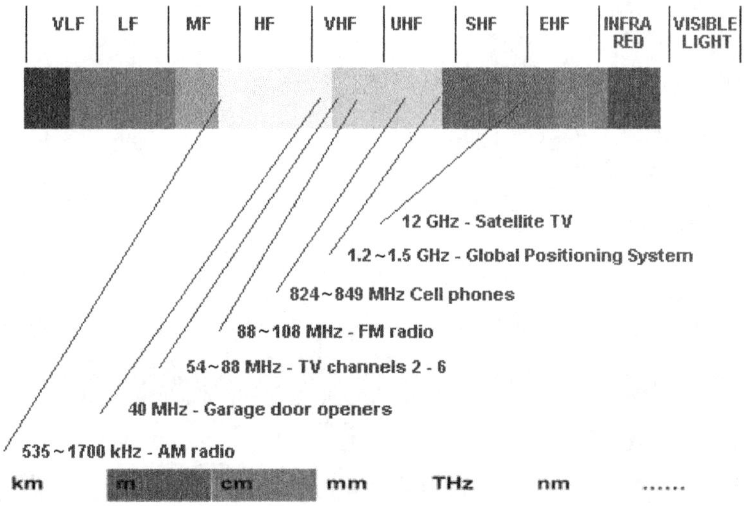

图1-9 常用电磁频谱分布

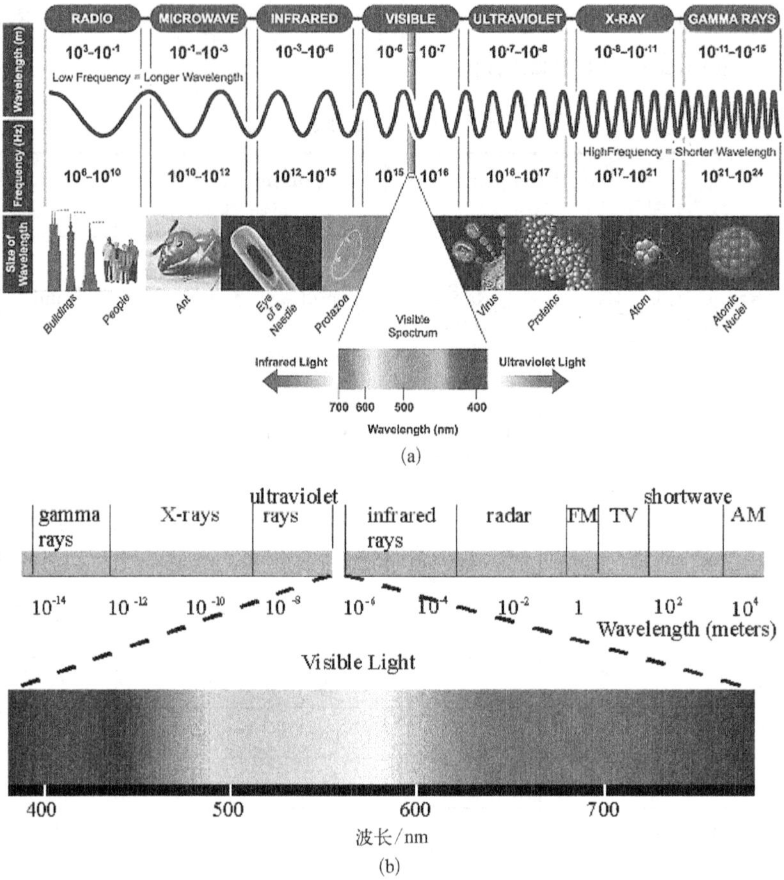

图 1-10　频谱分布

(a) 大范围频谱；(b) 可见光频谱

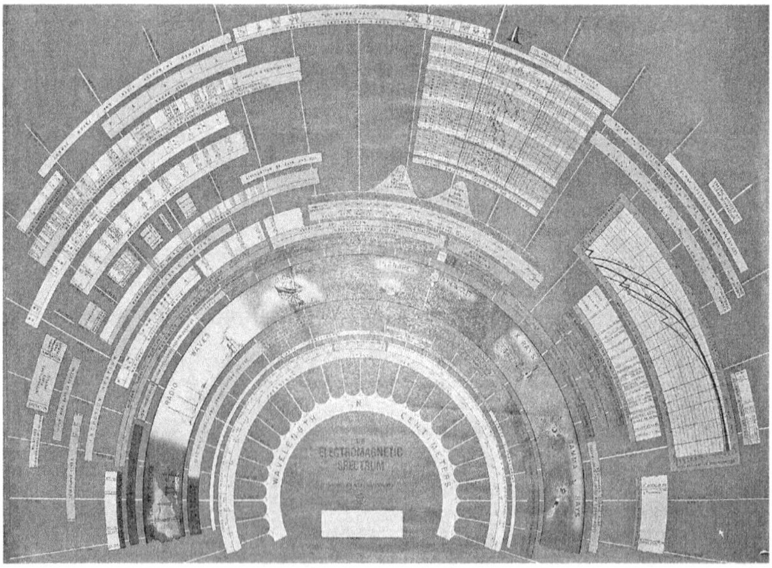

图 1-11　电磁谱图

3. 面临的电磁新问题

随着人类进步和社会的发展，对于电磁领域的需求日益增加。尤其是随着认知频谱的扩展，介质的色散差异表征更加明显，对麦克斯韦方程提出了很大的挑战。

(1) 低频/高频/宽频问题：超低频率/电小/电大问题。

(2) 超高频(THz)问题。

(3) 等离子体。

(4) 光子问题。

(5) 多场耦合问题。

(6) 生物电磁问题。

(7) 隐身技术问题。

(8) 新材料色散：碳纳米管，石墨烯。

(9) 有源器件：半导体与增益介质的场仿真问题。

以上这些问题很难简单地用现有的方法和软件来处理，需要探索新的解决方法。

4. 电磁问题的研究方法

电磁问题主要有两种研究思路，一种是采用电路方法研究，另一种是采用场的方法研究。

在电路研究方法中，可以把末端的天线等效为负载，局部的泄漏或耦合可以等效为集总电容、电感或电阻；实际应用中微波传输线还会有等效的分布电容、电感和电阻，尤其是驻波谐振结构，可以等效为 LC 谐振器。在电路分析中，总是采用离散的元器件的组合来等效器件的作用，很难反映局部的细微结构变化，尤其是连续变化的电磁参量。另一方面，电路模型中可以很容易地放入非线性元器件模型，比如三极管、电压源和电流源等，所以电路模型可以模拟整个电路系统的电特性。

电磁场的研究方法主要是基于麦克斯韦方程和边界条件或初始条件来构建模型，最后是通过求解电场、磁场的分布来表示电磁特性，包括近场、远场特性，即感应场特性和辐射场特性。另外，由于边界条件不同，电磁问题的最终解差异很大，这主要是因为电磁场问题取决于电磁方程和边界条件或初始条件。而在电路研究方法中，很难把边界条件或初始条件用离散元器件精确描述。

实际上，随着频率的升高，电磁系统越来越复杂，很难用单一的方法简单地分析清楚，现在的发展趋势是采用场路结合分析方法。首先，通过场、路两种方法的结合，既可以完整地分析无源器件的电磁特性，又可从系统的角度分析非线性器件，包括有源器件对系统的影响。其次，这两种方法的结合，可以相互补偿，取长补短，尤其是对于复杂系统，往往先用电磁场的分析方法分析无源器件的电磁特性，并封装为多端口模块，并把该模块当作电路的元件直接参与电路分析，从而得到电路的整体电磁特性。另外，对于多物理场的系统，这种方法也可借鉴。

1.3　电磁计算的发展历史

麦克斯韦用一组优美的数学方程概括了宏观电磁场的基本规律，从而奠定了理论电磁学的基础。电磁理论在20世纪60年代的研究成果大部分总结在几部经典著作中，主要有J. A. Stratton的《电磁理论》(*Electromagnetic Theory*，1941)、R. F. Harrington的《正弦电磁场》(*Time Harmonic Electromagnetic Fields*，1961)和R. E. Collin的《导波场论》(*Field Theory of Guided Waves*，1960)等，这些研究成果均可归结为麦克斯韦方程组在各种条件下的求解问题。在很长一段时间里，理论研究的重点主要是希望获得这些问题的解析解，但完全用解析方法可以求解的问题是非常有限的，于是又发展了一些近似方法甚至是数值方法，以满足科学技术中待解决的电磁问题的需要。

对麦克斯韦方程组的近似方法和数值方法的研究可以追溯到麦克斯韦本人的研究工作，他在1879年试图用一种被称为面积法的近似方法求解有关矩形平板电容的积分方程的数值解。在后来众多理论家的研究工作中，又逐步发展了一些有效的近似方法，如变分法、扰动法、级数展开法和渐进法等。但是，由于计算条件的限制，这些方法无法充分发挥其作用，使一些原则上可以解决的问题却不能得到实际解决。

电子计算机的出现和发展开创了电磁场计算研究的新时代，进入20世纪60年代，几种适合在计算机上进行大型计算的电磁场数值计算方法陆续出现。1968年，R. F. Harrington的《计算电磁场的矩量法》(*Field Computation by Moment Method*)的出版被认为是一个标志性的事件，宣告计算电磁学的形成，该书系统地论述了用矩量法求电磁理论中积分方程数值解的研究成果，已成为计算电磁学的经典著作之一，在此前后，是计算电磁学蓬勃发展时期，除了较古老的有限差分法用于电磁场计算之外，K. S. Yee于1966年发表了论文标志着用于电磁场计算的一个全新方法的诞生，后来称为时域有限差分法(finite-difference time-domain method, FDTD)，在此期间，还将其他学科中已获成熟应用的有限元法(finite element method, FEM)移植过来，使电磁场的计算方法变得更加丰富，应该指出的是，所有这些方法应用于电磁场计算之前，数学家们都做了长期深入的基础性的研究，奠定了牢固的数学基础。

计算电磁学的形成以电子计算机的应用为主要标志，并以数学方法的研究成果为基础。作为一门新兴学科，计算电磁学可以看作是数学方法、电磁理论和计算机技术相结合的产物，随着计算电磁学的不断发展，原来很多不能解决的复杂电磁问题均获得精度满意的数值解。

图1-12电磁场数值计算分类给出了各种电磁场数值计算方法，它们之间存在着非常深刻的内在联系，主要表现在两个方面：一方面，往往是几种方法相互结合，发挥各自的优势，产生一种具有特色的新方法；另一方面，某些方法在一定条件下可以相互转换，表现出相互包含的特点。

电磁场的主要数值方法是算子方程的几种近似求解方法——加权余量法、差分法和瑞利-里兹(Rayleigh-Ritz)法与电磁场的数学模型——麦克斯韦方程组及其导出的积分方程、微分方程和与其等价的变分方程相结合的产物。时域方程是将麦克斯韦方程展开为差分方程，而频域方程是将麦克斯韦方程展开为积分方程。例如：用加权余量法的点匹配法或伽辽金法求解积分方程就形成了矩量法；用瑞利-里茨法解变分方程或用伽辽金法求解波动方程就形成有限元法；而将差分法直接用于时域麦克斯韦方程组并采用Yee网

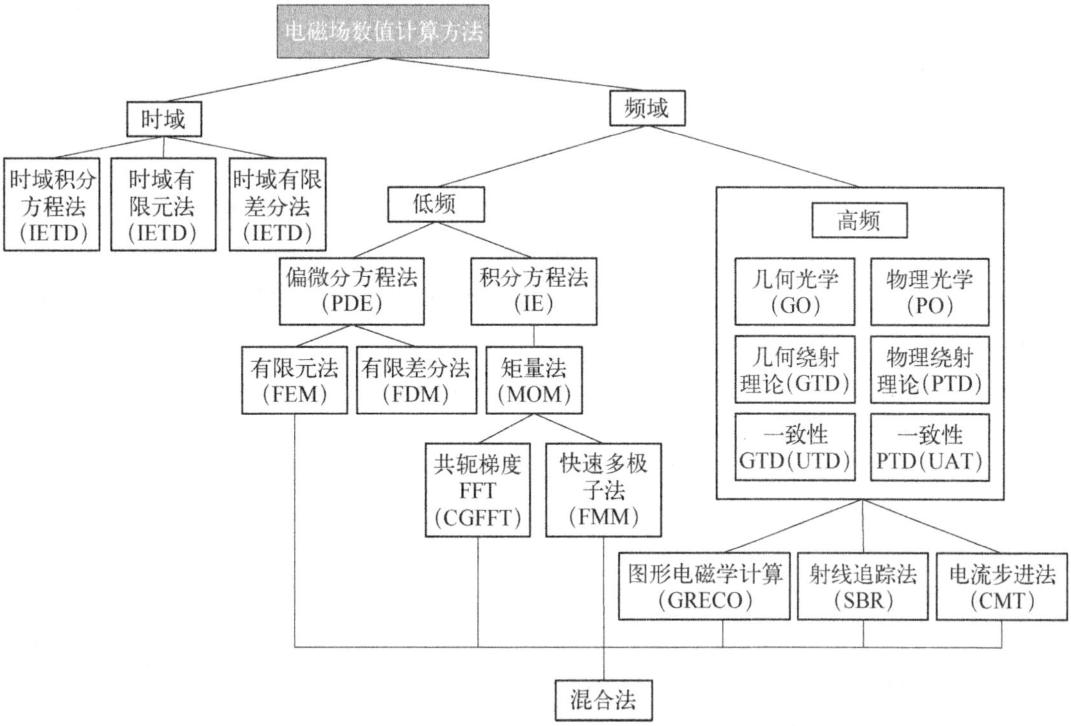

图1-12 电磁场数值计算分类

格配置就是时域有限差分法。为了加速矩量法的计算，又引入了快速多极子法。同样的，利用小波正交基的特性，将其与矩量法相结合使矩阵稀疏化，也加速了矩量法的计算。另一方面，将小波正交基直接用于麦克斯韦方程组的场量展开，便构成了更广义的时域多分辨分析法；将伽辽金的加权余量法用于波动方程或麦克斯韦方程组中的空间变量，同时将差分法用于时间变量又形成了时域有限元法；类似地，将其用于积分方程则构成了时域积分方程法。

经过众多科学家30多年的不懈努力，计算电磁学已经有了全新的面貌。一方面，计算电磁学中的各种方法建立在现代数学的雄厚基础之上，并用泛函分析和算子理论统一描述，进而将现代数学的一些研究成果迅速应用到计算电磁学中。小波分析方法的应用就是一个突出的例证。另一方面，计算机软硬件的高速发展为计算电磁学提供了更优越的技术基础。除了存储量大大增加和计算速度大大加快之外，多种软件可以实现网格的自动剖分及计算结果的可视化处理，尤其是并行计算机的发展直接推动各种并行算法的研究，充分调动多个CPU并行工作的能力，克服了已有算法本身存在的一些问题，进一步提高了计算效率。但是并行计算自身也存在很多问题，即数据的集成问题和线程的连接等问题。在以上各方面推动力的作用下，计算电磁学正向着高精度、高速度和高效能的目标迅速地发展，这正是计算电磁学所展现的巨大活力。

现代计算电磁学是现代数学方法、现代电磁理论与现代计算机技术相结合的一门新兴学科。

1.4 计算电磁学的定义

计算电磁学已经有几十年的历史了，很多科学家对它有不同的理解，Hawking：即使找到一个完全统一的标准的理论，但不意味着我们可以预测所有的情况，即使找出一套完备的基本法则，若干年后，我们仍然面临这样一种挑战——发展更好的逼近方法，所以，我们只能预言在复杂的实际情况中的可能得到的结果。"也就是说计算电磁学是一门不断发展，不断更新换代的科学。计算电磁学的发展自始至终主要依赖于两个方面：一个是计算所用的算法；另外一个就是进行计算所采用的设备。今天计算电磁学的发展有很大一部分需要归功于计算机运算能力的提高。

Munk："计算：没有人相信它们，除了那个做计算的人；测量：每个人都相信它们，除了那个做测量的人。"这就决定了计算电磁学是需要实际验证的，是为实物测量做准备的。

在现代科学研究中，科学试验、理论分析、高性能计算已经成为三种重要的研究手段。在电磁学领域中，经典电磁理论只能在 11 种可分离变量坐标系中求解麦克斯韦方程组或者其退化形式，最后得到解析解。解析解的优点如下。

(1) 可将解答表示为已知函数的显式，从而可计算出精确的数值结果。

(2) 可以作为近似解和数值解的检验标准。

(3) 在解析过程中和在解的显式中可以观察到问题的内在联系和各个参数对数值结果所起的作用。

这种方法可以得到问题的准确解，而且效率也比较高，但是适用范围太窄，只能求解具有规则边界的简单问题。当遇到不规则形状或者任意形状边界问题时，则需要比较复杂的数学技巧，甚至无法求得解析解。自 20 世纪 60 年代以来，随着电子计算机技术的发展，一些电磁场的数值计算方法也迅速发展起来，并在实际工程问题中得到了广泛的应用，形成了计算电磁学研究领域，已经成为现代电磁理论研究的主流。简而言之，计算电磁学是在电磁场与微波技术学科中发展起来的，建立在电磁场理论基础上，以高性能计算机技术为工具，运用计算数学方法，专门解决复杂电磁场与微波工程问题的应用科学。相对于经典电磁理论分析而言，应用计算电磁学来解决电磁学问题时受到的边界约束大为减少，可以解决各种类型的复杂问题。从原则上来讲，从直流到光的宽广频率范围都属于该学科的研究范围。

计算电磁学的实质是：用数学方法近似求解复杂边界条件下的麦克斯韦方程，得到一个逼近函数，转换为泛函极值问题的求解。近几年来，电磁场工程在以电磁能量或信息的传输、转换过程为核心的强电与弱电领域中显示了重要作用。

参见图 1－13，计算电磁学涉及多学科领域，其核心学科是电磁理论和数值方法，不过为了有效地实现电磁计算方法和应用，几何模型及其可视化、计算机科学及算法等，都有着非常重要的作用。

为了对计算电磁学有更深入的了解，以便更有效地加以利用，需要对其特点加以分析。计算电磁学以数学方法、电磁场理论和计算机技术三门学科为基础，涉及的知识面比较广，因此必须在这些方面有足够的基础才能全面掌握。

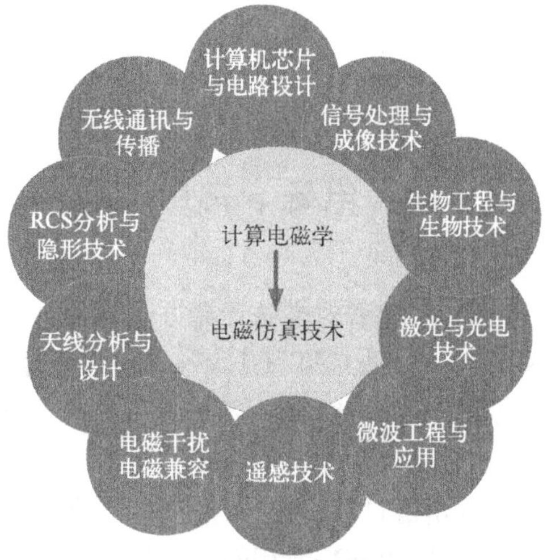

图 1-13 计算电磁学所涵盖的问题

计算电磁学的另一个特点是理论和实践的统一。学习计算电磁学的目的是用其解决各种实际的复杂的电磁场问题。从理论到实践不是一目了然的，必须通过解决实际问题才能真正体会并真正掌握所需要的技巧。此外，每个具体问题都有其特殊性，运用任何方法解决实际问题都要处理一般理论、方法中没有涉及的方面，需要发挥创造性。也就是说，没有现成的方法或程序可以一成不变地用来解决各种问题。因此，电磁场计算的正确性必须经过验证，没有经过验证的计算结果不能简单地被确定为科学结论。

需要提及的第三个特点是计算电磁学应用的广泛性。计算电磁学所涉及的学科、领域之多是其他学科无法比拟的。从另一个角度说，所要解决的问题也是多种多样的，这就需要针对问题的特点选用合适的方法。此外，由于问题的复杂性，往往单一方法很难有效、准确地解决问题，因此需要灵活地将不同方法结合起来。

计算电磁学的应用非常广泛，应用频段集中在微波频段和光频段，应用领域包括天线、生物电磁效应、医学诊断和治疗、电子封装和高速电路、超导电性、微波器件、单片微波集成电路、频谱管理、环境问题、材料、航空电子设备、通信、能量产生及储存、低可见目标(隐身)、雷达和成像、监视及智能收集等。随着研究领域的不断扩展，在不同领域内，电磁场的边界条件和色散特性也发生了变化，使得计算电磁学的内涵随之变化，变得更加复杂，面临了很多新问题。我们主要关注电磁计算在天线、无线通信、雷达和无源微波器件等领域中的应用。

计算电磁学所面临的新问题包括但不限于低频/高频/宽频问题：超低频率/电小/电大问题，太赫兹 THz(随着频率的升高，介电常数和磁导率的问题需要重新考虑，原先可以视为导体的材质现在也体现电抗或电纳特性)，等离子体(介电常数需要考虑实部和虚部)，光子问题(光波遵循麦克斯韦方程，光具有波粒二象性)，多场耦合问题，生物电磁问题(日常生活中移动终端设备、基站等对人的辐射，对人造成损伤)，隐身，新材料色散，这些新问题都对计算电磁学，即麦克斯韦方程的求解提出了挑战。

计算电磁学之所以能取代经典电磁学而成为现代电磁理论研究的主流，主要得益于计算机硬件和软件的飞速发展以及计算数学的丰富成果。由于计算电磁学与数学方法、电磁场理论和计算机技术直接相关，任一方面的发展都会对其发展产生影响。越来越多的亟待解决的复杂问题，尤其是国防科技的需要，构成了计算电磁学发展的巨大动力，更增加了这一新兴学科迅速发展的必要性和紧迫性。在这些推动力的作用下，计算电磁学的发展极为迅速，其面貌不断地发生变化。只有不断学习新的知识，才能保证始终居于该学科的研究前沿。

1.5 计算电磁学常用工具

目前，随着对电磁计算方法的深入研究，很多算法已被开发成商业软件，可直接用于电磁计算。比如 CST、HFSS 等软件，计算功能和仿真结果的后处理能力都非常强大，可以非常快速和准确地处理多种电磁问题。因此很多读者都提出了这样的问题：商用电磁计算软件已经很强大了，我们还有必要学习电磁计算方法吗？回答是，当然有必要。

在电磁计算的研究过程中，不要一味地迷信商业电磁计算软件，商业电磁软件只是起辅助作用，难以解决专用性与通用性的矛盾，难以解决电大与电小的矛盾。商业电磁软件主要依赖于软硬件升级换代和算法/技术革命，虽然非常方便使用者，但对其长期依赖也会消磨掉很多研究者的创新动力。

学习计算电磁学的另一个目的也是让大家在使用商业软件的过程中对其所采用的方法和计算结果有更深入的理解和体会。

第一，早期的电磁计算方法的研究和推进主要是电磁系统分析与设计中面临很多电磁问题需要求解，尤其是复杂的边界条件，很难简单地使用解析的方法进行处理，迫使研究者寻求可以求解的方法。现在，研究计算电磁学的人越来越多，但问题推动方法进展的模式基本保持不变，尤其是针对电大尺寸、复杂结构、多物理场等问题，依然给计算电磁学提出了挑战，这些问题很难简单地通过商业电磁软件求解，还需要寻找更快更高效的算法。

第二，商业电磁软件的核心依然是电磁计算方法，只有掌握了电磁计算方法，深入理解，才能知道商业电磁软件的计算原理，从而为软件的使用与改进提供基础。

第三，商业电磁软件永远是用来辅助电磁工作者的配角，是一个辅助工具，不可能、也无法完全替代电磁工作者的思考。

第四，商业电磁软件为了满足各种目标客户的不同应用需求，往往要追求软件处理问题的通用性，但对于具体某一类用户，所面临的问题往往有其专业性的特点，这使得商业电磁软件在通用性和专用性两个方面上很难同时满足。

第五，商业电磁软件往往利用单一固定的算法，它的性能提升主要依赖于软硬件的升级换代，为了满足新的操作系统的要求，使得商业软件的辅助代码越来越多，软件非常庞大，资源开销增加很多。

第六，电大问题和电小问题是目前经常遇到的两个极端问题，商业电磁软件也很难调和这两个极端问题。

第七，商业电磁软件往往追求界面友好，后处理完整等目标，这主要针对工程师群体，其需求来自电磁软件好用。而电磁计算方法的研究，主要是针对某些具体的问题开展的创新与改进研究，甚至是算法或技术革命。为了实现创新和改变，就必须对计算电磁理论有深刻的理解。

目前常用的电磁计算软件及其功能如下。

商业电磁分析软件：

CST	(FIT/FEM/FMM)
XFDTD	(FDTD)
HFSS	(Finite element method, FEM)
ANSYS	(FEM)
FEKO	(FEM/MOM/FMM)
FEMLAB/Comsol	(FEM)
IE3D	(Method of Moments, MOM)
NEC4	(MOM)
ADS	(2.5 Dimenssion)
AWR/Microwave office	(2.5 Dimenssion)

电磁分析开源程序：

MEEP

其他的开源程序，比如 FDTD, MOM

与有限元、矩量法和时域有限差分三大电磁方法相应的电磁计算软件分类如下。

1. 有限元法相应的商业软件介绍

1) Ansoft HFSS 软件

Ansoft HFSS 是美国 Ansoft 公司开发的一种三维结构电磁场仿真软件，可分析仿真任意三维无源结构的高频电磁场，并直接得到特征阻抗、传播常数、S 参数及电磁场、辐射场、天线方向图等结果。该软件被广泛应用于无线和有线通信、计算机、卫星、雷达、半导体和微波集成电路、航空航天等领域。

Ansoft HFSS 采用自适应网格剖分、ALPS 快速扫频、切向元等专利技术，集成了工业标准的建模系统，提供了功能强大、使用灵活的宏语言，直观的后处理器及独有的场计算器，可计算分析显示各种复杂的电磁场，并可利用 Optimetrics 对任意参数进行优化和扫描分析。使用 Ansoft HFSS 还可以计算：① 基本电磁场数值解和开边界问题，近远场辐射问题；② 端口特征阻抗和传输常数；③ S 参数和相应端口阻抗的归一化 S 参数；④ 结构的本征模或谐振解等。

2) ANSYS Emax 软件

ANSYS Emax 是 ANSYS 公司的高频电磁场分析产品。应用领域包括：射频/微波无源器件、射频/微波电路、电磁干扰与电磁兼容(EMI/ EMC)、天线设计和目标识别。

ANSYS Emax 支持有限元计算区域所有结果的静态和动画显示。包含：电磁场强度、品质因素、S 参数、电压、特征阻抗、雷达截面积(RCS)、模型区域的远场和近场、天线方向图、焦耳热损耗。

ANSYS Emax7. 1 还提供新的计算功能：① 频段内快速扫频计算，用于 S 参数的快速提取；② 天线各项拓展指标(增益、辐射功率、方向图、效率)的计算；③ N 端口网络 S 参数自动提取；④ 热效应分析；⑤ S参数的Touch Stone格式文件输出；⑥ RCS极化方向选择。

2. 矩量法相应的商业软件介绍

1) Agilent ADS软件

Agilent ADS是美国安捷伦公司在HP EESOF系列EDA软件基础上发展完善起来的大型综合设计软件，为系统和电路设计人员提供可开发各种形式射频设计的有力工具，应用面涵盖从射频/微波模块到集成MMIC。该软件可以在微机上运行，其前身是工作站运行版本MDS (Microwave Design System)。ADS软件还提供了一种新的滤波器设计指导，可以使用智能化用户界面来分析和综合射频/微波电路，并可对平面电路进行场分析和优化。它允许用户定义频率范围、材料特性、参数的数量和根据用户的需要自动产生关键的无源器件模型。该软件范围涵盖了小至元器件芯片，大到系统级的设计和分析。尤其可在时域或频域内实现对数字或模拟、线性或非线性电路的综合仿真分析与优化，并可对设计结果进行成品率分析与优化，提高了复杂电路的设计效率，使之成为设计人员的有效工具。

2) Sonnet软件

Sonnet软件公司是全球领先的以电磁场技术为核心的电子设计自动化专业软件商。其主要业务是开发、推广并在技术上支持它的高端技术软件产品。Sonnet公司开发的3D电磁场分析软件，凭借其在单层和多层平面电路和天线上的精确、快速的分析能力，赢得了世界上几百家客户的赞誉。

Sonnet是一种基于矩量法的电磁仿真软件，提供面向3D的高频电路设计，以及在微波、毫米波领域和电磁兼容/电磁干扰设计的EDA工具。Sonnet应用于高频电磁场分析，频率从1 MHz到数十GHz。主要应用有：微带匹配网络、微带电路、微带滤波器、带状线电路、带状线滤波器、过孔(层的连接或接地)、耦合线分析、PCB板电路分析、PCB板电磁干扰分析、桥式螺线电感器、平面高温超导电路分析、毫米波集成电路(MMIC)设计和分析、混合匹配的电路分析、HDI和LTCC转换、单层或多层传输线的精确分析、多层的平面电路分析、单层或多层的平面天线分析、平面天线阵分析、平面耦合孔的分析等。

3) IE3D软件

IE3D是Zeland公司开发的一种基于矩量法的电磁场仿真工具，可以解决多层介质环境下三维金属结构的电流分布问题。它利用积分的方式求解麦克斯韦方程组，从而解决电磁波效应、不连续性效应、耦合效应和辐射效应问题。仿真结果包括S、Y、Z参数，VSWR，RLC等效电路，电流分布，近场分布和辐射方向图、方向性、效率以及RCS等。IE3D在微波/毫米波集成电路(MMIC)、RF印制板电路、微带天线和其他形式的RF天线、HTS电路及滤波器、IC的互联和高速数字电路封装等方面是一个非常有用的工具。

4) Microwave Office软件

Microwave Office软件是Applied Wave Research公司开发的高频电磁仿真软件，是通过两个模拟器来对微波平面电路进行模拟和仿真。对于由集总元件构成的电路，用电路的方法来处理较为简便。该软件设有“VoltaireXL”模拟器用来处理集总元件构成的微波平面电路问题。而对于由具体的微带几何图形构成的分布参数平面电路则采用场的方法较为有效,该软件采用“EMSight”模拟器处理任何多层平面结构的三维电磁场问题。

“VoltaireXL”模拟器内设一个元件库,在建立电路模型时,可以调出微波电路所用的元件,其中无源器件有电感、电阻、电容、谐振电路、微带线、带状线、同轴线等,非线性器件有双极晶体管、场效应晶体管、二极管等。

“EMSight”模拟器是一个三维电磁场模拟程序包,可用于平面高频电路和天线结构的分析。其特点是把修正谱域矩量法与直观的视窗图形用户界面(GUI)技术结合起来,使得计算速度加快许多。它可以分析射频集成电路(RFIC)、微波单片集成电路(MMIC)、微带贴片天线和高速印制电路(PCB)等的电气特性。

5) FEKO 软件

FEKO 是 Ansys 公司开发的以矩量法为核心算法的高频电磁仿真软件。由于其基于严格的积分方程方法,因此只要硬件条件许可,就可以求解任意复杂结构的电磁问题。为了在当前的计算机硬件条件下完成大尺寸复杂结构(一般从数值计算的角度定义为待分析目标尺寸超过 10 个波长)的计算,该软件还提供了专用于解决大尺寸问题的高频方法——物理光学方法(PO)和一致性几何绕射理论(UTD)。

FEKO 真正实现了 MM 方法和 PO/UTD 的混合,因此完全可以根据用户的需要进行快速精确的电磁计算。当问题的电尺寸太大时,就可考虑使用本产品的混合方法来进行仿真模拟。对关键性的部位使用矩量法,对其他重要的区域(一般都是大的平面或者曲面)使用 PO 或者 UTD。根据不同的电磁问题,对混合方法进行组合,可按用户需要得到满意的精度和速度。另外,对 PO 方法,FEKO 使用了棱边修正项和模拟凸表面爬行波的福克电流。根据计算机硬件条件和待求解问题精度要求的不同,FEKO 软件可以求解成百上千个波长的电磁问题。

3. 时域有限差分算法相应的商业软件介绍

1) CST MICROWAVE STUDIO(CST)仿真软件

CST MICROWAVE STUDIO 是 Computer Simulation Technology 公司专门开发的高频电磁场问题 EDA 工具,是基于 PC 机 Windows 环境下的仿真软件,主要应用在复杂和更高频的谐振结构。CST 通过散射参数把电磁场元件结合在一起,把复杂的系统分离成更小的子单元,通过对系统每一个单元行为的 S 参数的描述,可以进行快速的分析,并且降低系统所需的内存。CST 考虑了在子单元之间高阶模式的耦合,由于系统的有效分割而没有影响系统的准确性。

CST 可以应用在仿真电磁场领域,分析大多数高频电磁场问题,包括移动通信、无线设计、信号完整性和电磁兼容(EMC)等。具体应用范围包括耦合器、滤波器、平面结构电路、连接器、IC 封装、各种类型天线、微波元器件、蓝牙技术和电磁兼容/干扰等。

CST 具有以下特点:① 采用近乎完美的边界条件逼近(PBA)方法;② 可视的图形化用户界面(GUI)使 CST MWS 更加易于学习和使用;③ 自动输入 CAD 数据节省了大量时间;④ 通过先进的优化软件包对产品进行优化处理,使设计师快速得到需要的结构尺寸。

2）FIDELITY 软件

FIDELITY 是 Zeland 公司开发的基于非均匀网格的时域有限差分方法的三维电磁场仿真软件，可以解决具有复杂填充介质求解域的场分布问题。仿真结果包括 S、Y、Z 参数，VSWR，RLC 等效电路，近场分布，坡印廷矢量和辐射方向图等。FIDELITY 可以分析非绝缘和复杂介质结构的问题。它在微波/毫米波集成电路（MMIC）、RF 印制板电路、微带天线、线天线和其他形式的 RF 天线、HTS 电路及滤波器、IC 的内部连接和高速数字电路封装、EMI 及 EMC 方面得到应用。

FIDELITY 的特点有：① 可对三维金属和非绝缘介质结构进行建模；② 高效非均匀网格的 FDTD 仿真引擎；③ 能方便地对分析目标进行排列定位和几何结构的编辑与检查；④ 可对非各向同性介质填充的同轴波导和矩形波导进行建模；⑤ 具有自动网格生成功能、网格优化功能和对输入的几何结构进行单独网格生成功能；⑥ 预定义同轴、微带、矩形波导和用户定义端口；⑦ 不同边界条件的实现（如 PML）；⑧ 集成的预处理和后处理功能，包括 S 参数提取和时域信号显示；⑨ 辐射方向图的计算、近场动态显示功能；⑩ 具有切片显示功能的三维和二维电场、磁场及坡印廷矢量的显示；⑪ 平面波激励和 SAR 计算功能。

3）IMST Empire 软件

IMST Empire 是一种 3D 电磁场仿真软件，基于 3D 的时域有限差分方法。它的应用范围从分析平面结构、互联、多端口集成到微波波导、天线、EMC 问题。Empire 基本覆盖了 RF 设计 3D 场仿真的整个领域。根据用户定义的频率范围，一次仿真运行就可以得到散射参数、辐射参数和辐射场图。对于结构的定义，3D 编辑器集成到 EMPIRE 软件中。AutoCAD 是流行的机械画图工具，可以在 Empire 环境中使用。监视窗口和动画可以给出电磁波现象，并获得准确结果。

电磁问题的分析可分为场的方法和路的方法。路的方法是将电磁场问题转化为电路的问题，利用集总元件、分布元件、谐振结构、等效负载，将电磁场问题简单化，但是针对电磁场中的辐射和散射等问题，利用路的分析方法不能很好地解决。场的分析方法是利用麦克斯韦方程来实现的，考虑了近场远场、边界条件以及辐射等问题，场的分析方法的问题在于往往不能分析有源器件。目前对电磁场的分析经常需要结合路和场的分析方法，计算电磁学也经常需要结合路和场的分析方法。

以天线问题为例，主要的电磁分析方法如下。

（1）EM Computation。

- ➢ Method of Moments
- ➢ The Finite Difference Time Domain Technique
- ➢ Finite element method

（2）Optimization。

- ➢ Genetic Algorithms
- ➢ Particle Swarm Optimization

（3）FAST CEM。

- ➢ Mixed method

➢ Parallel Computation

1.6 本章小结

本章首先通过列举电磁领域的新名词介绍了电磁领域的一些新进展。其次，概述了电磁学的发展历史、研究范围以及面临的电磁新问题，并探讨了电磁问题的研究方法。最后，简述了电磁计算的发展历史、计算电磁学的定义和常用工具，为后续课程内容的学习做准备。

1.7 问题与讨论

(1) 查阅文献，搜索电磁学最新发展的10个新名词。

(2) 描述对电磁计算方法的认识。

第2章 电磁场理论回顾与解析方法

2.1 电磁基本方程

自从麦克斯韦方程建立以来，围绕所面临的电磁问题的种类和范围的变化，以及与物理理论的结合，电磁场理论经历了从电动力学理论到相对论电磁理论，再到量子力学的电磁理论的飞跃发展。

1. 电磁场的源

电磁基本方程中的源是电荷和电流。

电荷在大多数情况下为极电荷，但在金属表面只有面电荷，而在细线问题中通常为线电荷。

$$\rho = \lim_{\Delta V \to 0} \frac{\Delta Q}{\Delta V} = \frac{dQ}{dV} \tag{2-1}$$

$$\rho_S = \lim_{\Delta S \to 0} \frac{\Delta Q}{\Delta S} = \frac{dQ}{dS} \tag{2-2}$$

$$\rho_l = \lim_{\Delta l \to 0} \frac{\Delta Q}{\Delta l} = \frac{dQ}{dl} \tag{2-3}$$

或

$$Q = \int_V \rho \, dV \tag{2-4}$$

$$Q = \int_S \rho_S \, dS \tag{2-5}$$

$$Q = \int_l \rho_l \, dl \tag{2-6}$$

电磁场绝大多数问题都和电流相关，在大多数情况下指的是体电流密度 $\boldsymbol{J}$，它是一个矢量，方向为导体内某点正电荷的运动方向，大小为垂直于它的单位面积上的电流。而金属问题中为面电流。

电荷守恒定律(电流连续性方程)：

积分形式

$$\oint_S \boldsymbol{J} \cdot d\boldsymbol{S} = i = -\frac{dQ}{dt} = -\frac{d}{dt}\int_V \rho \, dV \tag{2-7}$$

微分形式
$$\nabla \cdot \boldsymbol{J} = -\frac{\partial \rho}{\partial t} \tag{2-8}$$

流过恒定电流时
$$\oint_S \boldsymbol{J} \cdot \mathrm{d}\boldsymbol{S} = 0 \text{ 或 } \nabla \cdot \boldsymbol{J} = 0 \tag{2-9}$$

2. 静态场的基本方程

1) 库仑定律与电场强度

$$\text{库仑定律}\quad \boldsymbol{F} = \frac{Q_1 Q_2 \boldsymbol{R}}{4\pi\varepsilon_0 R^3} = \boldsymbol{a}_R \frac{Q_1 Q_2}{4\pi\varepsilon_0 R^2} \tag{2-10}$$

$$\text{电场强度}\quad \boldsymbol{E} = \frac{Q\boldsymbol{R}}{4\pi\varepsilon_0 R^3} = \frac{1}{4\pi\varepsilon_0}\sum_{i=1}^{n}\frac{Q_i}{R_i^3}\boldsymbol{R}_i \tag{2-11}$$

其中，$\boldsymbol{R}$，$\boldsymbol{R}_i$ 为从源点指向场点的距离。对于真空中有限区域 V 内连续分布的体电荷，V 外 p 点电场强度为

$$\boldsymbol{E} = \frac{1}{4\pi\varepsilon_0}\int_V \frac{\rho(r')\boldsymbol{R}}{R^3}\mathrm{d}V' = \frac{1}{4\pi\varepsilon_0}\int_V \frac{\rho(\boldsymbol{r}')(\boldsymbol{r}-\boldsymbol{r}')}{|\boldsymbol{r}-\boldsymbol{r}'|^3}\mathrm{d}V' \tag{2-12}$$

静态场，$\boldsymbol{E}$ 的通量可分为以下两种情况求解

$$\text{（不包含电荷的区域）}\quad \boldsymbol{E}\text{ 的通量} = \oint_S \boldsymbol{E} \cdot \mathrm{d}\boldsymbol{S} = \oint_S E_n \mathrm{d}S = 0 \tag{2-13}$$

$$\text{（包含电荷 } q \text{ 的区域）}\quad \boldsymbol{E}\text{ 的通量} = \oint_S \boldsymbol{E} \cdot \mathrm{d}\boldsymbol{S} = \oint_S E_n \mathrm{d}S = \frac{q}{\varepsilon} \tag{2-14}$$

$$\boldsymbol{E}\text{ 的通量} = \oint_S E \cdot \mathrm{d}\boldsymbol{S} = \oint_S E_n \mathrm{d}S = \frac{\text{曲面内总电荷}Q_{\text{内}}}{\varepsilon} = \frac{1}{\varepsilon}\int_V \rho \mathrm{d}V = \int_V \nabla \cdot \boldsymbol{E}\mathrm{d}V \tag{2-15}$$

由上式可知，静态场，$\boldsymbol{E}$ 的散度为

$$\nabla \cdot \boldsymbol{E} = \frac{\rho}{\varepsilon} \tag{2-16}$$

2) 高斯定理与电通量密度

电通量密度，电位移矢量 $\boldsymbol{D}$ 只与发出电通量的电荷有关，而与空间中所填充的介质无关，即

$$\boldsymbol{D} = \varepsilon_0 \boldsymbol{E} \tag{2-17}$$

高斯定理指的是穿过真空或自由空间中任意封闭面的电通量等于此封闭面所包围的自由电荷总量，即

$$\oint_S \boldsymbol{D} \cdot \mathrm{d}\boldsymbol{S} = Q \text{ 或 } \oint_S \boldsymbol{E} \cdot \mathrm{d}\boldsymbol{S} = \frac{Q}{\varepsilon_0} \tag{2-18}$$

若体电荷位于封闭面内，

$$\oint_S \boldsymbol{D} \cdot \mathrm{d}\boldsymbol{S} = \int_V \rho \mathrm{d}V \tag{2-19a}$$

$$\int_V \nabla \cdot \boldsymbol{D} \mathrm{d}V = \int_V \rho \mathrm{d}V \tag{2-19b}$$

以及

$$\nabla \cdot \boldsymbol{D} = \rho \tag{2-20}$$

上式表明需以下几种条件。

(1) 研究区域适于源区域。

(2) 源区域内 ρ 连续分布。

(3) 该空间任一点处电通量密度的散度等于该点处的电荷密度。

(4) 积分方程不一定要完全满足以上条件(1)和(2)(充分而非必要)。

3) 静电场的无旋性

由 $\boldsymbol{F} = Q_0 \boldsymbol{E}$ 可知，外力克服电场力做功为

$$\mathrm{d}W = -Q_0 \boldsymbol{E} \cdot \mathrm{d}\boldsymbol{l} \tag{2-21}$$

$$W_{ba} = -Q_0 \int_a^b \boldsymbol{E} \cdot \mathrm{d}\boldsymbol{l} \tag{2-22}$$

如图 2-1 所示，由于外力克服电场力做功，与路径无关，闭合路径 $W_{ba} = -Q_0 \int_a^b \boldsymbol{E} \cdot \mathrm{d}\boldsymbol{l} = 0$ 或 $\oint_l \boldsymbol{E} \cdot \mathrm{d}\boldsymbol{l} = 0$，由斯托克斯定理可得 $\nabla \times \boldsymbol{E} = 0$，因此静电场是无旋场或保守场。

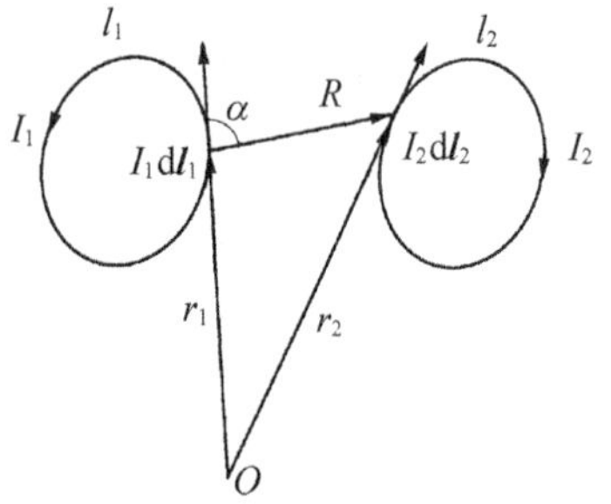

图 2-1　两电流环之间的受力示意图

4) 毕奥-萨伐尔定律与磁通量密度

由毕奥-萨伐尔定律可知真空中磁场力为

$$\boldsymbol{F}_{21} = \frac{\mu_0}{4\pi} \oint_{l_2} \oint_{l_1} \frac{I_2 \mathrm{d}\boldsymbol{l}_2 \times (I_1 \mathrm{d}\boldsymbol{l}_1 \times \boldsymbol{a}_R)}{R^2} \tag{2-23}$$

$$\boldsymbol{F}_{12} = -\boldsymbol{F}_{21} \tag{2-24}$$

$$\boldsymbol{F}_{21} = \oint_{l_2} I_2 \mathrm{d}\boldsymbol{l}_2 \times \left(\frac{\mu_0}{4\pi} \oint_{l_1} \frac{I_1 \mathrm{d}\boldsymbol{l}_1 \times \boldsymbol{a}_R}{R^2} \right) = \oint_{l_2} I_2 \mathrm{d}\boldsymbol{l}_2 \times \boldsymbol{B}_1 \tag{2-25}$$

应指出的是，各微小电流单元间的作用力并不一定等值反向；线圈间的总的作用力等值反向。磁通量密度(磁感应强度)为

$$\boldsymbol{B}_1 = \frac{\mu_0}{4\pi} \oint_{l_1} \frac{I_1 \mathrm{d}\boldsymbol{l}_1 \times \boldsymbol{a}_R}{R^2} \tag{2-26}$$

相当于回路 $\boldsymbol{l}_1$ 作用于回路 $\boldsymbol{l}_2$ 的单位电流元上的磁场力大小为 $|\boldsymbol{B}_1| = \frac{\mu_0}{4\pi} \oint_{l_1} \frac{I_1 \mathrm{d}l_1 \sin\alpha}{R^2}$，

单位为 T,1 T=1 Wb/m^2。

已知体电流 $\boldsymbol{J}$ 时,

$$\boldsymbol{B}=\frac{\mu_0}{4\pi}\int_V \frac{\boldsymbol{J}\times\boldsymbol{R}}{R^3}\mathrm{d}V \tag{2-27}$$

已知面电流 $\boldsymbol{J}_S$ 时,

$$\boldsymbol{B}=\frac{\mu_0}{4\pi}\int_S \frac{\boldsymbol{J}_S\times\boldsymbol{R}}{R^3}\mathrm{d}S \tag{2-28}$$

4) 磁通量与磁通连续性原理

磁通量为 $\Phi=\int_S \boldsymbol{B}\cdot\mathrm{d}\boldsymbol{S}$

封闭曲面 S 内由于磁力线闭合,则$\oint_S \boldsymbol{B}\cdot\mathrm{d}\boldsymbol{S}=0$。由散度定理可得 $\nabla\cdot\boldsymbol{B}=0$ 因此磁场是无散场或管形场。

5) 安培环路定律与磁场强度

由图 2-2 所示,安培环路定律为$\oint_l\left(\frac{\boldsymbol{B}}{\mu_0}\right)\cdot\mathrm{d}\boldsymbol{l}=I$ 或$\oint_l \boldsymbol{B}\cdot\mathrm{d}\boldsymbol{l}=\mu_0 I$。

应指出的是:闭合曲线 $\boldsymbol{l}$ 只是一条几何意义上的闭合曲线,不一定是导体。

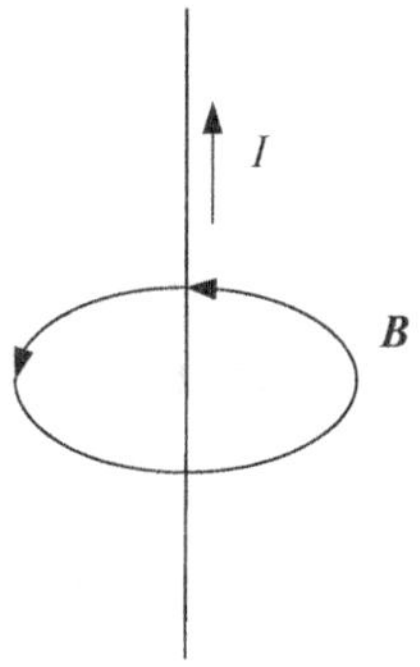

图 2-2　直导体的磁场强度

磁场强度为 $\boldsymbol{H}=\frac{\boldsymbol{B}}{\mu_0}$。特别地,简单介质中 $\boldsymbol{H}=\frac{\boldsymbol{B}}{\mu}$。

$$\oint_l \boldsymbol{H}\cdot\mathrm{d}\boldsymbol{l}=\int_S \boldsymbol{J}\cdot\mathrm{d}\boldsymbol{S} \tag{2-29}$$

左边,用 Stokes 定理

$$\int_S(\nabla\times\boldsymbol{H})\cdot\mathrm{d}\boldsymbol{S}=\int_S \boldsymbol{J}\cdot\mathrm{d}\boldsymbol{S} \tag{2-30}$$

可得到安培环路定律微分形式 $\nabla\times\boldsymbol{H}=\boldsymbol{J}$。

上式说明,磁场存在漩涡源 $\boldsymbol{J}$(面电流),也表明需以下几种条件。

(1) 研究区域适于源区域。

(2) 源区域内 $\boldsymbol{J}$ 连续分布。

(3) 该空间任一点处磁场强度的旋度等于该点处的电流密度。

(4) 积分方程不一定要完全满足以上条件(1)和(2)(充分而非必要)。

3. 电磁感应定律与全电流定律

法拉第电磁感应定律是说明感应电动势和磁通变化关系的,$\mathfrak{J}=-\frac{\mathrm{d}\Phi}{\mathrm{d}t}$。另外,导体内感应电场强度 $\boldsymbol{E}$ 满足 $\mathfrak{J}=\oint_l \boldsymbol{E}\cdot\mathrm{d}\boldsymbol{l}$。则有

$$\oint_l \boldsymbol{E} \cdot \mathrm{d}\boldsymbol{l} = -\frac{\mathrm{d}}{\mathrm{d}t}\int_S \boldsymbol{B} \cdot \mathrm{d}\boldsymbol{S} \tag{2-31}$$

其中，$\mathrm{d}\boldsymbol{S}$ 与 $\mathrm{d}\boldsymbol{l}$ 满足右手螺旋。

电磁感应定律表明感应电场强度 $\boldsymbol{E}$ 沿任意闭曲线的线积分等于该路径所交磁链通量的时间变化率的负值。注意：形成封闭曲线的环路不一定是导电的。若导线回路在磁场中运动，则

$$\mathfrak{J} = -\int_S \frac{\partial \boldsymbol{B}}{\partial t} \cdot \mathrm{d}\boldsymbol{S} + \oint_l (\boldsymbol{v} \times \boldsymbol{B}) \cdot \mathrm{d}\boldsymbol{l} \tag{2-32}$$

等式右端第一部分为磁场随时间变化产生的感生电动势，第二部分为回路运动产生的动生电动势。由 Stokes 定理可得

$$\int_S (\nabla \times \boldsymbol{E}) \cdot \mathrm{d}\boldsymbol{S} = -\int_S \frac{\partial \boldsymbol{B}}{\partial t} \cdot \mathrm{d}\boldsymbol{S} + \int_S [\nabla \times (\boldsymbol{v} \times B)] \cdot \mathrm{d}\boldsymbol{S} \tag{2-33}$$

即电磁感应定律微分形式为

$$\nabla \times \boldsymbol{E} = -\frac{\partial \boldsymbol{B}}{\partial t} + \nabla \times (\boldsymbol{v} \times \boldsymbol{B}) \tag{2-34}$$

当回路静止时

$$\nabla \times \boldsymbol{E} = -\frac{\partial \boldsymbol{B}}{\partial t} \tag{2-35}$$

上式表明：变化的磁场激发电场，感应电场是旋涡场。

在静磁场中得到的安培环路定律为

$$\nabla \cdot (\nabla \times \boldsymbol{H}) = \nabla \cdot \boldsymbol{J} = 0 \tag{2-36}$$

而在时变场中，由电流连续性方程可得

$$\nabla \cdot \boldsymbol{J} = -\frac{\partial \rho}{\partial t} \tag{2-37}$$

以上两式矛盾，因此得到修正的安培环路定律

$$\nabla \cdot (\nabla \times \boldsymbol{H}) = \nabla \cdot \boldsymbol{J} + \frac{\partial \rho}{\partial t} \tag{2-38}$$

由高斯定理 $\nabla \cdot \boldsymbol{D} = \rho$ 可得

$$\nabla \cdot (\nabla \times \boldsymbol{H}) = \nabla \cdot \left(\boldsymbol{J} + \frac{\partial \boldsymbol{D}}{\partial t}\right) \tag{2-39}$$

全电流定律微分形式为

$$\nabla \times \boldsymbol{H} = \boldsymbol{J} + \frac{\partial \boldsymbol{D}}{\partial t} = \boldsymbol{J} + \boldsymbol{J}_d \tag{2-40}$$

等式右端第一项 $\boldsymbol{J}$ 为传导电流密度；第二项 $\boldsymbol{J}_d$ 为位移电流密度。

全电流定律积分形式为

$$\oint_l \boldsymbol{H} \cdot \mathrm{d}\boldsymbol{l} = \int_S \left(\boldsymbol{J} + \frac{\partial \boldsymbol{D}}{\partial t}\right) \cdot \mathrm{d}\boldsymbol{S} \tag{2-41}$$

4. 麦克斯韦方程组与边界条件

1) 麦克斯韦方程组

麦克斯韦方程组是英国物理学家麦克斯韦在 19 世纪，在库仑定律、毕奥-萨伐尔定律和法拉第电磁感应定律的基础上，建立的一组描述电场、磁场与电荷密度、电流密度之间关系的方程。其微分形式如下：

$$\begin{cases} \nabla \times \boldsymbol{E} = -\dfrac{\partial \boldsymbol{B}}{\partial t} \\ \nabla \times \boldsymbol{H} = \boldsymbol{J} + \dfrac{\partial \boldsymbol{D}}{\partial t} \\ \nabla \cdot \boldsymbol{B} = 0 \\ \nabla \cdot \boldsymbol{D} = \rho \end{cases} \tag{2-42}$$

式中，$\boldsymbol{E}$ 为电场强度，单位是 V/m；$\boldsymbol{H}$ 为磁场强度，单位是 A/m；$\boldsymbol{D}$ 为电通量密度，单位是 C/m^2；$\boldsymbol{B}$ 为磁通量密度，单位是 W/m^2；$\boldsymbol{J}$ 为电流密度，单位是 A/m^2；ρ 为自由电荷体密度，单位是 C/m^3。

说明：

上式是微分、瞬时形式非限定性的麦氏方程组，适用静态场、时变场。

注意：$\boldsymbol{E}$、$\boldsymbol{D}$ 包括感应场，也包括库仑电场。

在应用麦克斯韦方程组时，需要考虑介质对电磁场的影响。首先介质可分为以下几种。

简单介质：线性、均匀、各向同性；

线性介质：介质的参数与场强的大小无关；

均匀介质：介质的参数与位置无关；

各向同性介质：介质的参数与场强的方向无关；

非色散介质：介质参数与频率无关；

在简单介质中，本构关系为

$$\begin{cases} \boldsymbol{D} = \varepsilon \boldsymbol{E} \\ \boldsymbol{B} = \mu \boldsymbol{H} \\ \boldsymbol{J} = \sigma \boldsymbol{E} \end{cases} \tag{2-43}$$

式中，ε 表示介质的介电系数，单位是 F/m；μ 表示介质的导磁系数，单位是 H/m；σ 表示电导率，反映介质传输电流能力的强弱，单位是 S/m^2。

特别地，在自由空间中：$\varepsilon = \varepsilon_0$，$\mu = \mu_0$，$\sigma = 0$。

$\sigma = 0$ 表示理想介质；$\sigma = \infty$ 表示理想导体；导电介质中 $0 < \sigma < \infty$；优良导体的 σ 足够大。

各向异性介质

$$\varepsilon=\begin{bmatrix}\varepsilon_{11} & \varepsilon_{12} & \varepsilon_{13}\\ \varepsilon_{21} & \varepsilon_{22} & \varepsilon_{23}\\ \varepsilon_{31} & \varepsilon_{32} & \varepsilon_{33}\end{bmatrix} \tag{2-44}$$

比如等离子体;"黑幕"问题。

手征介质

$$\boldsymbol{D}(\boldsymbol{r},\ t)=\varepsilon_c\boldsymbol{E}(\boldsymbol{r},\ t)-\mathrm{j}\mu\xi_c\boldsymbol{H}(\boldsymbol{r},\ t) \tag{2-45}$$

$$\boldsymbol{B}(\boldsymbol{r},\ t)=\mathrm{j}\mu\xi_c\boldsymbol{E}(\boldsymbol{r},\ t)+\mu\boldsymbol{H}(\boldsymbol{r},\ t) \tag{2-46}$$

$$\varepsilon_c=\varepsilon+\mu\xi_c^2 \tag{2-47}$$

自然界中手征介质很少见,但一般介质中掺入金属小螺旋可实现人工手征介质。

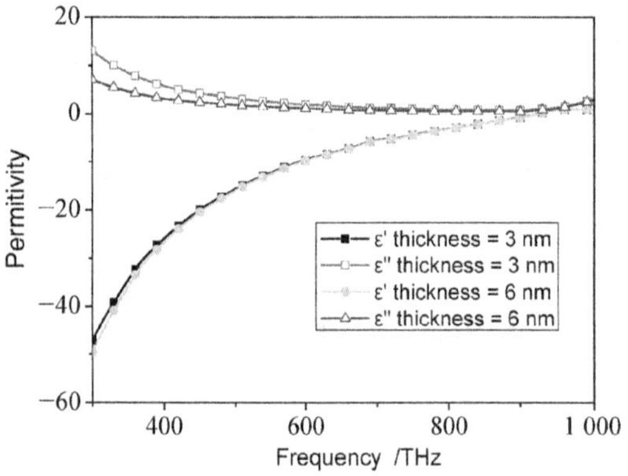

图 2-3　直导体 Ag 的介电常数

左手材料也称异向介质,自然界中常见的是右手材料,左手材料一般 ε 和 μ 同时为负。

1986 年苏联学者 Veselago 首次提出了左手材料的概念和假想。

1996 年,Pedery 用金属周期杆产生负 ε 现象。

后来有人用开口环形谐振器周期阵结构产生负 μ 现象。

Smith 和 Shelby 证实了可以实现 ε 和 μ 同时为负的现象。

图 2-3 示出了 Ag 的介电常数,频率范围为 300～1 000 THz。

有增益介质(gain medium),比如三极管的介电常数如图 2-4 所示。

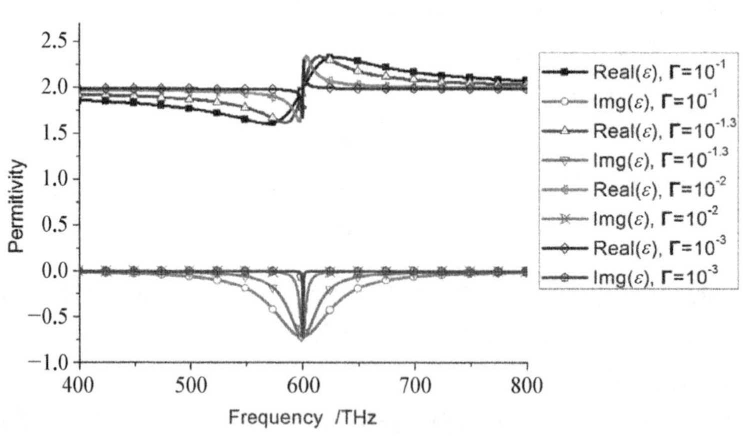

图 2-4　增益介质的介电常数举例

简单介质中微分瞬时形式限定性的麦氏方程组为

$$\nabla \times \boldsymbol{E} = -\mu \frac{\partial \boldsymbol{H}}{\partial t} \tag{2-48a}$$

$$\nabla \times \boldsymbol{H} = \varepsilon \frac{\partial \boldsymbol{E}}{\partial t} + \boldsymbol{J} \tag{2-48b}$$

$$\nabla \cdot \boldsymbol{H} = 0 \tag{2-48c}$$

$$\nabla \cdot \boldsymbol{E} = \frac{\rho}{\varepsilon} \tag{2-48d}$$

积分形式的麦克斯韦方程组为

（电磁感应定律）
$$\oint_l \boldsymbol{E} \cdot \mathrm{d}\boldsymbol{l} = -\int_S \frac{\partial \boldsymbol{B}}{\partial t} \cdot \mathrm{d}\boldsymbol{S} \tag{2-49a}$$

（全电流定律）
$$\oint_l \boldsymbol{H} \cdot \mathrm{d}\boldsymbol{l} = \int_S \left(\boldsymbol{J} + \frac{\partial \boldsymbol{D}}{\partial t}\right) \cdot \mathrm{d}\boldsymbol{S} \tag{2-49b}$$

（磁通连续性定律）
$$\oint_S \boldsymbol{B} \cdot \mathrm{d}\boldsymbol{S} = 0 \tag{2-49c}$$

（高斯定律）
$$\oint_S \boldsymbol{D} \cdot \mathrm{d}\boldsymbol{S} = \int_V \rho \mathrm{d}V \tag{2-49d}$$

2) 边界条件

对于一般介质，电磁场的边界条件可以总结归纳如下。

(1) 在两种介质分界面上，如果存在面电流，使 $\boldsymbol{H}$ 切向分量不连续，其不连续量由下式确定。

$$H_{1t} - H_{2t} = J_S \quad 或 \quad \boldsymbol{a}_n \times (\boldsymbol{H}_1 - \boldsymbol{H}_2) = \boldsymbol{J}_S \tag{2-50}$$

若分界面上不存在面电流，则 $\boldsymbol{H}$ 的切向分量是连续的。

(2) 在两种介质分界面上，$\boldsymbol{E}$ 的切向分量是连续的。

$$E_{1t} = E_{2t} \quad 或 \quad \boldsymbol{a}_n \times (\boldsymbol{E}_1 - \boldsymbol{E}_2) = 0 \tag{2-51}$$

(3) 在两种介质分界面上，$\boldsymbol{B}$ 的法向分量是连续的。

$$B_{1n} = B_{2n} \quad 或 \quad \boldsymbol{a}_n \cdot (\boldsymbol{B}_1 - \boldsymbol{B}_2) = 0 \tag{2-52}$$

(4) 在两种介质分界面上，如果存在面电荷，使 $\boldsymbol{D}$ 的法向分量不连续，其不连续量由下式确定。

$$D_{1n} - D_{2n} = \rho_S \quad 或 \quad \boldsymbol{a}_n \cdot (\boldsymbol{D}_1 - \boldsymbol{D}_2) = \rho_S \tag{2-53}$$

若分界面上不存在面电荷，则 $\boldsymbol{D}$ 的法向分量是连续的。

无源理想介质与理想介质界面 ($\sigma = 0$)：

$$E_{1t} = E_{2t} \quad 或 \quad a_n \times (E_1 - E_2) = 0 \tag{2-54a}$$

$$H_{1t} - H_{2t} = 0 \quad 或 \quad a_n \times (H_1 - H_2) = 0 \tag{2-54b}$$

$$D_{1n}-D_{2n}=0 \quad 或 \quad \boldsymbol{a}_n \cdot (\boldsymbol{D}_1-\boldsymbol{D}_2)=0 \tag{2-54c}$$

$$B_{1n}=B_{2n} \quad 或 \quad \boldsymbol{a}_n \cdot (\boldsymbol{B}_1-\boldsymbol{B}_2)=0 \tag{2-54d}$$

理想介质和导体界面：

导体内部 $\rho=0$ 且 $\boldsymbol{E}=0$，因此边界条件可写为

$$D_n=\rho_S \quad 或 \quad \boldsymbol{a}_n \cdot \boldsymbol{D}=\rho_S \tag{2-55}$$

$$E_t=0 \quad 或 \quad \boldsymbol{a}_n \times \boldsymbol{E}=0 \tag{2-56}$$

电壁：电力线和导体表面垂直，又终止于导体表面；

磁壁：在理想情况下，$\mu=\infty$ 导磁体，磁力线和导磁体表面垂直。

2.2 坡印亭定理和坡印亭矢量

麦克斯韦的假设：在任一时刻，空间任一点的电磁能量密度应为此时电场能量密度与磁场能量密度之和

$$w=w_{\mathrm{e}}+w_{\mathrm{m}}=\frac{1}{2}\varepsilon E^2+\frac{1}{2}\mu H^2 \tag{2-57}$$

坡印亭定理表征了电磁能流与电磁场量之间的一般关系。

坡印亭定理微分形式

$$-\nabla \cdot (\boldsymbol{E}\times\boldsymbol{H})=\boldsymbol{H}\cdot\frac{\partial \boldsymbol{B}}{\partial t}+\boldsymbol{E}\cdot\frac{\partial \boldsymbol{D}}{\partial t}+\boldsymbol{E}\cdot\boldsymbol{J} \tag{2-58}$$

等式左边表示 $\boldsymbol{E}\times\boldsymbol{H}$ 的散度(通量的密度)，是电磁波传播过程中的功率；右边表示磁场项与电场项。

坡印亭定理积分形式

$$-\oint_S (\boldsymbol{E}\times\boldsymbol{H})\cdot \mathrm{d}\boldsymbol{S}=\int_V\left(\boldsymbol{H}\cdot\frac{\partial \boldsymbol{B}}{\partial t}+\boldsymbol{E}\cdot\frac{\partial \boldsymbol{D}}{\partial t}+\boldsymbol{E}\cdot\boldsymbol{J}\right)\mathrm{d}V \tag{2-59}$$

简单介质中 $\boldsymbol{D}=\varepsilon\boldsymbol{E}$，$\boldsymbol{B}=\mu\boldsymbol{H}$。

上述等式右端积分内部第一项可写为

$$\frac{\partial}{\partial t}\left(\frac{\boldsymbol{H}\cdot\boldsymbol{B}}{2}\right)=\frac{1}{2}\left(\boldsymbol{H}\cdot\frac{\partial \boldsymbol{B}}{\partial t}+\boldsymbol{B}\cdot\frac{\partial \boldsymbol{H}}{\partial t}\right)=\boldsymbol{H}\cdot\frac{\partial \boldsymbol{B}}{\partial t} \tag{2-60}$$

同理，第二项为

$$\frac{\partial}{\partial t}\left(\frac{\boldsymbol{E}\cdot\boldsymbol{D}}{2}\right)=\frac{1}{2}\left(\boldsymbol{E}\cdot\frac{\partial \boldsymbol{D}}{\partial t}+\boldsymbol{D}\cdot\frac{\partial \boldsymbol{E}}{\partial t}\right)=\boldsymbol{E}\cdot\frac{\partial \boldsymbol{D}}{\partial t} \tag{2-61}$$

因此，简单介质坡印亭定理为

$$
\begin{aligned}
-\oint_S (\boldsymbol{E}\times\boldsymbol{H})\cdot \mathrm{d}\boldsymbol{S} &= \int_V \left(\boldsymbol{H}\cdot\frac{\partial \boldsymbol{B}}{\partial t}+\boldsymbol{E}\cdot\frac{\partial \boldsymbol{D}}{\partial t}+\boldsymbol{E}\cdot\boldsymbol{J}\right)\mathrm{d}V \\
&= \int_V \frac{\partial}{\partial t}\left(\frac{1}{2}\boldsymbol{H}\cdot\boldsymbol{B}+\frac{1}{2}\boldsymbol{E}\cdot\boldsymbol{D}\right)\mathrm{d}V+\int_V \boldsymbol{J}\cdot\boldsymbol{E}\,\mathrm{d}V \\
&= \frac{\mathrm{d}}{\mathrm{d}t}\int_V\left(\frac{1}{2}\mu\boldsymbol{H}^2+\frac{1}{2}\varepsilon\boldsymbol{E}^2\right)\mathrm{d}V+\int_V \sigma\boldsymbol{E}^2\,\mathrm{d}V \\
&= \frac{\mathrm{d}}{\mathrm{d}t}\int_V (w_{\mathrm{m}}+w_{\mathrm{e}})\mathrm{d}V+\int_V p_\sigma\,\mathrm{d}V
\end{aligned} \tag{2-62}
$$

瞬时磁场能量密度($\mathrm{J/m^3}$)为

$$
w_{\mathrm{m}}=\frac{1}{2}\boldsymbol{H}\cdot\boldsymbol{B}=\frac{1}{2}\mu\boldsymbol{H}^2 \tag{2-63}
$$

瞬时电场能量密度($\mathrm{J/m^3}$)为

$$
w_{\mathrm{e}}=\frac{1}{2}\boldsymbol{E}\cdot\boldsymbol{D}=\frac{1}{2}\varepsilon\boldsymbol{E}^2 \tag{2-64}
$$

热损耗瞬时功率密度($\mathrm{W/m^3}$)为

$$
p_\sigma=\boldsymbol{E}\cdot\boldsymbol{J}=\sigma\boldsymbol{E}^2 \tag{2-65}
$$

坡印亭定理表明体积 V 中电磁场能量随时间的增加率与热损耗功率之和等于单位时间内穿过封闭面 $\boldsymbol{S}$ 进入体积 V 的能量。

在静态场中，电场、磁场的时间变化率为 0，穿过 $\boldsymbol{S}$ 流入 V 内的功率等于 V 内的功率损耗，即

$$
-\oint_S (\boldsymbol{E}\times\boldsymbol{H})\cdot \mathrm{d}\boldsymbol{S}=\int_V \sigma E^2\,\mathrm{d}V \tag{2-66}
$$

坡印亭矢量定义为

$$
\boldsymbol{S}(t)=\boldsymbol{E}(t)\times\boldsymbol{H}(t)\quad 或\quad \boldsymbol{S}=\boldsymbol{E}\times\boldsymbol{H} \tag{2-67}
$$

满足右手螺旋，单位 $\mathrm{W/m^2}$ 代表穿过 $\boldsymbol{E}$ 与 $\boldsymbol{H}$ 所组成的微小面元的单位面积上的功率。

2.3　波动方程和电磁位函数

麦克斯韦方程和坡印亭定理完整地表征了场和源之间的关系，包括其能量关系。但麦克斯韦方程组中的四个方程均为隐式方程，电场、磁场和源之间相互交叉，并不能直接由源得到场分布，而推导出的波动方程则能更加直观地表达源和场之间的关系。

假定介质为稳定的简单介质(均匀、线性和各向同性介质，且 μ、ε 与 t 无关)，此时限定形式的麦克斯韦方程组为

$$\nabla \times \boldsymbol{E} = -\mu \frac{\partial \boldsymbol{H}}{\partial t} \tag{2-68a}$$

$$\nabla \times \boldsymbol{H} = \varepsilon \frac{\partial \boldsymbol{E}}{\partial t} + \boldsymbol{J} \tag{2-68b}$$

$$\nabla \cdot \boldsymbol{H} = 0 \tag{2-68c}$$

$$\nabla \cdot \boldsymbol{E} = \frac{\rho}{\varepsilon} \tag{2-68d}$$

对第二式左右取旋度，并利用矢量恒等式，可以得到有源矢量波动方程，或称为非齐次矢量波动方程

$$\nabla^2 \boldsymbol{H} - \mu\varepsilon \frac{\partial^2 \boldsymbol{H}}{\partial t^2} = -\nabla \times \boldsymbol{J} \tag{2-69a}$$

$$\nabla^2 \boldsymbol{E} - \mu\varepsilon \frac{\partial^2 \boldsymbol{E}}{\partial t^2} = \mu \frac{\partial \boldsymbol{J}}{\partial t} + \frac{\nabla \rho}{\varepsilon} \tag{2-69b}$$

特别地，若电磁波存在于没有场源的区域内(即在研究的区域内 $J=0$, $\rho=0$)，则有

$$\nabla^2 \boldsymbol{H} - \mu\varepsilon \frac{\partial^2 \boldsymbol{H}}{\partial t^2} = 0 \tag{2-70a}$$

$$\nabla^2 \boldsymbol{E} - \mu\varepsilon \frac{\partial^2 \boldsymbol{E}}{\partial t^2} = 0 \tag{2-70b}$$

这是 $\boldsymbol{E}$ 和 $\boldsymbol{H}$ 满足的无源矢量波动方程，或称为齐次矢量波动方程。

为方便求解有源矢量波动方程，引入矢量磁位 $\boldsymbol{A}$ 以及标量电位 ϕ。

已知 $\nabla \cdot \boldsymbol{B} = 0$ 以及任一矢量场的旋度的散度一定等于零，因此上式可写为 $\nabla \cdot (\nabla \times \boldsymbol{A}) = 0$，即 $\boldsymbol{B} = \nabla \times \boldsymbol{A}$。

简单介质中

$$\boldsymbol{H} = \frac{1}{\mu}(\nabla \times \boldsymbol{A}) \tag{2-71}$$

$$\nabla \times \boldsymbol{E} = -\frac{\partial \boldsymbol{B}}{\partial t} = -\frac{\partial}{\partial t}(\nabla \times \boldsymbol{A}) = -\nabla \times \frac{\partial \boldsymbol{A}}{\partial t} \tag{2-72}$$

$$\nabla \times \left(\boldsymbol{E} + \frac{\partial \boldsymbol{A}}{\partial t}\right) = 0 \tag{2-73}$$

标量场的梯度的旋度恒等于零，即

$$\nabla \times \nabla \phi = 0 \tag{2-74}$$

此时 $\boldsymbol{E}$ 可表达为

$$\boldsymbol{E} + \frac{\partial \boldsymbol{A}}{\partial t} = -\nabla \phi \quad 或 \quad \boldsymbol{E} = -\nabla \phi - \frac{\partial \boldsymbol{A}}{\partial t} \tag{2-75}$$

将上式代入高斯定理

$$\frac{\rho}{\varepsilon}=\nabla\cdot\boldsymbol{E}=-\nabla\cdot\left(\nabla\varphi+\frac{\partial\boldsymbol{A}}{\partial t}\right)=-\left(\nabla^2\varphi+\frac{\partial}{\partial t}(\nabla\cdot\boldsymbol{A})\right)\tag{2-76}$$

可得

$$\nabla^2\phi+\frac{\partial}{\partial t}(\nabla\cdot\boldsymbol{A})=-\frac{\rho}{\varepsilon}\tag{2-77}$$

再由全电流定律

$$\begin{aligned}\nabla\times\boldsymbol{B}=\nabla\times\nabla\times\boldsymbol{A}&=\mu\boldsymbol{J}+\mu\varepsilon\frac{\partial\boldsymbol{E}}{\partial t}\\&=\mu\boldsymbol{J}+\mu\varepsilon\frac{\partial}{\partial t}\left(-\nabla\phi-\frac{\partial\boldsymbol{A}}{\partial t}\right)\end{aligned}\tag{2-78}$$

以及 $\nabla\times\nabla\times\boldsymbol{A}=\nabla(\nabla\cdot\boldsymbol{A})-\nabla^2\boldsymbol{A}$，可得

$$\nabla^2\boldsymbol{A}-\mu\varepsilon\frac{\partial^2\boldsymbol{A}}{\partial t^2}=-\mu\boldsymbol{J}+\nabla\left(\nabla\cdot\boldsymbol{A}+\mu\varepsilon\frac{\partial\phi}{\partial t}\right)\tag{2-79}$$

我们知道，由散度、旋度及边界条件可唯一确定某矢量。

已知 $\boldsymbol{A}$ 的旋度

$$\nabla\times\boldsymbol{A}=\boldsymbol{B}\tag{2-80}$$

接下来确定 $\boldsymbol{A}$ 的散度，$\boldsymbol{A}$ 的散度可任意选取，不同场合用不同规范条件。其中最常见的是洛仑兹规范(条件)

$$\nabla\cdot\boldsymbol{A}=-\mu\varepsilon\frac{\partial\phi}{\partial t}\tag{2-81}$$

此时 $\boldsymbol{A}$ 和 ϕ 满足以下非齐次矢量波动方程

$$\nabla^2\boldsymbol{A}-\mu\varepsilon\frac{\partial^2\boldsymbol{A}}{\partial t^2}=-\mu\boldsymbol{J}\tag{2-82a}$$

$$\nabla^2\phi-\mu\varepsilon\frac{\partial^2\phi}{\partial t^2}=-\frac{\rho}{\varepsilon}\tag{2-82b}$$

说明：这样的方程使 $\boldsymbol{A}$ 和 ϕ 分离，便于求解，多数情况下采用库仑规范(条件)

$$\nabla\cdot\boldsymbol{A}=0\tag{2-83}$$

$\boldsymbol{A}$ 和 ϕ 的非齐次矢量波动方程为

$$\nabla^2\boldsymbol{A}-\mu\varepsilon\frac{\partial^2\boldsymbol{A}}{\partial t^2}=-\mu\boldsymbol{J}+\mu\varepsilon\nabla\frac{\partial\phi}{\partial t}\tag{2-84}$$

$$\nabla^2\phi=-\frac{\rho}{\varepsilon}\tag{2-85}$$

库仑规范下，$\boldsymbol{A}$ 和 ϕ 满足互联方程组，适于无源区域，此时 $\nabla^2\varphi=-\frac{\rho}{\varepsilon}=0$ 的特解 $\varphi=0$，

推出

$$E=-\frac{\partial A}{\partial t} \tag{2-86}$$

在恒定场中，磁场强度为

$$\boldsymbol{B}=\frac{\mu_0}{4\pi}\oint_l \nabla\times\left(\frac{I\,\mathrm{d}\boldsymbol{l}'}{R}\right)=\nabla\times\frac{\mu_0}{4\pi}\oint_l\left(\frac{I\,\mathrm{d}\boldsymbol{l}'}{R}\right) \tag{2-87}$$

矢量磁位为

$$\boldsymbol{A}=\frac{\mu_0}{4\pi}\oint_l \frac{I\,\mathrm{d}\boldsymbol{l}'}{R} \tag{2-88}$$

2.4 对偶形式的电磁场方程

电型源(电流、电荷)电磁场

$$\nabla\times\boldsymbol{E}_{\mathrm{e}}=-\frac{\partial B_{\mathrm{e}}}{\partial t} \tag{2-89a}$$

$$\nabla\times\boldsymbol{H}_{\mathrm{e}}=\boldsymbol{J}+\frac{\partial \boldsymbol{D}_{\mathrm{e}}}{\partial t} \tag{2-89b}$$

$$\nabla\cdot\boldsymbol{B}_{\mathrm{e}}=0 \tag{2-89c}$$

$$\nabla\cdot\boldsymbol{D}_{\mathrm{e}}=\rho \tag{2-89d}$$

$\boldsymbol{E}_{\mathrm{e}}$、$-\boldsymbol{H}_{\mathrm{e}}$、$\boldsymbol{J}$、$\varepsilon$、$\mu$ 分别对应 $\boldsymbol{H}_{\mathrm{m}}$、$\boldsymbol{E}_{\mathrm{m}}$、$\boldsymbol{J}_{\mathrm{m}}$、$\mu$、$\varepsilon$ 则可写出磁型源(磁流、磁荷)电磁场

$$\nabla\times\boldsymbol{H}_{\mathrm{m}}=\frac{\partial \boldsymbol{D}_{\mathrm{m}}}{\partial t} \tag{2-90a}$$

$$\nabla\times\boldsymbol{E}_{\mathrm{m}}=-J_{\mathrm{m}}-\frac{\partial B_{\mathrm{m}}}{\partial t} \tag{2-90b}$$

$$\nabla\cdot\boldsymbol{B}_{\mathrm{m}}=\rho_{\mathrm{m}} \tag{2-90c}$$

$$\nabla\cdot\boldsymbol{D}_{\mathrm{m}}=0 \tag{2-90d}$$

注意：磁流、磁荷是人为等效来的，实际中并不存在。

电型源加磁型源型电磁场

$$\nabla\times\boldsymbol{H}=\boldsymbol{J}+\frac{\partial \boldsymbol{D}}{\partial t} \tag{2-91a}$$

$$\nabla\times\boldsymbol{E}=-\frac{\partial B}{\partial t}-\boldsymbol{J}_{\mathrm{m}} \tag{2-91b}$$

$$\nabla\cdot\boldsymbol{D}=\rho \tag{2-91c}$$

$$\nabla\cdot\boldsymbol{B}=\rho_{\mathrm{m}} \tag{2-91d}$$

进一步来看，由矢量磁位 $\boldsymbol{A}$、标量电位 Φ 可对应矢量电位 $\boldsymbol{A}_{\mathrm{m}}$、标量磁位 Φ_{m}

$$\boldsymbol{D}_{\mathrm{m}} = -\nabla \times \boldsymbol{A}_{\mathrm{m}} \tag{2-92a}$$

$$\boldsymbol{H}_{\mathrm{m}} = -\nabla \phi_{\mathrm{m}} - \frac{\partial \boldsymbol{A}_{\mathrm{m}}}{\partial t} \tag{2-92b}$$

$$\nabla \cdot \boldsymbol{A}_{\mathrm{m}} + \mu\varepsilon \frac{\partial \phi_{\mathrm{m}}}{\partial t} = 0 \tag{2-92c}$$

$$\nabla^2 \boldsymbol{A}_{\mathrm{m}} - \mu\varepsilon \frac{\partial^2 \boldsymbol{A}_{\mathrm{m}}}{\partial t^2} = -\varepsilon \boldsymbol{J}_{\mathrm{m}} \tag{2-92d}$$

$$\nabla^2 \phi_{\mathrm{m}} - \mu\varepsilon \frac{\partial^2 \phi_{\mathrm{m}}}{\partial t^2} = -\frac{\rho_{\mathrm{m}}}{\mu} \tag{2-92e}$$

2.5　唯一性定理与亥姆霍兹定理

1. 唯一性定理

当物理状态给定时总能导出一个，且只有一个物理解。但数学上处理不当，可能导出多个解。

唯一性定理：指明正确建模，实现唯一解。

电磁场问题：当给定区域中的源和整个边界面上的切向电场或磁场都已确定时，此区域内的解就将唯一。

2. 亥姆霍兹定理

若矢量场 $\boldsymbol{F}(\boldsymbol{r})$ 在无限区域中处处是单值，且其导数连续有界，源分布在有限区域 V' 中，则当矢量场的散度及旋度给定后，该矢量场 $\boldsymbol{F}(\boldsymbol{r})$ 可以表示为

$$\boldsymbol{F}(\boldsymbol{r}) = -\nabla \phi(\boldsymbol{r}) + \nabla \times \boldsymbol{A}(\boldsymbol{r}) \tag{2-93}$$

其中：$\phi(\boldsymbol{r}) = \frac{1}{4\pi}\int_{V'} \frac{\nabla' \cdot \boldsymbol{F}(\boldsymbol{r}')}{|\boldsymbol{r}-\boldsymbol{r}'|} \mathrm{d}V'$，$\boldsymbol{A}(\boldsymbol{r}) = \frac{1}{4\pi}\int_{V'} \frac{\nabla' \times \boldsymbol{F}(\boldsymbol{r}')}{|\boldsymbol{r}-\boldsymbol{r}'|} \mathrm{d}V'$

该定理再次表明，无限空间中矢量场被其散度及旋度唯一地确定，而且它给出了场与其散度及旋度之间的定量关系，或者说，给出了场与源之间的定量关系。

2.6　电磁场边界值问题

根据不同的边界条件，静电场的边值问题可以分为三类。

(1) 第一类边值(Dirichlet)问题。已知全部边界上电位分布，如导体表面上的电位分布。

(2) 第二类边值(Neumann)问题。已知边界上电位的法向分布,如导体表面上的电荷分布;

(3) 第三类边值问题,又称混合边值(Robbin)问题。已知部分边界上的电位分布及另一部分边界上电位的法向导数。

可以证明,对上述任一边值问题,满足边界条件的电位泊松方程和拉普拉斯方程的解是唯一的。这样,我们可以选择任何一种求解静电场(包括静磁场)边值问题的解法,只要得到的解满足已知的边界条件以及泊松方程或拉普拉斯方程,则可确定此解必定是唯一的。

边值问题的解法有解析法、近似法、图解法以及数值解法等。常用的解析法有分离变量法、镜像法、复变函数法以及格林函数法等。分离变量法是求解拉普拉斯方程最基本的方法,主要用于求解二维和三维边值问题;镜像法可以求解不便于用其他方法求解的一类特殊边值问题;复变函数法主要采用保角变换的方法将较为复杂的边界形状变为简单边界进行求解,它能求解的主要是二维问题;格林函数法主要用于求解泊松方程构成的定解问题。由于计算机的运算速度越来越快,因此数值解法(如有限差分法、有限元法、矩量法以及时域有限差分法等)已获得广泛运用,这种方法主要求解具有复杂边界条件的问题。

类似的,一般的电磁场边值问题也可分为三类。

第一类边值问题:已知全部边界上电场分布,如导体表面上的电场法向分量为零。

第二类边值问题:未知量的导数在边界上为已知固定值。

第三类边值问题,又称混合边值问题:未知量和未知量的导数在边界上有确定关系。如:索末菲辐射条件(自由空间在无限远处的辐射条件);吸收边界条件等。

2.7 波和介质中的等效原理

电磁场问题的解是由方程和边界条件决定的。也就是说,如果保持区域中的源分布、介质分布以及区域边界上的边界条件不变,则场分布不变。这些便是电磁场等效原理的基础。

唯一性定理告诉我们,只要知道了所感兴趣区域 V 中的源、介质及包围该区域的闭合曲面 S 上的切向电场或切向磁场,则该区域中的场唯一确定。这里并未提及区域 V 以外的源和介质的分布情况。事实上,感兴趣区域 V 外的源对区域 V 内的场的贡献已包含在曲面 S 上的切向电场或切向磁场中,即边界条件。区域 V 外不同分布的源只要在闭合曲面 S 上产生相同的切向场,在区域 V 内产生的场也相同。

如图 2-5 所示,等效的概念是这样表述的:在区域 V 外具有不同源分布和介质分布,但在区域 V 内源分布和介质分布相同的一些电磁场问题,如果在区域 V 内具有相同的场分布,则对区域内而言这些电磁场问题是等效的。

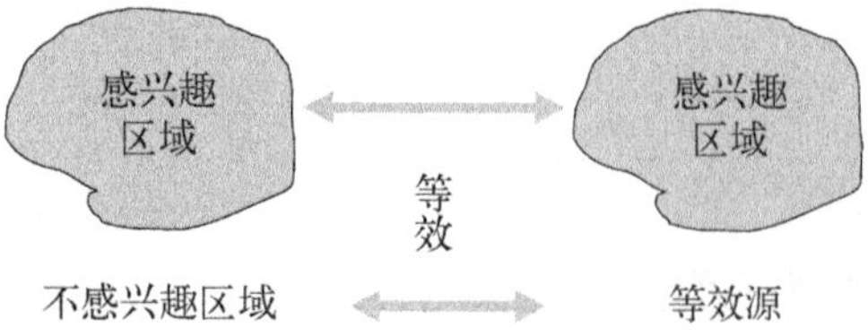

图 2-5 等效原理

注意:

等效时,确保全部边界条件得到满足;

等效源可在感兴趣区域之外或边界上;

等效源的构成方法不唯一；

如果两种不同性质的源能在所研究区域内给出同样的解(在这个区域之外可能会给出不同的解)，则称它们等效。

1. 电偶极子和磁偶极子

1) 电偶极子等效

如图 2－6 所示，静电场中的正负电荷对构成了电偶极子，电偶极子的外部电场分布和恒定电流元在空间产生的电场分布类似，可以等效。当然电偶极子内部的电场和恒定电流元内部的场完全相反。但这并不妨碍我们在外部区域对它们两者的场进行等效。

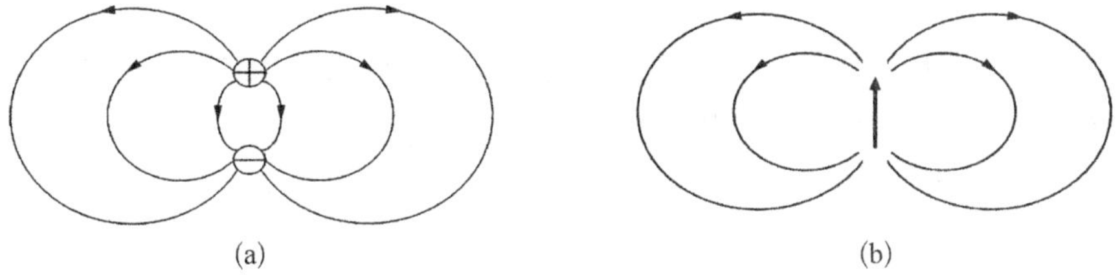

图 2－6　电偶极子的外部场等效

(a) 静态电场；(b) 恒定电场

2) 磁偶极子等效

如图 2－7 所示，一对正负磁荷产生的磁场分布如图 2－7(a)所示，磁流元产生的磁场分布如图 2－7(b)所示，小电流环产生的磁场如图 2－7(c)所示。很显然三者产生的磁场的外部分布相似，可以等效，但内部的磁场分布差异很大，但内部不是我们一般需要关注的区域。

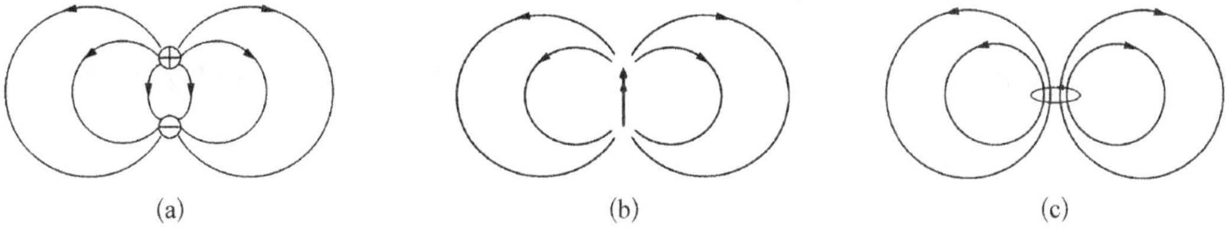

图 2－7　磁偶极子的外部场等效

(a) 磁偶极子；(b) 磁流元；(c) 小电流环

不感兴趣区域：图 2－7(c) 中包围小电流环的小体积；

感兴趣的区域：小电流环和磁偶极子在包围它们的小体积外场相同；

在源的内部，两者的磁场指向相反。

2. 镜像源

在应用镜像法时，能重新建立公式，提供了一种由所研究区域表面上近似的源分布来获得近似解的方法。唯一性定理保证了这种近似解至少在所研究的区域内是唯一的。以下列出了常见的几种镜像处理方法。

镜像源一：无限大理想导体前的电荷(见图 2－8)。

镜像源二：无限大理想导体前的偶极子(见图 2－9)。

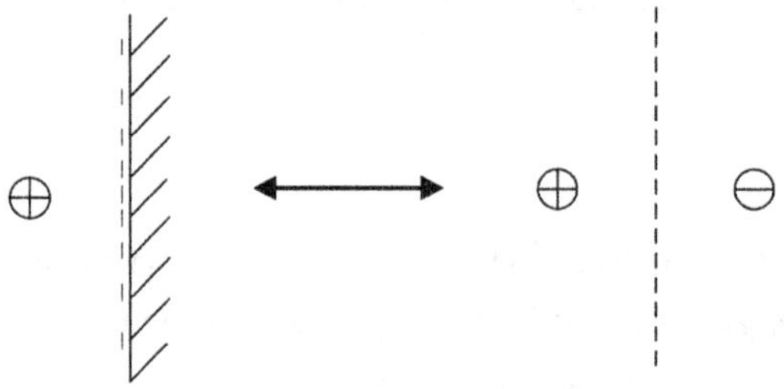

图 2-8　无限大理想导体前的电荷及其镜像

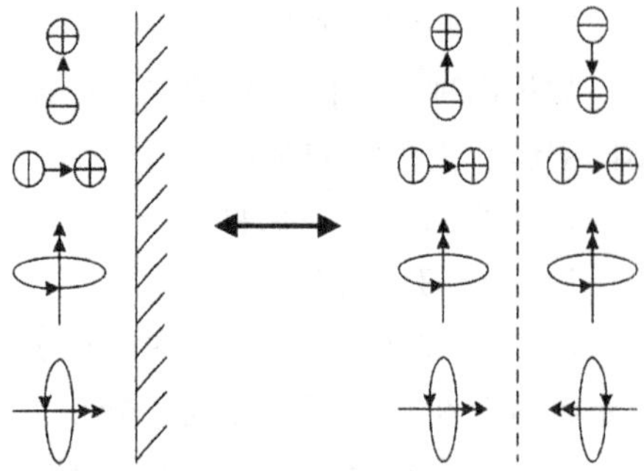

图 2-9　无限大理想导体前的偶极子及其镜像

镜像源三：无限大理想导磁体(切向磁场趋于 0 的导磁表面)前的偶极子(见图 2-10)。

镜像源四：平行导电板之间的电偶极子(见图 2-11)。

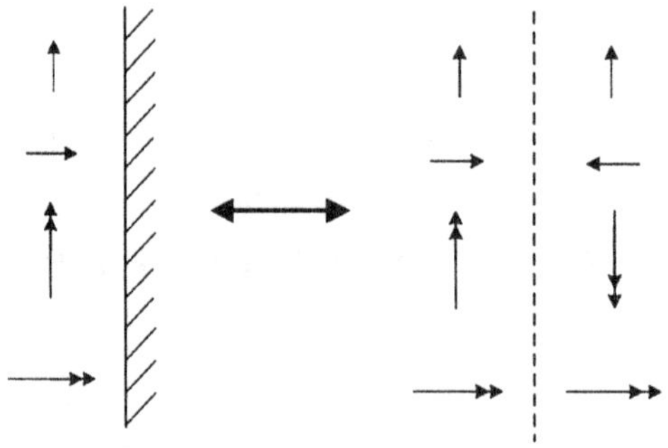

图 2-10　无限大理想导磁体前的偶极子及其镜像

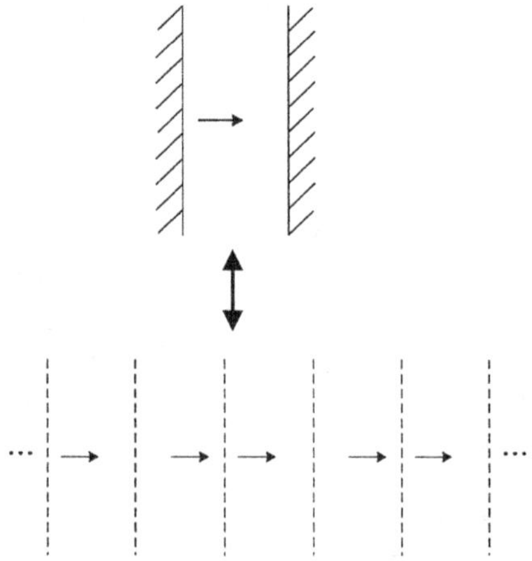

图 2-11　平行板之间的电偶极子及其镜像

3. *面电流和面磁流*

1) 面电流 $\boldsymbol{J}_s$

边界上切向磁场分量的不连续引起面电流 $\boldsymbol{J}_s$(见图 2-12)

$$\boldsymbol{J}_s = \boldsymbol{a}_n \times \delta \boldsymbol{H}$$

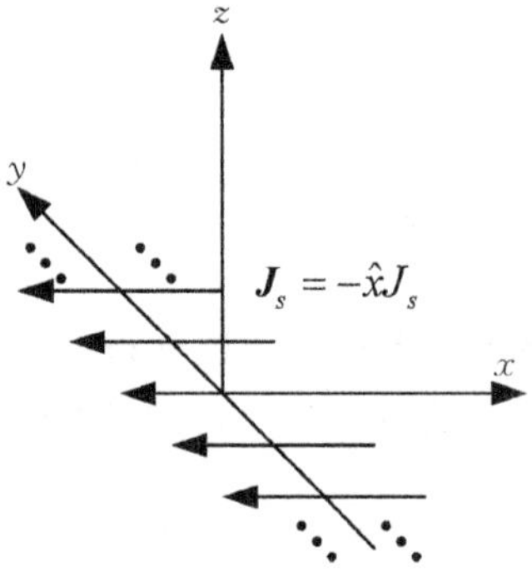

图 2-12　面电流分布

绕 $\boldsymbol{J}_s$ 的磁场环路方向服从右手定则。

面电流 ($z=0$)

$$\boldsymbol{J}_s = -\boldsymbol{a}_x J_s \tag{2-94}$$

平面波 ($z>0$)

$$\boldsymbol{E} = \boldsymbol{a}_x \frac{\eta}{2} J_s \mathrm{e}^{\mathrm{j}kz} \tag{2-95}$$

$$\boldsymbol{H} = \boldsymbol{a}_y \frac{1}{2} J_s \mathrm{e}^{\mathrm{j}kz} \tag{2-96}$$

平面波 ($z<0$)

$$\boldsymbol{E}=\boldsymbol{a}_x\frac{\eta}{2}J_s\mathrm{e}^{-\mathrm{j}kz} \tag{2-97}$$

$$\boldsymbol{H}=-\boldsymbol{a}_y\frac{1}{2}J_s\mathrm{e}^{-\mathrm{j}kz} \tag{2-98}$$

说明：$z=0$ 处，切向电场连续；切向磁场不连续，不连续性等于面电流密度 $\boldsymbol{J}_s$。

2) 面磁流 $\boldsymbol{M}_s$

边界上切向电场分量的不连续引起面磁流 $\boldsymbol{M}_s$(见图 2-13)

$$\boldsymbol{M}_s=-\boldsymbol{a}_n\times\delta\boldsymbol{E} \tag{2-99}$$

绕 $\boldsymbol{M}_s$ 的电场环路方向服从左手定则，也称为切向电场的边界条件。

面磁流 ($z=0$)

$$\boldsymbol{J}_s=-\boldsymbol{a}_xJ_s \tag{2-100}$$

平面波 ($z>0$)

$$\boldsymbol{E}=\boldsymbol{a}_x\frac{M_s}{2}\mathrm{e}^{\mathrm{j}kz} \tag{2-101}$$

$$\boldsymbol{H}=\boldsymbol{a}_y\frac{M_s}{2\eta}\mathrm{e}^{\mathrm{j}kz} \tag{2-102}$$

平面波 ($z<0$)

$$\boldsymbol{E}=-\boldsymbol{a}_x\frac{M_s}{2}\mathrm{e}^{-\mathrm{j}kz} \tag{2-103}$$

$$\boldsymbol{H}=\boldsymbol{a}_y\frac{1}{2\eta}J_s\mathrm{e}^{-\mathrm{j}kz} \tag{2-104}$$

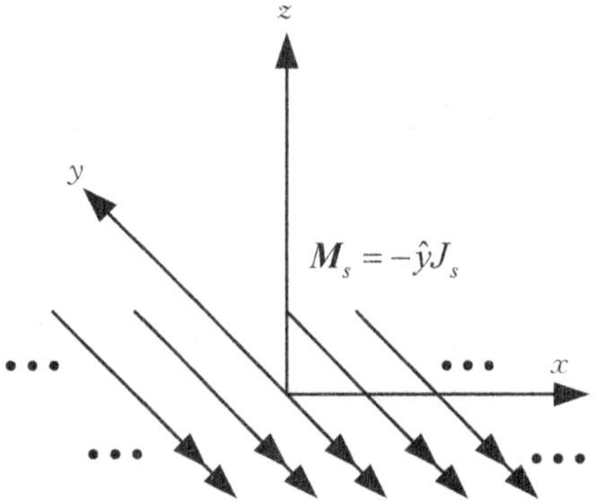

图 2-13　面磁流分布

说明：$z=0$ 处，切向磁场连续；切向电场不连续，不连续性等于面磁流密度 $\boldsymbol{M}_s$。

4. 外加的和感应的面电流

物体表面的感应面电流是物体表面的带电粒子的传导；外加面电流是外部因素的传导。

当沿物体表面外加一层电荷或电流时，物体表面就同时感应面电荷或面电流，以使边界条件得到满足。

考虑等效磁源的法拉第电磁感应定律

$$\nabla\times\boldsymbol{H}=-\mathrm{j}\omega\boldsymbol{D}+\boldsymbol{J} \tag{2-105}$$

$$\nabla\times\boldsymbol{E}=-\mathrm{j}\omega\boldsymbol{B}-\boldsymbol{M} \tag{2-106}$$

例 2-1　平面波垂直入射至理想导体的半空间(见图 2-14)。

导体表面的感应面电流 $\boldsymbol{J}_s$ 取代导体向 $z>0$ 和 $z<0$ 两个半空间辐射：

$\boldsymbol{J}_s$ 在 $z<0$ 区域产生反射波，使边界面电场为 0；

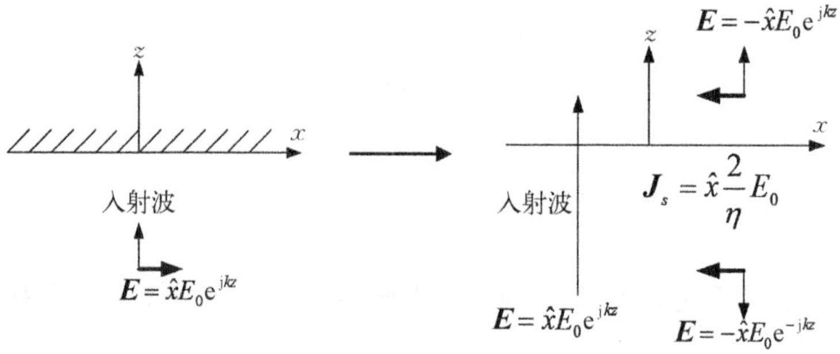

图 2-14　平面波垂直入射至理想导体的半空间

$\boldsymbol{J}_s$ 在 $z>0$ 区域产生平面波,与入射波结合,使导体内的场为 0。

例 2-2　平面波在 z 轴方向传播时的几种情况。

电场在 x 方向,研究 $z>0$ 区域

$$\boldsymbol{E}=\hat{x}E_0e^{jkz} \tag{2-107}$$

$$\boldsymbol{H}=\hat{y}\frac{1}{\eta}E_0e^{jkz} \tag{2-108}$$

等效问题 1:在 $z=0$ 处放置面电流和面磁流

$$\boldsymbol{J}_s=-\hat{x}E_0/\eta \tag{2-109}$$

$$\boldsymbol{M}_s=-\hat{y}E_0 \tag{2-110}$$

可在 $z>0$ 处产生同样的场,而在 $z<0$ 处没有场。

等效问题 2:在 $z=0$ 处放置面电流

$$\boldsymbol{J}_s=-\hat{x}2E_0/\eta \tag{2-111}$$

可在 $z>0$ 处产生同样的场,而在 $z<0$ 处平面波为

$$\boldsymbol{E}=\hat{x}E_0e^{-jkz} \tag{2-112}$$

等效问题 3:在 $z=0$ 处放置面磁流

$$\boldsymbol{M}_s=-\hat{y}2E_0 \tag{2-113}$$

可在 $z>0$ 处产生同样的场,而在 $z<0$ 处场为

$$\boldsymbol{H}=\hat{y}\frac{1}{\eta}E_0e^{jkz} \tag{2-114}$$

等效问题 4:以理想导体代替 $z<0$。在导电体前放置面电流和面磁流

$$\boldsymbol{J}_s=-\hat{x}E_0/\eta \tag{2-115}$$

$$\boldsymbol{M}_s=-\hat{y}E_0 \tag{2-116}$$

在 $z>0$ 处面电流不产生任何场,因为导体表面将感应有等幅反相的面电流,抵消了外

加的 $\boldsymbol{J}_s$；在 $z>0$ 处面磁流产生相同的场。

关于等效原理的几点说明：

在不感兴趣的区域，等效问题解是无意义的；

关于镜像法，可以把“存在有导体时偶极子的辐射”转化为偶极子阵列问题；

等效原理的用途：在应用镜像法时，能重新建立公式；提供了一种由所研究区域表面上近似的源分布来获得近似解的方法。

唯一性定理保证了这种近似解至少在所研究的区域内是唯一的。

2.8　滞后位

空间电磁波的场源是天线上的时变电流和电荷，因此辐射问题就是求解天线上的场源在其周围空间所产生的电磁场分布。

严格地说，空间电磁场的求解就是在天线几何形状确定的边界条件下解麦克斯韦方程组，在绝大多数情况下这显然是十分困难甚至是不可能的。

因此，辐射问题的求解往往采用近似解法，即先近似选取天线上的场源分布，再根据场源分布求天线辐射场。

根据天线的场源分布求其辐射空间的电磁场，可采用直接解法和间接解法。

直接解法就是根据电磁场的复矢量和满足的非齐次矢量亥姆霍兹方程，由天线的电流分布直接求解 $\boldsymbol{E}$ 和 $\boldsymbol{H}$，这种解法的积分运算十分复杂；

间接解法就是先由天线上的电流分布求解矢量磁位 $\mathbf{A}$，再由 $\boldsymbol{E}$ 和 $\boldsymbol{H}$ 与 $\mathbf{A}$ 间的微分关系求得 $\boldsymbol{E}$ 和 $\boldsymbol{H}$。这种解法的积分运算通常比直接解法要简单得多，因此多采用间接解法求解天线的辐射问题。

若自由空间中有限区域内有时谐的体电流和体电荷分布，则矢量磁位 $\mathbf{A}$ 和标量电位 V 分别满足以下方程

$$\nabla^2\mathbf{A}+k^2\mathbf{A}=-\mu_0\boldsymbol{J} \tag{2-117}$$

$$\nabla^2 V+k^2 V=-\frac{\rho}{\varepsilon_0} \tag{2-118}$$

式中 $k^2=\omega^2\mu_0\varepsilon_0$。

在自由空间中任一点处的解可写成以下形式

$$V(\boldsymbol{r})=\frac{1}{4\pi\varepsilon_0}\int_{V'}\rho(\boldsymbol{r}')\frac{\mathrm{e}^{-jkR}}{R}\mathrm{d}V' \tag{2-119}$$

式(2-119)代表体积 V' 内的体电荷在点 $p(\boldsymbol{r})$ 处产生的电位，R 是电荷元 $p(\boldsymbol{r})\mathrm{d}V'$ 到点 $p(\boldsymbol{r})$ 处的距离，即 $R=|\boldsymbol{r}-\boldsymbol{r}'|$。

矢量磁位方程(2-117)可分解为三个标量方程，而每个标量方程都同方程(2-118)类似，其解的形式也类似。

若时谐电流以体电流密度 $\boldsymbol{J}$ 分布在有限体积 V' 中，则此体电流在场点 $p(\boldsymbol{r})$ 产生的矢量磁位 $\boldsymbol{A}$ 为

$$\boldsymbol{A}(\boldsymbol{r})=\frac{\mu_0}{4\pi}\int_{V'}\frac{\boldsymbol{J}(\boldsymbol{r}')\mathrm{e}^{-\mathrm{j}kR}}{R}\mathrm{d}V' \tag{2-120}$$

式(2-120)就是矢量磁位方程(2-117)在自由空间中场点 $p(\boldsymbol{r})$ 处的解。

由式(2-117)和(2-119)容易得到 $\boldsymbol{A}$ 和 V 的瞬时表达式为

$$\boldsymbol{A}(\boldsymbol{r},t)=\frac{\mu_0}{4\pi}\int_{V'}\frac{\boldsymbol{J}(\boldsymbol{r}')\cos\left[\omega\left(t-\frac{R}{v}\right)\right]}{R}\mathrm{d}V' \tag{2-121}$$

$$V(\boldsymbol{r})=\frac{1}{4\pi\varepsilon_0}\int_{V'}\frac{\rho(\boldsymbol{r}')\cos\left[\omega\left(t-\frac{R}{v}\right)\right]}{R}\mathrm{d}V' \tag{2-122}$$

式中相位因子 $\cos[\omega(t-R/v)]$ 表明，自由空间中离开源点为 R 的观察点在某一时刻 t 的位场 $\boldsymbol{A}$ 和 V 是由时谐电流和电荷激发的，但它并不取决于同一时刻 t 的电流源和电荷源，而是取决于时刻 $(t-R/v)$ 的源。

换言之，观察点的位场变化滞后于波源的变化，滞后时间为 R/v，这个时间即是电磁波在自由空间中传播距离 r 所需的时间。因此，通常称 $\boldsymbol{A}$ 为滞后矢量磁位，V 为滞后标量电位。根据时谐电流源解得 $\boldsymbol{A}$ 后，即可按以下两式确定 $\boldsymbol{E}$ 和 $\boldsymbol{H}$ 为

$$\boldsymbol{E}=-\mathrm{j}\omega\boldsymbol{A}-\mathrm{j}\frac{\nabla(\nabla\cdot\boldsymbol{A})}{\omega\mu_0\varepsilon_0} \tag{2-123}$$

$$\boldsymbol{H}=\frac{1}{\mu_0}(\nabla\times\boldsymbol{A}) \tag{2-124}$$

2.9 导波系统的分离变量法求解

导波系统主要涉及柱形传输系统中的电磁场问题。

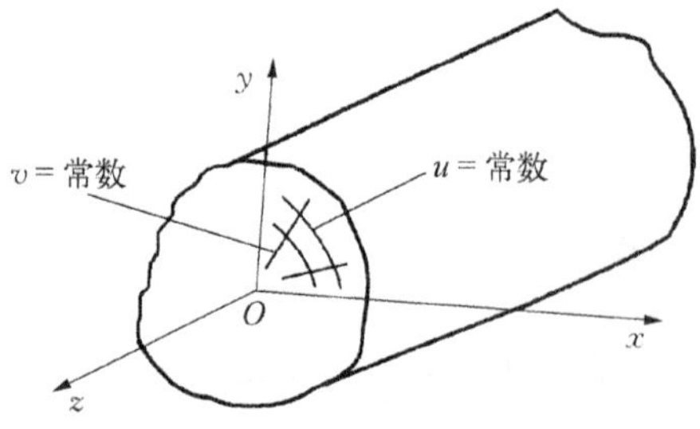

图 2-15 规则柱形传输系统及其坐标系

广义正交坐标系：z 轴与规则传输系统的轴线相重合，u、v 是规则传输系统横截面上的曲线坐标、直角坐标、圆柱坐标，如图 2-15 所示。

广义正交坐标系下分析规则传输系统的常用方法：纵向场法和赫兹矢量位法。

纵向场法：

依据：规则传输系统的边界形状和尺寸沿其轴向不变。

从 $\boldsymbol{E}$ 和 $\boldsymbol{H}$ 的矢量亥姆霍兹方程中首先分离出只含电场纵向分量的标量亥姆霍兹方程

和只含磁场纵向分量的标量亥姆霍兹方程，进行求解得到纵向场分量，由纵向场分量和横向场分量的关系求解出横向场分量。

假定有以下三种情况。

(1) 规则传输系统内填充的介质均匀、线性、各向同性。

(2) 传输系统内无自由电荷和传导电流。

(3) 场为时谐场。

复矢量 $\boldsymbol{E}$ 和 $\boldsymbol{H}$ 满足齐次矢量亥姆霍兹方程

$$\nabla^2\boldsymbol{E}(u, v, z)+k^2\boldsymbol{E}(u, v, z)=0 \tag{2-125a}$$

$$\nabla^2\boldsymbol{H}(u, v, z)+k^2\boldsymbol{H}(u, v, z)=0 \tag{2-125b}$$

复矢量 $\boldsymbol{E}$ 和 $\boldsymbol{H}$ 分解为横向分量和纵向分量

$$\boldsymbol{E}(u, v, z)=\boldsymbol{E}_t(u, v, z)+a_z\boldsymbol{E}_z(u, v, z) \tag{2-126a}$$

$$\boldsymbol{H}(u, v, z)=\boldsymbol{H}_t(u, v, z)+a_z\boldsymbol{H}_z(u, v, z) \tag{2-126b}$$

将电场和磁场分解为横向分量和纵向分量，代入方程

$$\boldsymbol{\nabla}^2E_z+k^2E_z=0 \tag{2-127a}$$

$$\boldsymbol{\nabla}^2H_z+k^2H_z=0 \tag{2-127b}$$

$$\boldsymbol{\nabla}^2E_t+k^2E_t=0 \tag{2-127c}$$

$$\boldsymbol{\nabla}^2H_t+k^2H_t=0 \tag{2-127d}$$

正交柱坐标系电磁场的纵向分量、横向分量分别满足标量、矢量亥姆霍兹方程。

方程(2-127)和特定边界条件联合求解 E_z、H_z，由 E_z、H_z 求出横向分量 E_t、H_t。

拉普拉斯算符可分解为

$$\nabla^2=\nabla_t^2+\nabla_z^2=\nabla_t^2+\frac{\partial^2}{\partial z^2} \tag{2-128}$$

将方程(2-127a)分离变量，令

$$E_z(u, v, z)=E_z(u, v)Z(z)=E_z(T)Z(z) \tag{2-129}$$

其中 $E_z(T)$ 是纵向场分量的横向分布；$Z(z)$ 是纵向场分量的纵向分布。

将(2-128)和(2-129)两式代入方程(2-127a)并整理，可得

$$\frac{1}{Z(z)}\frac{\mathrm{d}^2Z(z)}{\mathrm{d}z^2}=-\frac{1}{E_z(T)}(\nabla_t^2+k^2)E_z(T) \tag{2-130}$$

显然只有式(2-130)左、右两端都等于某一常数该式才能成立。

令此常数为 γ^2，则得

$$\nabla_t^2E_z(T)+(k^2+\gamma^2)E_z(T)=0 \tag{2-131a}$$

$$\frac{\mathrm{d}^2Z(z)}{\mathrm{d}z^2}-\gamma^2Z(z)=0 \tag{2-131b}$$

同样可得 H_z 的两个方程为

$$\nabla_t^2 H_z(T)+(k^2+\gamma^2)H_z(T)=0 \tag{2-132a}$$

$$\frac{\mathrm{d}^2 Z(z)}{\mathrm{d}z^2}-\gamma^2 Z(z)=0 \tag{2-132b}$$

若在(2-131a)和(2-132a)两方程中,令 $k_c^2=k^2+\gamma^2$, 则有

$$\nabla_t^2 E_z(T)+k_c^2 E_z(T)=0 \tag{2-133a}$$

$$\nabla_t^2 H_z(T)+k_c^2 H_z(T)=0 \tag{2-133b}$$

在图 2-15 所示的正交柱坐标系中, ∇_t^2 为

$$\nabla_t^2=\frac{1}{h_1h_2}\left[\frac{\partial}{\partial u}\left(\frac{h_2}{h_1}\frac{\partial}{\partial u}\right)+\frac{\partial}{\partial v}\left(\frac{h_1}{h_2}\frac{\partial}{\partial v}\right)\right] \tag{2-134}$$

将上式代入(2-133a)式,得

$$\frac{1}{h_1h_2}\left[\frac{\partial}{\partial u}\left(\frac{h_2}{h_1}\frac{\partial\psi}{\partial u}\right)+\frac{\partial}{\partial v}\left(\frac{h_1}{h_2}\frac{\partial\psi}{\partial v}\right)\right]+k_c^2\psi=0 \tag{2-135}$$

式中, ψ 可以是 $E_z(T)$ 和 $H_z(T)$ 中的任意一个。

方程(2-131)和(2-132)是同一方程,此方程决定了电磁场沿传输系统轴向的分布特性,其通解为

$$Z(z)=A^+\mathrm{e}^{-\gamma z}+A^-\mathrm{e}^{\gamma z} \tag{2-136a}$$

式(2-136a)可写为以下形式

$$Z(z)=A^\pm\mathrm{e}^{\mp\gamma z} \tag{2-136b}$$

因规则传输系统为无限长,没有反射波,故 $A^-=0$
于是有

$$Z(z)=A^+\mathrm{e}^{-\gamma z} \tag{2-136c}$$

式中, γ 称为导波的传播常数,传播常数可表示为 $\gamma=\alpha+\mathrm{j}\beta$, 其中 α 为衰减常数, β 为相移(相位)常数。特别地,若传输系统无耗,则 $\gamma=\mathrm{j}\beta$。

至此,根据具体传输系统的边界条件,就可由式(2-130)求出 $E_z(T)$, 将它与式(2-136c)代入式(2-129),即可得到规则传输系统中导波的纵向电场分量 $E_z(u,v,z)$。

对于无源区域,由 $\nabla\times\boldsymbol{H}=\mathrm{j}\omega\varepsilon\boldsymbol{E}$ 得

$$\frac{\partial H_z}{\partial y}+\gamma H_y=\mathrm{j}\omega\varepsilon E_x \tag{2-137a}$$

$$-\gamma H_x-\frac{\partial H_z}{\partial x}=\mathrm{j}\omega\varepsilon E_y \tag{2-137b}$$

$$\frac{\partial H_y}{\partial x}-\frac{\partial H_x}{\partial y}=\mathrm{j}\omega\varepsilon E_z \tag{2-137c}$$

由 $\nabla\times\boldsymbol{E}=-\mathrm{j}\omega\mu\boldsymbol{H}$ 得

$$\frac{\partial E_z}{\partial y}+\gamma E_y=-\mathrm{j}\omega\mu H_x \tag{2-138a}$$

$$-\gamma E_x-\frac{\partial H_z}{\partial x}=-\mathrm{j}\omega\mu H_y \tag{2-138b}$$

$$\frac{\partial E_y}{\partial x}-\frac{\partial E_x}{\partial y}=-\mathrm{j}\omega\mu H_z \tag{2-138c}$$

在图 2-15 所示的正交柱坐标系中展开，并整理

$$E_u=-\frac{1}{k_c^2}\left(\frac{\mathrm{j}\omega\mu}{h_2}\frac{\partial H_z}{\partial v}+\frac{\gamma}{h_1}\frac{\partial E_z}{\partial u}\right) \tag{2-139a}$$

$$E_v=\frac{1}{k_c^2}\left(\frac{\mathrm{j}\omega\mu}{h_1}\frac{\partial H_z}{\partial u}-\frac{\gamma}{h_2}\frac{\partial E_z}{\partial v}\right) \tag{2-139b}$$

$$H_u=\frac{1}{k_c^2}\left(\frac{\mathrm{j}\omega\varepsilon}{h_2}\frac{\partial E_z}{\partial v}-\frac{\gamma}{h_1}\frac{\partial H_z}{\partial u}\right) \tag{2-139c}$$

$$H_v=-\frac{1}{k_c^2}\left(\frac{\mathrm{j}\omega\varepsilon}{h_1}\frac{\partial E_z}{\partial u}+\frac{\gamma}{h_2}\frac{\partial H_z}{\partial v}\right) \tag{2-139d}$$

若令

$$\boldsymbol{E}_t=\boldsymbol{a}_u\boldsymbol{E}_u+\boldsymbol{a}_v\boldsymbol{E}_v,\ \boldsymbol{H}_t=\boldsymbol{a}_u\boldsymbol{H}_u+\boldsymbol{a}_v\boldsymbol{H}_v \tag{2-140}$$

则可将上式写成下述更简洁的形式

$$\boldsymbol{E}_t=-\frac{1}{k_c^2}[-\gamma\nabla_t E_z+\mathrm{j}\omega\mu\ \boldsymbol{a}_z\times(\nabla_t H_z)] \tag{2-141}$$

$$\boldsymbol{H}_t=-\frac{1}{k_c^2}[\gamma\nabla_t H_z+\mathrm{j}\omega\varepsilon\ \boldsymbol{a}_z\times(\nabla_t E_z)] \tag{2-142}$$

上面两式表明，柱形传输系统中场的各个横向分量可由两个纵向分量来表示。

2.10 空间电磁场的表示

空间某一点处的场实际是该点处的入射场加上该点处的散射场。入射场是外部的入射场，散射场可能是其他位置的感应场照射到该点，也可能是其他位置的反射波、透射波照射到该点。散射场可能是一次散射波，也可能是多次散射波。这些场矢量到达该点后迭加就可得到该点的总场。

$$总场=入射场+散射场 \tag{2-143}$$

在这样的场表述中，源域和场域很难严格区分。场域一般指场所能到达的区域，而源域主要是指电流、电荷所在的区域。如果考虑磁流、磁荷，源域还应该包含磁流、磁荷所在的区域。具体的划分与所面对的问题有关，也与处理该电磁问题的方法和思路有关。

2.11 本章小结

本章主要回顾了电磁场理论及麦克斯韦方程和边界条件，还有波动方程和常见电磁问题的解析方法。此外，还梳理了等效原理和滞后位等。最后针对一般的电磁问题中场的表述以及场域与源域的界定等进行了整理。

2.12 问题与讨论

结合当前交叉算法的发展，整理电磁理论方面的最新进展的名词及解释。

第3章 电磁计算方法概论

3.1 电磁计算研究新进展的相关名词

1. 并行计算

并行计算(parallel computing)是将某一个运算任务进行分解,然后将分解后所得的子任务交给很多个处理器进行运算处理。运算的速度大大提高,求解计算速度效率显著增强,计算的规模可以成倍增加。

通过并行计算的定义可以看出,并行计算至少需要两台以上的计算机同时运行,且每台计算机之间可以实时进行数据交换;待处理的运算任务可以被划分成多个子任务,并且,每个子运算任务可以并行在各个计算机处理器上同时计算,还要有固定的程序对各个处理器上的数据编程处理,汇总运算结果,最终达到并行计算的目的。

2. 包络追踪时间步进算法

对于窄带信号而言,需要求解的频带相对于最高频率仅仅是很小的一部分,但时间步长的值和最高频率成反比,因此如果能将最高频率降低,就能采用较大的时间步长快速分析目标的电磁特性。这种方法能够有效地增大时间步长,达到快速分析目标电磁特性的目的。该方法基于解析信号理论和希尔伯特变换,将基于待求电流信号的时域电磁场方程转换成基于电流信号复数包络的电磁场方程,然后利用二者的变换关系求出原电流。

3. 自适应交叉近似边界元法

2003年,Bebendorf等提出了自适应交叉近似(adaptive cross approximation,ACA)算法,用于对低秩矩阵进行快速向量内积分解。将ACA算法用于边界元子矩阵的快速近似与存储,可以大幅提高求解速度并降低存储量,并且该算法是一种纯数值技术的矩阵压缩方法,与物理背景无关,因此与FMA(快速多极算法)相比更易应用。另外,由于可以将压缩分解形成的矩阵存储于内存中,便于再次迭代求解,因而更适于需要多次迭代步骤的求解过程。利用自适应交叉近似算法结合迭代求解方法将克服常规边界元法的高计算量和高存储量的缺点。

4. 混合入侵杂草算法(HIWO)

2006年,Mehrabian等提出一种新颖的智能优化算法——入侵杂草算法(invasive weed optimization, IWO),该算法模拟杂草入侵的种子在空间扩散、生长、繁殖和竞争性消亡的过程,原理简单,易于实现,不需要遗传操作算子,具有很强的鲁棒性和自适应性,能简单有效地收敛于问题的最优解。

混合入侵杂草算法首先采用一个自适应标准差来改进基本的入侵杂草算法，该自适应标准差在随着进化代数的增加而变化的同时，还随每个个体的适应度函数值变化，这样不仅能提高收敛速度，而且还有助于帮助种子跳出局部最优，更好地平衡了全局和局部收敛；然后把简化的二次插值法(simplified quadratic interpolation, SQI)作为一种局部搜索方法嵌入到入侵杂草算法框架中，利用简化的二次插值法较强的局部搜索能力改善算法的整体性能，提高算法的收敛速度和精度。

5. 正交匹配追踪算法

正交匹配追踪算法(orthogonal matching pursuit, OMP)的主要思想为：在求解未知数序列为 K 稀疏的欠定方程组时，利用 m ($m \geqslant K$) 次"寻找系数矩阵中与残差最相似的列→通过最小二乘法更新残差"的迭代计算来不断逼近原方程组的解。

6. 辛紧差分法

采用时间辛算法与空间紧致格式相结合的方法，构造出时间、空间均达到四阶精度的FDTD格式。新格式理论上不产生耗散误差，相比其他一些典型高精度格式有更低的色散误差和更好的稳定性。

7. 时域不连续伽辽金方法

和传统有限元方法相比，时域不连续伽辽金方法以不连续基函数和不连续权函数为基础，以一阶的矢量麦克斯韦方程组为基本方程，并采用伽辽金方法进行求解。因此，它可以看作是一种特殊的有限元方法。时域不连续伽辽金方法核心的部分是借助数值流，即弱性施加连续性条件，来近似求解相邻单元之间的交界面上的积分。在对求解区域进行离散时，该方法可以灵活运用各种共形或非共形网格进行精确建模，在分析多尺度等复杂电磁问题时优势明显。此外，在分析时域问题时，时域不连续伽辽金方法推导出分块对角的质量矩阵，采用显式的时间步进技术可得到完全显式的数值格式，仅需求解每个单元内的小矩阵，避免了像时域有限元方法一样在每一个时间步都求解大型线性方程组的困难，极大地提高了计算的效率且适合并行。

8. 空间投盒子技术

所谓"空间投盒子"技术是在空间中人为地计入一些"盒子"，I、J、K 是包含全部求解区域后直角坐标系三个方向上所需盒子的最大数。一般盒子稍大于离散单元即可，形状选取规则的正方体。以四面体单元为例，在计算四面体单元的中心坐标后，依据中心坐标的位置将其投入相应编号的盒子(i, j, k)。此时，相邻单元判断的范围仅在自身盒子(i, j, k)和相邻盒子之中。

方法的主要思想是通过人为加入的"盒子"规范单元的位置，并利用投入"盒子"后规范的网格进行相邻单元的快速判断。该方法的复杂度仅取决于每个盒子内单元的个数，即空间盒子的尺寸。因此，时间的复杂度为 $O(N)$，N 是单元的总数。另外，该方法的编程难度较低且效率较高。

3.2 电磁计算方法概论

自麦克斯韦以统一的数学模型总结了物理学的基本电磁定律，电磁场理论作为物理学的一个活跃分支，获得了长足的发展。

电磁场理论经历了经典电动力学、相对论电动力学、量子电动力学的飞跃，而且作为无线电工程的理论基础，在各类边值问题的稳态解、瞬态解、边值问题的反演理论等方面进行了广泛而深入的研究。

电磁场工程应用中面临的基本问题仍然是求解各种复杂形状和介质的边值问题。

所谓计算电磁学(computational electromagnetics)是指对一定物质和环境中的电磁场相互作用的建模过程，通常包括麦克斯韦方程计算上的有效近似。得益于计算电磁学被用来计算天线性能、电磁兼容、雷达散射截面和非自由空间的电波传播等问题。

计算电磁学是一门综合了电磁场理论、数值计算方法和计算机软件技术的新兴学科，尽管其研究历史可以追溯到半个多世纪以前(例如有限差分法在 20 世纪 40 年代就已提出)，但它的蓬勃发展是在最近的 30 年(众所周知，计算机技术的持续进步和日益普及、计算数学和软件技术的快速发展、电气装备的工业需求和控制技术的广泛应用是促进计算电磁学研究的关键因素)。计算电磁学以电磁场理论为基础，以高性能计算技术为手段，运用计算数学提供的各种方法，解决复杂电磁场理论和工程问题，是电磁场与微波技术学科中一个十分活跃的研究领域[2]。从 20 世纪后半叶以来，计算电磁学领域已经取得了重大的科学技术进步，从二维到三维，从线性到非线性，从单一电磁场问题到电磁场与电路系统或与其他物理场的耦合问题，从正问题到包括优化技术在内的逆问题，计算能力有了飞跃的提高[1]，在数值技术、解析解法与数值解法的结合、软件方法、电磁场计算的验证方法等方面均取得了显著进展，每年有大量研究论文发表在国际性学术会议和刊物上。随着计算机硬件和软件技术的飞速发展以及计算数学的丰富成果，计算电磁学已逐渐取代经典电磁学而成为现代电磁理论研究的主流。

1. 电磁计算的三类任务

电磁计算的三类任务：本征值问题求解、一般电磁场分析和电磁逆散射求解。

1) 本征值问题求解

已知求解区域的介质和边界条件，求解可能存在的场分布模式，就是典型的本征值问题。这类问题的求解区域尺寸有限，某个维度上的尺寸可以和介质波长比拟。比如矩形波导管中的本征模式分析；腔体的谐振模式分析；天线谐振工作模式(主模、高次模)分析。

2) 一般电磁场分析

已知求解区域的填充介质、边界条件和源的分布，来求解电磁场的分布。这类问题一般求解区域比较大，比如求解室内电磁场的分布；天线辐射场的分布。

3) 电磁逆散射求解

已知区域填充介质、边界条件及实际场分布(或预期、要求)，来求解电磁源的分布。最典型的就是雷达、微波成像问题和天线优化设计问题。

2. 电磁问题的三类求解方法

电磁问题的主要求解方法：解析法、近似法和数值解法等。

常用的解析法有分离变量法、镜像法、复变函数法以及格林函数法等。分离变量法是求解拉普拉斯方程最基本的方法，主要用于求解二维和三维边值问题；镜像法可以求解不便用其他方法求解的一类特殊边值问题；复变函数法主要采用保角变换的方法将较为复杂的边界形状变为简单边界进行求解，它能求解的主要是二维问题；格林函数法主要用于求解泊松方程构成的定解问题。所有这些问题仅在某些极少数的情况(简单介质和边界条件)下才有解析形式的严格解。

近似法主要包括微扰法、变分法、几何光学、物理光学、几何绕射理论等。

由于计算机的运算速度越来越快，因此数值解法(如有限差分法、有限元法、矩量法以及时域有限差分法等)已获得广泛运用，这种方法主要求解具有复杂边界条件的问题。此解法的运用主要取决于算子方程的离散化、计算方法、计算机技术。

在大多数的实际问题中必须用数值解法，如矩量法(MoM)、有限元法(FEM)、边界元法(BEM)、有限差分法(FDM)、直线法(LM)、小波法(wavelet)、传输线矩阵法(TLM)等。

3. 解析法

电磁问题的解析方法求解，需要严格建立和求解偏微分方程或积分方程。典型的解析方法包括分离变量法和格林函数法。

优点：

可将解表示为已知函数的显式，从而可以得到精确的数字答案；

可以作为近似解和数值解的检验标准；

结果与物理参数的内在关系明确，有利于设计。大多数情况下物理意义明确。

缺点：

只有少数情况可以用解析法求解。

1) 分离变量法

分离变量法是求解不同坐标系下拉普拉斯方程的一种最常用的方法。

在直角坐标系中，电位 V 满足的拉普拉斯方程为

$$\nabla^2 V = 0 \tag{3-1}$$

设电位 V 为

$$V(x, y, z) = X(x)Y(y)Z(z) \tag{3-2}$$

式中，$X(x)$，$Y(y)$，$Z(z)$ 分别是 x，y，z 的函数。将上式代入式(3-1)，即对式(3-1)进行变量分离，并设 X，Y，Z 均不为零，整理可得

$$\nabla^2 V = \frac{1}{X}\frac{\partial^2 x}{\partial x^2} + \frac{1}{Y}\frac{\partial^2 y}{\partial y^2} + \frac{1}{Z}\frac{\partial^2 z}{\partial z^2} = 0 \tag{3-3}$$

由于上式的每一项都只是一个坐标变量的函数，为使此式对所有 x，y，z 都满足，三项中的每一项都必须等于一个常数。设这三个常数分别是 $-k_x^2$，$-k_y^2$，$-k_z^2$，于是有

$$\frac{d^2 X}{dx^2} + k_x^2 X = 0 \tag{3-4a}$$

$$\frac{d^2Y}{dy^2}+k_y^2Y=0 \tag{3-4b}$$

$$\frac{d^2Z}{dz^2}+k_z^2Z=0 \tag{3-4c}$$

式中，$k_x^2+k_y^2+k_z^2=0$，而 k_x^2，k_y^2，k_z^2 为分离常数(或本征值)，均为待定常数。这样，通过变量分离后就将三维拉普拉斯方程分离成了三个常微分方程，从而使偏微分方程的求解问题转化为常微分方程的求解问题。

方程(3-4)中三个方程的形式完全相同，其通解的形式也相同，但对每一个方程，若分离常数不同，则其通解的形式不同。

若电位 V 是 x，y 的二维函数，设 $k_x^2>0$，$k_y^2<0$，$|k_x|=|k_y|=k>0$，则其通解可写为

$$V=(A_0+B_0x)(C_0+D_0y)+(A_1\cos kx+B_1\sin kx)(C_1\cosh ky+D_1\sinh ky) \tag{3-5}$$

根据解的叠加原理，可将电位的通解写成级数形式，即

$$V=(A_0+B_0x)(C_0+D_0y)+\sum_{n=1}^{\infty}(A_n\cos k_nx+B_n\sin k_nx)(C_n\cosh k_ny+D_n\sinh k_ny) \tag{3-6}$$

当分离常数为实数时，对应解为三角函数形式；而当分离常数为虚数时，对应解为双曲函数形式。

在圆柱坐标系和球坐标系下，三维拉普拉斯方程的形式与直角坐标系下的有所区别，但变量分离的思路大体不变。

分离变量法是求解偏微分方程的经典方法，是将偏微分方程化解为几个常微分方程，然后求常微分方程，解为本征函数或其组合。

分离变量法的使用受限于很多因素。

(1) 所选用的坐标系变量可分离。常用的十三种坐标系中只有十一种适用。

(2) 边界与坐标系共面。

(3) 偏微分方程是齐次的。对于非齐次偏微分方程，只有自由项和系数满足级数展开和积分变换的条件，才能应用。

标量波函数

在直角坐标系 (x, y, z) 中，标量 Helmholtz 方程可写成

$$\frac{\partial^2\psi}{\partial x^2}+\frac{\partial^2\psi}{\partial y^2}+\frac{\partial^2\psi}{\partial z^2}+k^2\psi=0 \tag{3-7}$$

设波函数有下列形式

$$\psi(x, y, z)=X(x)Y(y)Z(z) \tag{3-8}$$

矢量波函数

在均匀、各向同性介质的无源区域内，场矢量 $\boldsymbol{E}$、$\boldsymbol{H}$、$\boldsymbol{D}$、$\boldsymbol{B}$ 及矢量位均满足矢量波动方程，若以 $\boldsymbol{C}$ 代表上述诸矢量，则

$$\nabla^2\boldsymbol{C}+k^2\boldsymbol{C}=0 \tag{3-9}$$

∇^2 作用于矢量时，有

$$\nabla^2\boldsymbol{C}=\nabla\nabla\cdot\boldsymbol{C}-\nabla\times\nabla\times\boldsymbol{C} \tag{3-10}$$

故上式可写作

$$\nabla\times\nabla\times\boldsymbol{C}-\nabla\nabla\cdot\boldsymbol{C}-k^2\boldsymbol{C}=0 \tag{3-11}$$

由这一矢量方程当然可分解出 $\boldsymbol{C}$ 的三个分量的联立标量方程，但从这三个方程解出 $\boldsymbol{C}$ 的三个分量则是困难的，只有在直角坐标中，因为三个单位矢量都是常矢量，才能得到三个分量的独立的标量方程

$$(\nabla^2+k^2)C_i=0,\ i=1,\ 2,\ 3 \tag{3-12}$$

为了讨论上述矢量 Helmholtz 方程的解，W. W. Hansen 在解决某些电磁问题时，首先引进了矢量波函数，分别以 $\boldsymbol{L}$、$\boldsymbol{M}$、$\boldsymbol{N}$ 表示

$$\boldsymbol{L}=\nabla\psi \tag{3-13a}$$

$$\boldsymbol{M}=\nabla\times(\boldsymbol{u}_a\psi) \tag{3-13b}$$

$$\boldsymbol{N}=\frac{1}{k}\nabla\times\boldsymbol{M} \tag{3-13c}$$

矢量波函数是一个本征函数，其中，标量函数 ψ 为相应的标量波方程

$$\nabla^2\psi+k^2\psi=0 \tag{3-14}$$

的本征解，它是矢量波函数的构成函数。$\boldsymbol{u}_a$ 是一单位矢量且为常矢量，它是矢量波函数的领示矢量。下面我们将证明，在 ψ 满足方程(3-14)的条件下，式(3-13)所定义的 $\boldsymbol{L}$、$\boldsymbol{M}$、$\boldsymbol{N}$ 恒满足式(3-11)，即 $\boldsymbol{L}$、$\boldsymbol{M}$、$\boldsymbol{N}$ 为矢量波方程的独立解。式(3-14)在一定区域内的有限、连续、单值的特解构成一个离散的函数集，设其中的一个是 ψ_n，利用式(3-13)可构成三个矢量 $\boldsymbol{L}_n$、$\boldsymbol{M}_n$、$\boldsymbol{N}_n$。$\boldsymbol{L}_n$ 与 $\boldsymbol{M}_n$ 正交，$\boldsymbol{L}_n$、$\boldsymbol{M}_n$ 与 $\boldsymbol{N}_n$ 中任两个不共线，且它们之间在某些曲面正交坐标系中存在一定的正交关系，故任意矢量函数一般可用 $\boldsymbol{L}_n$、$\boldsymbol{M}_n$ 及 $\boldsymbol{N}_n$ 的线性叠加表示，其展开系数可利用 $\boldsymbol{L}_n$、$\boldsymbol{M}_n$、$\boldsymbol{N}_n$ 间的正交关系求出。若给定的矢量函数是无散的，则展开式只包含 $\boldsymbol{M}_n$ 和 $\boldsymbol{N}_n$，若这一矢量函数散度不为零，则须包含 $\boldsymbol{N}_n$。

对于无源区的时谐场，麦克斯韦方程组中的两个旋度方程为

$$\boldsymbol{E}=-\frac{\mathrm{j}\omega\mu}{k^2}\nabla\times\boldsymbol{H} \tag{3-15}$$

$$\boldsymbol{H}=-\frac{1}{\mathrm{j}\omega\mu}\nabla\times\boldsymbol{E} \tag{3-16}$$

可见，$\boldsymbol{E}$、$\boldsymbol{H}$ 与 $\boldsymbol{M}$、$\boldsymbol{N}$ 一样，它们中的一个与另一个的旋度成比例，用 $\boldsymbol{M}$、$\boldsymbol{N}$ 表示 $\boldsymbol{E}$、$\boldsymbol{H}$ 将非常方便。

一般取

$$\boldsymbol{A}=\frac{1}{\mathrm{j}\omega\mu}\sum_{n}(a_n\boldsymbol{M}_n+b_n\boldsymbol{N}_n+c_n\boldsymbol{L}_n) \tag{3-17}$$

系数 a_n、b_n、c_n 取决于源分布。

由 $\boldsymbol{H}=\nabla\times\boldsymbol{A}$，并利用式(3-15)得

$$\boldsymbol{E}=-\sum_{n}(a_n\boldsymbol{M}_n+b_n\boldsymbol{N}_n) \tag{3-18a}$$

$$\boldsymbol{H}=\frac{k}{\mathrm{j}\omega\mu}\sum_{n}(a_n\boldsymbol{N}_n+b_n\boldsymbol{M}_n) \tag{3-18b}$$

若 $a_n=0$，则由式(3-18)可以看出，$\boldsymbol{H}$ 中的每一项均与 u_a 正交，故此时式(3-18)代表相对于 u_a 的 TM 波。同理，若 $b_n=0$，则 $\boldsymbol{E}$ 中的每一项均与 u_a 正交，此时式(3-18)代表相对于 u_a 的 TE 波。

在导出 $\boldsymbol{E}$、$\boldsymbol{H}$ 的表达式时，没有用到标量位 φ，但它当然可由式(2-26)直接确定，因为由 Lorentz 条件

$$\nabla\cdot\boldsymbol{A}+\mathrm{j}\omega\varepsilon\varphi=0 \tag{3-19}$$

利用式(3-17)

$$\varphi=-\sum_{n}c_n\psi_n \tag{3-20}$$

因而

$$\nabla\varphi=-\sum c_n\boldsymbol{L}_n \tag{3-21}$$

这样，我们从 $\boldsymbol{E}=-\mathrm{j}\omega\mu\boldsymbol{A}-\nabla\varphi$ 出发仍得到式(3-18)。

2) 格林函数法

先求单位源产生的场分布——Green 函数，然后与源分布的内积在源所在区域积分得到总场。

优点：① 可以利用函数的性质，为 Green 函数的求解带来便利；② 只要已知一定条件下的 Green 函数，不论源分布如何变化，都可以直接应用。

缺点：① 对于许多问题，Green 函数的求解相当困难；② Sommerfeld 类积分十分困难。

4. 近似法

本质上是一种近似的解析法，即在某些假设条件下对问题简化。可以解决一类解析法无法解决的问题，也可以将解析法可以解决的问题用一种更简便的方式表达。

缺点：① 随着所期望的求解精度的提高，计算量增大，而减少计算量的直接后果是解的

精度不满足要求;② 假设条件限制了适用范围。使用时特别要注意前提条件是什么。

常用的近似法有逐步逼近法、微扰法、变分法、迭代变分法、几何光学法、物理光学法、几何绕射理论、物理绕射理论等。

1) 微扰法

在同一区域、同样边界条件下,考虑两个方程:一个有已知严格解和另一个待求。要求两者相似而且接近。前者的解作为零阶近似,加入微扰后逐步逼近待求方程的解。

如,已知方程

$$L(\varphi)+\lambda\varphi=0 \tag{3-22}$$

式中 L 为微分算子,φ, λ 分别为本征函数和本征值。

待求方程

$$L(\phi)+(\lambda'-\varepsilon u)\phi=0 \tag{3-23}$$

式中,ϕ, λ' 分别为本征函数和本征值;u 为所考虑区域的连续函数。ε 为微扰参数,$-\varepsilon u\phi$ 就是微扰项。将 ϕ, λ' 关于 ε 展开

$$\begin{cases}\phi=\varphi+\sum\limits_{i=1}^{\infty}A_i\varepsilon^i\\ \lambda'=\lambda+\sum\limits_{i=1}^{\infty}B_i\varepsilon^i\end{cases} \tag{3-24}$$

将式(3-24)代入式(3-23)求解得到 A_i、B_i 即可。缺点是要求微扰量很小。

2) 变分法

首先将偏微分方程化为相应的变分形式,即找到一个包含待求函数的泛函,而且要求该泛函有极值存在。假设一个试探函数,它与待求函数满足同样的边界条件和初始条件,同时包括几个待定参数——变分参数。由泛函对每一个变分参数的变分等于零得到变分参数——得到由试探函数和变分参数表示的解。

试探函数中的变分参数越多,解越精确,但工作量也越大。

也可以用迭代方式求解——逐步逼近法。

3) 几何绕射理论

高频近似的经典方法为几何光学和物理光学法,其前提条件是频率趋向于无穷大(波长趋向于零),因而所讨论的物体(散射体)的尺寸必须远大于波长时才能应用,而且对于散射体的边缘、拐角、尖端或阴影区都不能应用。几何绕射理论(Geometrical Theory of Diffraction, GTD)近似条件类似但适当放宽以解决这些问题(散射体的边缘、拐角、尖端或阴影区等)。

几何绕射理论的基础[3]包括费马原理(GTD)、局部性原理以及基本思路。

费马原理:光在任意介质中从一点传播到另一点时,沿所需时间最短路径传播,又称最小时间原理或极短光程原理。设介质折射率 n 在空间作连续变化,光传播路程 ds,光程为 nds,光程最短,即光程的变分为 0。

$$\delta \int_A^B n\mathrm{d}s = 0 \tag{3-25}$$

c 为真空中的光速，如果把光程换成时间，费马定理可表述为：过空间中两定点的光，实际路径总是时间最短、最长或恒定值的路径，即所需时间的变分。

$$\delta \int_A^B \mathrm{d}t = 0 \tag{3-26}$$

根据广义费马原理→绕射定律→绕射线传播路径；绕射场沿该路径传播。

局部性原理：绕射场取决于绕射点邻域内散射体的物理特性和几何特性。

离开绕射点后绕射场仍然遵守几何光学定律，即沿直线传播而且在绕射线管内能量守恒，绕射场相位延迟等于介质的传播常数与传播距离的乘积。

基本思路：典型问题的严格解→由局部性原理得到一般问题的局部解→所有绕射场迭加得到总的绕射场。

缺点：① 典型问题的解的数量有限，限制应用范围；② 复杂问题绕射点的确定比较困难，实际上其本身就已经是一个极值问题；③ GTD 在散焦区失效——已经被 UTD、等效边缘流等方法克服。

3.3　电磁问题的数值分析方法

数值方法的使用使得复杂电磁问题的求解成为可能，尤其随着计算平台硬件和软件能力的提高，数值解法已成为求解复杂问题的有力工具。

数值方法为理论分析、工程设计带来了变革，推动新的方法、设计思想不断涌现。从数学理论上看，各种方法之间有一定的内在联系，但工程应用中各有优缺点、互为补充。没有最好的，只有对某一个问题最合适的。数值方法本质上也是一种近似方法，它的正确与否必须用实验或其他可靠结果验证。

数值方法也不是万能的，单纯的数值方法往往计算量十分惊人，受计算机的承受能力、工作量、计算成本等方面的制约。即任何数值方法是否有效必须考虑计算量、设计成本、误差能否接受、结果是否稳定等。

另外，数值方法的很多中间量的物理意义不明。由分析结果进行设计时，问题会转化为一个计算量庞大的优化问题。

1. *有限差分法*(finite difference method, FDM)

有限差分法最早出现在 20 世纪 50 年代中期的力学计算中。

利用差分原理将电磁场连续场域问题变换为离散系统问题求解，也就是用离散网格上的值逼近连续场分布。

有限差分法的关键是场域和边界上偏微分方程的差分格式。

优点：直观、简单。对边值问题、初值问题中各类偏、常微分方程，椭圆、双曲、抛物型二阶线性方程以至高阶方程均可适用。

缺点：复杂边界形状处理困难，三维问题处理复杂、计算量大，开放区域吸收边界条件。

2. 有限元法(finite element method, FEM)

有限元法最早出现在1960年，由R. W. Clough在力学计算中采用。

有限元法以变分原理和剖分插值为基础，可以认为是有限差分法与变分法中的Ritz法的结合。将场域划分为许多小区域，在每一个小区域上建立场元方程并用变分求泛函极值的方式建立网格上场元之间的关系，最后再联立成整个场域的线性代数方程。

优点：① 适用于处理复杂边界、复杂介质的情况；② 易于标准化处理，已有通用程序、软件；③ 计算精度高。

缺点：① 分割的单元数和节点数较多，导致问题的初始化复杂；② 代数方程阶数高，计算量大，计算成本高，尤其对三维问题；③ 无限区域的处理比较困难，而且误差大。

3. 边界元法(boundary element method, BEM)

20世纪70年代中期，边界元法首先被用于力学计算，20世纪80年代被移植到电磁场领域。

边界元法是边界积分法和有限元法的结合方法，将内域场用边界积分表示为边界上的场，再在边界上离散化处理。

优点：① 可实现降维处理；② 三维问题的边界是二维，边界元法把复杂的三维问题降维成为二维问题，计算量大大减少。

缺点：① 由于在场域中利用格林函数，因而不适用含有非均匀介质的情况；② 对多种介质的问题必须处理各介质区域的边界，然后构成联立方程，比较复杂；③ 所得代数方程的系数矩阵不是稀疏矩阵，因而所有元素都要用数值方式计算，增加了计算量。

4. 矩量法(Moment of Method, MoM)

1968年R. F. Harrington提出了矩量法，直接用于求解电磁场领域的问题。

矩量法适用于各种类型的线性算子方程，算子可以是微分、积分、矩阵以及它们的组合。

矩量法将待求函数用一组基函数展开，再选择一组权函数对其进行加权内积，将算子方程化为代数方程求解。

矩量法也是一种内域法(与FEM一样)，因而计算量大。

矩量法目前已经成为电磁场数值计算中使用最多、应用最广泛的一种方法。

5. 谱域法(Spectral Domain Method, SDM)

1971年R. Mittra等提出谱域法，T. Itoh对此作了较大的贡献。

SDM本质上是一种积分变换方法，即：

时域信号——(傅立叶变换)——频域信号；

空域电磁波——(傅立叶变换)——谱域电磁波(直角坐标的变换是平面波的迭加，圆柱坐标内的变换是柱面波的迭加)。

优点：降维，简化问题，尤其适合于处理多层介质问题。

缺点：需要谱域格林函数的求解，以及傅立叶反变换，即谱域积分，收敛慢。

6. 奇异点展开法(Singularity Extended Method, SEM)

奇异点展开法主要是描述天线及散射体的暂态特性，最早由Prony在1975年提出了奇点直接提取方法。

其基本概念是将电磁场响应用复频率平面内的奇点来描述。如果用给定的瞬态波投射到目标上，则从目标上散射回来的瞬态波与原来的波形不同，称为响应波。它们之间存在转换函数关系，这个关系就表征了目标的固有特征。因此响应波可以用目标转换函数的极点位置和留数来描述。目标不同，响应波不同，极点位置和留数也不同。首先需要确定目标形状和性质，该方法主要用于目标识别。

奇异点展开法的关键是极点提取，由 Prony 法、POF(Pencil of Function)法、Modified FFT 法、相关矩阵法等来实现。

从泛函的角度看，各种方法之间有内在的联系，具体如图 3-1 所示。

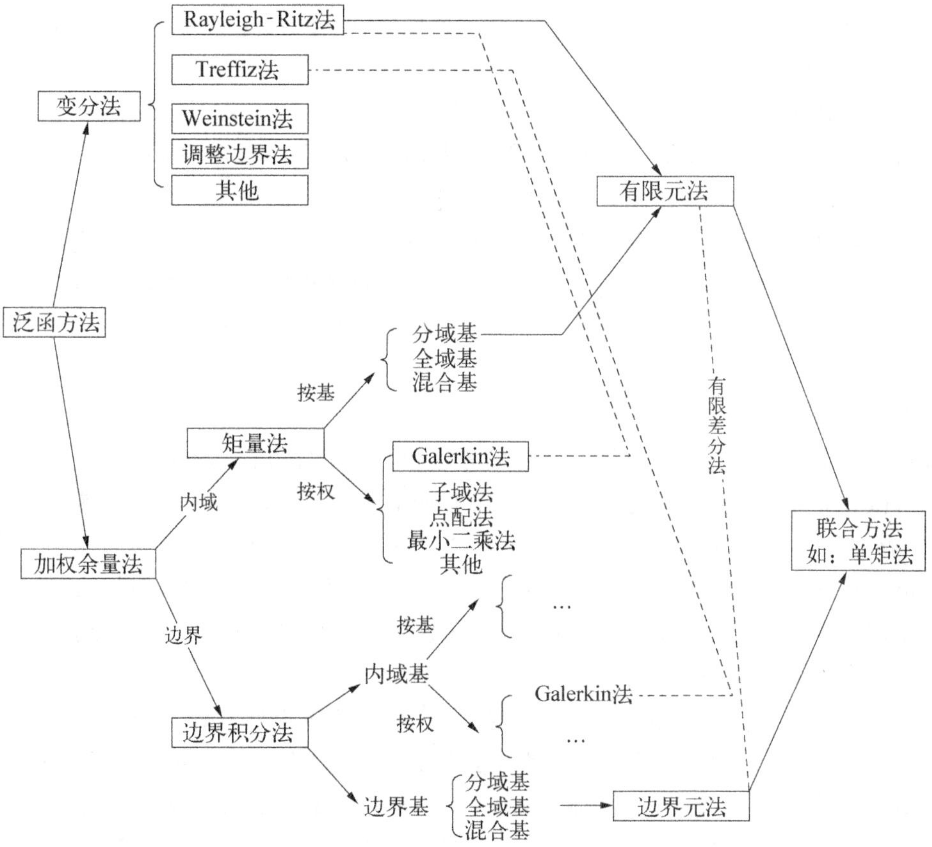

图 3-1　各种方法之间的联系

7. 时域法与频域法

电磁学的数值计算方法可以分为时域方法和频域方法两大类。

时域方法对麦克斯韦方程按时间步进后求解有关场量。最著名的时域方法是时域有限差分法。这种方法通常适用于求解在外界激励下场的瞬态变化过程。若使用脉冲激励源，一次求解可以得到一个很宽频带范围内的响应。时域方法具有可靠的精度，更快的计算速度，并能够真实地反映电磁现象的本质，特别是在诸如短脉冲雷达目标识别、时域测量、宽带无线电通信等研究领域更是具有不可估量的作用。

频域方法是基于时谐微分、积分方程，通过对 N 个均匀频率采样值的傅里叶逆变换得到所需的脉冲响应，即研究时谐激励条件下经过无限长时间后的稳态场分布的情况，使用这种方法，每次计算只能求得一个频率点上的响应。过去这种方法被大量使用，多半是因为信号、雷达一般工作在窄带。

频域方法可以分成基于射线的方法和基于电流的方法。前者包括几何光学法(GO)、几何绕射理论(GTD)和一致性绕射理论(UTD)等。后者主要包括矩量法(MoM)和物理光学法(PO)等。基于射线的方法通常用光的传播方式来近似电磁波的行为，考虑射向平面后的反射、经过边缘、尖劈和曲面后的绕射。当然这些方法都是高频近似方法，主要适用于那些目标表面光滑，其细节对于工作频率而言可以忽略的情况。同时，它们对于近场的模拟也不够精确。基于电流的方法一般通过求解目标在外界激励下的感应电流进而再求解感应电流产生的散射场，而真实的场为激励场与散射场之和。

时域方法和频域方法的比较：

计算复杂结构时域超宽带响应时，如果采用频域方法，则需要在很大带宽内的不同频率点上的进行多次计算，然后利用傅立叶变换来获得时域响应数据，计算量较大；如果直接采用时域方法，则可以一次性获得时域超宽带响应数据，大大提高计算效率。特别是时域方法还能直接处理非线性介质和时变介质问题，具有很大的优越性。时域方法使电磁场的理论与计算从处理稳态问题发展到能够处理瞬态问题，使人们处理电磁现象的范围得到了极大的扩展[4-6]。

8. 微分方程法与积分方程法

计算电磁学也可以分成基于微分方程的方法和基于积分方程的方法两类。

前者微分方程法包括时域有限差分法、时域有限体积法(FVTD)、频域有限差分法(FDFD)、有限元法。在微分方程类数值方法中，其未知数理论上讲应定义在整个自由空间以满足电磁场在无限远处的辐射条件。但是由于计算机只有有限的存贮量，人们引入了吸收边界条件来等效无限远处的辐射条件，使未知数局限于有限空间内。即便如此，其所涉及的未知数数目依然庞大(相比于边界积分方程而言)。

积分方程类方法主要包括各类基于边界积分方程与体积分方程的方法。与微分类方法不同，其未知元通常定义在源区，比如对于完全导电体(金属)未知元仅存在于表面，显然比微分方程类方法少很多；而格林函数的引入，使得电磁场在无限远处的辐射条件已解析地包含在方程之中。场的传播过程可由格林函数精确地描述，因而不存在色散误差的积累效应。

微分方程法与积分方程法的比较：

积分方程法的维数比微分方程法少一维，误差仅限于求解区域的边界，故精度高；

积分方程法求解无限域问题，微分方程法用于无限域问题的求解时则要遇到网格截断；

积分方程法的矩阵是满的，阶数小，微分方程法所产生的矩阵是稀疏的，但阶数大；

积分方程法不能处理非线性和时变介质问题，而微分方程法则可以直接用于这类问题。

9. 电磁计算发展趋势

(1) 以上几种数值方法的组合方法，如：MM-GTD，BEM-FEM，MoM 与格林函数的结合等[8-10]。

(2) 区域分解方法。

(3) 逆问题求解：计算方法与优化方法结合，如：商业计算与优化程序包。

(4) 分布式计算。

(5) 并行计算。

3.4　数值分析方法的评估

(1) 经济效益的评价函数 Q

$$Q=P_1/P_2 \tag{3-27}$$

其中，P_1 表示产品成本，P_2 表示计算费。

(2) 问题的计算量和计算结果的相对误差乘积 K

$$K=I\cdot D \tag{3-28}$$

其中，I 表示长运算(乘、除、乘方)的次数，D 表示结果的相对误差。

(3) 计算方法的收敛速率 P

$$P=\lim_{k\to\infty}\frac{|x^{k+1}-x_0|}{|x^k-x_0|^n} \tag{3-29}$$

(4) 计算方法的合成误差。离散化和选配造成的方法误差，随着 N 的增加呈下降趋势；计算机本身造成的数字积累误差，N 不大时不突出，但当 N 大到一定程度，将随 N 的增加而增加。

3.5　新的电磁计算探讨

(1) 傅里叶变换与电磁计算

(2) 小波变换与电磁计算

(3) 分数阶傅里叶变换与电磁计算

(4) 逆问题与电磁计算

(5) 时域/频域混合

(6) 快速电磁计算/快速多极子

(7) 并行与电磁计算

3.6 本章小结

本章主要从电磁问题求解的角度梳理了各种不同的电磁计算方法的类型和脉络。

3.7 问题与讨论

综述现有的电磁计算方法及其新的发展趋势。

第4章　电磁计算的数学基础与泛函解法

4.1　变分法

1. 变分问题

在微积分这一学科形成的初期，人们就已经遇到下面这样的问题。例如，牛顿就曾提出过运动于介质中的旋转体，其体形应具备怎样的条件才能使阻力最小的问题；约翰·伯努利则提出了所谓的捷线问题。这类问题都涉及更广泛意义下的极值问题，即有关泛函极值问题。我们把这类问题称为变分问题，而把处理这类问题的方法称为变分法。

2. 泛函分析

泛函分析是20世纪30年代形成，从变分问题、积分方程和理论物理的研究中发展起来的数学分支学科。它综合运用函数论、几何学、现代数学的观点来研究无限维向量空间上的泛函、算子和极限理论。它可以看作无限维向量空间的解析几何及数学分析。泛函分析在数学物理方程、概率论、计算数学等分科中都有应用，也是研究具有无限个自由度的物理系统的数学工具。

泛函分析的特点是它不但把古典分析的基本概念和方法一般化了，而且还把这些概念和方法几何化了。比如，不同类型的函数可以看作是“函数空间”的点或矢量，这样最后得到了“抽象空间”这个一般的概念。它既包含了以前讨论过的几何对象，也包括了不同的函数空间。泛函分析对于研究现代物理学是一个有力的工具。一般来说，从质点力学过渡到连续介质力学，就要由有穷自由度系统过渡到无穷自由度系统。现代物理学中的量子场理论就属于无穷自由度系统。泛函分析就是研究无穷自由度的系统需要无穷维空间的几何学和微积分学。

半个多世纪来，泛函分析一方面以其他众多学科所提供的素材来提取自己研究的对象和某些研究手段，形成了自己的许多重要分支，例如算子谱理论、巴拿赫代数、拓扑线性空间理论、广义函数论等；另一方面，它也强有力地推动着其他不少分析学科的发展。它在微分方程、概率论、函数论、连续介质力学、量子物理、计算数学、控制论、最优化理论等学科中都有重要的应用，是建立群上调和分析理论的基本工具，也是研究无限个自由度物理系统的重要而自然的工具之一。今天，它的观点和方法已经渗入到不少工程技术性的学科之中，已成为近代分析的基础之一。

3. 距离空间

距离这个概念是众所周知的，直线 R 上任意两点 x 和 y 之间的距离是

$$\rho(x, y) = |x - y| \tag{4-1}$$

平面 R^2 上任意两点 $x = (\xi_1, \xi_2)$ 与 $y = (\eta_1, \eta_2)$ 之间的距离是

$$\rho(x, y) = \sqrt{(\xi_1 - \eta_1)^2 + (\xi_2 - \eta_2)^2} \tag{4-2}$$

容易验证，由式(4-1)和式(4-2)所定义的距离具有下述三个基本性质。

(1) (非负性) $\rho(x, y) \geqslant 0$，且 $\rho(x, y) = 0$，当且仅当 $x = y$。

(2) (对称性) $\rho(x, y) = \rho(y, x)$。

(3) (三角不等式) $\rho(x, y) \leqslant \rho(x, z) + \rho(z, y)$。

其中，性质 3 在极限理论的建立中起到了极为重要的作用，对上述这些具体空间中距离 ρ 加以抽象，就得到距离空间(或度量空间)的概念。设 X 是任一集合，如果对于 X 中任意两个元素 x 与 y，都对应一个实数 $\rho(x, y)$，并且满足上述三个条件，则称 $\rho(x, y)$ 为 x 与 y 之间的距离，而称 X 为以 $\rho(x, y)$ 为距离的距离空间或度量空间。

距离空间中的元素又叫做点。若 $A \subset X$，显然，A 按照 X 中的距离 $\rho(x, y)$ 也是一个距离空间，称为 X 的子空间。

4. 内积空间

三维欧几里得空间 R_3 中两个向量 $\boldsymbol{x}$，$\boldsymbol{y}$ 间有数量积(内积)概念

$$\boldsymbol{x} \cdot \boldsymbol{y} = x_1 y_1 + x_2 y_2 + x_3 y_3 \tag{4-3}$$

很显然，数量积有如下基本概念。

(1) 齐次性：$(a\boldsymbol{x}) \cdot \boldsymbol{y} = \alpha(\boldsymbol{x} \cdot \boldsymbol{y})$，$\forall \alpha \in R_3$，$\forall \boldsymbol{x}, \boldsymbol{y} \in R_3$。

(2) 对称性：$\boldsymbol{y} \cdot \boldsymbol{x} = \boldsymbol{x} \cdot \boldsymbol{y}$，$\forall \boldsymbol{x}, \boldsymbol{y} \in R_3$。

(3) 可加性：$(\boldsymbol{x} + \boldsymbol{y}) \cdot z = \boldsymbol{x} \cdot z + \boldsymbol{y} \cdot z$，$\forall \boldsymbol{x}, \boldsymbol{y}, z \in R_3$。

(4) 保零性：$\boldsymbol{x} \cdot \boldsymbol{x} \geqslant 0$，并且 $\boldsymbol{x} \cdot \boldsymbol{x} = 0 \Leftrightarrow x = 0$，$\forall x \in R_3$。

设 X 为复线性空间，K 为复数域，如果对任意的一对 $x, y \in X$ 总能按照某个法则对应出一个复数，并且这个法则满足以上四个特征，则称它是 x，y 的一个内积，记作(x, y)，定义了内积的线性空间称为内积空间。

5. 希尔伯特空间

内积空间 X 是线性赋范空间，可定义自然范数为

$$\| x \| = (x, x)^{\frac{1}{2}}, \ \forall x \in X \tag{4-4}$$

设 X 是配备了范数 $\| \cdot \|$ 的线性赋范空间，若 X 中的任何基本序列都是收敛序列，则称 X 是完备的线性赋范空间，也称 Banach 空间。

如果在内积空间的自然范数下，内积空间是线性完备的赋范空间，则称内积空间是完备

的内积空间或希尔伯特空间。

线性赋范空间 X 成为内积空间的充要条件是满足中线公式

$$\| x+y \|^2+\| x-y \|^2=2(\| x \|^2+\| y \|^2),\ \forall x,\ y \in X \tag{4-5}$$

完备的赋范(线性)空间称为Banach空间,简称 B 空间;完备的按内积赋范(线性)空间,称为 Hilbert 空间,简称 H 空间,显然 $H \subset B$。

4.2　泛函

1. 泛函的定义

设 X 是函数空间,若对于 X 中的子集 D 中的每一函数 $y(x)$,按照一定的法则都有确定的数值 J 与它对应,则称 J 是函数 $y(x)$ 在 D 中的泛函,记作 $J=J[y]$,其中,D 称为该泛函的定义域。

泛函表示函数空间到数值空间的映射,写成 $y=J\{U(x)\}$。

多元函数的泛函 $y=J\{u(x_1,\ x_2,\ \cdots)\}$

含多个函数的泛函 $y=J\{u_1(x_1,\ x_2,\ \cdots),\ u_2(x_1,\ x_2,\ \cdots),\ \cdots\}$

泛函组 $\begin{cases} y_i=J_i\{u_1(x_1,\ x_2,\ \cdots),\ u_2(x_1,\ x_2,\ \cdots),\ \cdots\} \\ i=1,\ 2,\ \cdots \end{cases}$

2. 泛函的极值

设 $J[y]$是定义在函数距离空间 X 上的一个泛函。若存在一个 $y^* \in X$ 及某个 $\delta>0$,使对于一切 $y \in B(y^*,\ \delta)$ 成立

$$J[y^*] \leqslant J[y](\text{或}\ J[y^*] \geqslant J[y]) \tag{4-6}$$

其中 $B(y^*,\ \delta)$是以 y^* 为中心,δ 为半径的领域,则称泛函 $J[y]$在 y^* 取得极小值(或极大值)。

若存在一个 $y^* \in X$,使对于一切 $y \in X$,恒有

$$J[y^*] \leqslant J[y](\text{或}\ J[y^*] \geqslant J[y]) \tag{4-7}$$

则称泛函 $J[y]$在 y^* 取得绝对极小值(或绝对极大值),即最小值(或最大值)。

设 $y_0 \in X$,称 $\delta y=y-y_0$,$\forall y \in X$,$y \neq y_0$ 为函数 y 在 y_0 处的变分,变分反映的是整个函数的变化,微分 Δy 反映的则是同一函数因 x 的不同值而产生的差异。

记　$\Delta J=J[y]-J[y_0]=J[y_0+\delta y]-J[y_0]$ 为泛函 $J[y]$在 y_0 处的增量

$$\Delta J[y_0]=L[y_0,\ \delta y]+\beta(y_0,\ \delta y) \tag{4-8}$$

其中,泛函 $L[y_0,\ \delta y]$关于 δy 是线性的,泛函 $\beta(y_0,\ \delta y)$是关于 $\rho(y,\ y_0)$的高阶无穷小,即

$$\lim_{\rho(y,\ y_0) \to 0} \frac{\beta(y_0,\ \delta y)}{\rho(y,\ y_0)}=0 \tag{4-9}$$

称 $L[y_0, \delta y]$ 为泛函 $J[y]$ 在 y_0 处的变分

$$\delta J = L[y_0, \delta y] \tag{4-10}$$

泛函的变分也有类似于微分的运算规则，例如

$$\delta(J_1 + J_2) = \delta J_1 + \delta J_2 \tag{4-11}$$

$$\delta(J_1 \cdot J_2) = J_1 \delta J_2 + J_1 \delta J_2 \tag{4-12}$$

如果 $y, y_0 \in X$ 且 n 阶可导，则

$$(\delta y)' = (y - y_0)' = y' - y_0' = \delta y' \tag{4-13}$$

$$(\delta y)^{(n)} = (y - y_0)^{(n)} = y^{(n)} - y_0^{(n)} = \delta y^{(n)} \tag{4-14}$$

即函数变分的导数等于函数导数的变分。

若 $J[y] = \int_{x_0}^{x_1} F(x, y, y')\mathrm{d}x$，则有 $\delta J = \delta \int_{x_0}^{x_1} F\mathrm{d}x = \int_{x_0}^{x_1} \delta F\mathrm{d}x$。

定义在线性赋范空间 X 上的泛函 $J[y]$ 若在 $y^* \in X$ 处取得极值，则在 y^* 处的泛函的变分为零，即 $\delta J[y^*] = 0$。

3. 算子

1）本征值算子

若 A 为已知线性算子，其值域等于定义域 $D_A' = D_A$，且 $\psi = \lambda\phi$（λ 为待定常数）在值域中也是未知点，则

$$\boldsymbol{A}\phi = \lambda\phi \tag{4-15}$$

称为本征值算子方程。该方程所示的映射关系仅当 λ 取某些特定的本征值 $\{\lambda_n \mid n = 1, 2, \cdots\}$ 时才存在解，λ_n 所对应的解写成 ϕ_n，序列 $\{\phi_n \mid n = 1, 2, \cdots\}$ 统称为本征函数。因此，本征值算子方程的求解任务包括确定本征值序列和求出本征值序列。

2）对称算子

函数集 $D \subset L^2(E)$ 中的任何两个元素 U 和 V 所构成含算子的内积都满足

$$\langle \boldsymbol{A}U, V\rangle = \langle U, \boldsymbol{A}V\rangle \tag{4-16}$$

则称 $\boldsymbol{A}$ 为 D 上的对称算子。

3）正定算子

若凡 $U \in D \subset L^2(E)$ 都有

$$\langle \boldsymbol{A}U, U\rangle \geqslant a \ \| U \|^2 \ (a \text{ 为实数}) \tag{4-17}$$

称 $\boldsymbol{A}$ 为 D 上的下有界算子。当 $a = 0$ 时，称 A 为 D 上的非负算子。

若凡 $U \in D \subset L^2(E)$ 都有

$$\langle \boldsymbol{A}U, U\rangle > 0 \tag{4-18}$$

则称 $\boldsymbol{A}$ 为 D 上的正算子。

若凡 $U \in D \subset L^2(E)$ 都有

$$\langle \boldsymbol{A}U, U\rangle \geqslant k \parallel U \parallel^2 \quad (k\ \text{为正数}) \tag{4-19}$$

则称 A 为 D 上的正定算子。

由以上定义可知：

正定算子⊂正算子⊂非负算子⊂下有界算子⊂对称算子⊂线性算子。

4）自伴算子

设 $\boldsymbol{A}$ 是 H 空间的线性连续算子，使对于任何 U、$V \in H$ 都有

$$\langle \boldsymbol{A}U, V\rangle = \langle U, \boldsymbol{A}V\rangle \tag{4-20}$$

即 $\boldsymbol{A}^+ = \boldsymbol{A}$，则称 $\boldsymbol{A}$ 为自伴算子，又称为 Hermite 算子。

由上可知，自伴算子就是定义在整个 H 空间的线性连续对称算子。因此自伴算子⊂H 上的对称算子。

可以严格证明：凡自伴算子都能求逆，其逆算子亦为自伴算子。

5）Lagrange 意义下的自伴算子

通常求解电磁场问题，所要求解的场函数既要满足算子方程，又要满足边界条件。这就是说：要求算子的自伴性，只要在符合边界条件的函数集 $D_b \subset H$ 上是线性连续对称算子，就能保证方程存在唯一、稳定的解，这种线性连续自伴算子就是 Lagrange 意义下的自伴算子。

限定算子自伴性的边界条件——自伴边界条件⇒自伴边值问题。

4. 边值问题

1）Sturm-Lieuville 边值问题

Sturm-Lieuville（简写成 S-L）方程是一类特殊的二阶线性常微分方程，其一阶项系数恰是二阶项系数的导函数。常见的 Bessel 方程、Legendre 方程、Mathieu 方程等都属于 S-L 方程类。

若 S-L 方程的各项系数都在方程的定义区间上连续，且未知函数在定义区间的端点上符合三类齐次边界条件之一，即构成 S-L 边值问题

$$\left\{\frac{\mathrm{d}}{\mathrm{d}x}\left[p(x)\frac{\mathrm{d}}{\mathrm{d}x}\right] - q(x)\right\}U(x) + f(x) = 0,\ x \in [x_1, x_2] \tag{4-21}$$

当 $f(x)$ 是已知函数时称为确定性边值问题；当 $f(x) = \lambda r(x)U(x)$，其中 $r(x)$ 是已知函数，$U(x)$ 是未知函数，而 λ 是待定常数时称为广义本征值边值问题；当 $r(x) = 1$ 即 $f(x) = r(x)U(x)$ 时退化为（一般）本征值边值问题。

记微分算子

$$\boldsymbol{A} = -\frac{\mathrm{d}}{\mathrm{d}x}\left[p(x)\frac{\mathrm{d}}{\mathrm{d}x}\right] + q(x) \tag{4-22}$$

则 S-L 方程可写成算子方程

$$\boldsymbol{A}U(x)=f(x) \tag{4-23}$$

2) Poisson 边值问题

静电场问题的基本方程是描述电位与电荷密度之间关系的 Poisson 方程，属于二阶椭圆形偏微分方程，其物理量都是实数。设场域 v 的边界为 $S[v]$，则方程连同边界上的齐次条件构成 Poisson 边值问题。

$$\nabla^2 U(\boldsymbol{r})=-f(\boldsymbol{r}),\ \boldsymbol{r}\in v \tag{4-24}$$

$$\alpha\frac{\partial U(\boldsymbol{r})}{\partial n}+\beta U(\boldsymbol{r}_b)=0,\ \boldsymbol{r}_b\in S[V] \tag{4-25}$$

令 $\Lambda=-\nabla^2$，则

$$AU(\boldsymbol{r})=f(\boldsymbol{r}) \tag{4-26}$$

3) Helmholtz 边值问题

(1) 标量形式。

$$(\nabla^2+k^2)U(\boldsymbol{r})=-f(\boldsymbol{r}),\ \boldsymbol{r}\in v \tag{4-27}$$

$$\alpha\frac{\partial U(\boldsymbol{r})}{\partial n}+\beta U(\boldsymbol{r}_b)=0,\ \boldsymbol{r}_b\in S[V] \tag{4-28}$$

令 $A=-(\nabla^2+k^2)$，则可得，$AU(\boldsymbol{r})=f(\boldsymbol{r})$。

类似的，若令 $A=-\nabla^2$，$\lambda=k^2$，且 $f(\boldsymbol{r})=0$，则可得，$AU(\boldsymbol{r})=\lambda U(\boldsymbol{r})$。

(2) 矢量形式。

$$(\nabla\times\nabla\times-k^2)\boldsymbol{u}(\boldsymbol{r})=0,\ \boldsymbol{r}\in v \tag{4-29}$$

由 $\alpha[\boldsymbol{n}\times\nabla\times\boldsymbol{u}(\boldsymbol{r}_b)]+\mathrm{j}\beta[\boldsymbol{n}\times\boldsymbol{u}(\boldsymbol{r}_b)]=0,\ \boldsymbol{r}_b\in S[V]\Rightarrow A\boldsymbol{u}(\boldsymbol{r})=\lambda\boldsymbol{u}(\boldsymbol{r})$。令 $A=\nabla\times\nabla\times$，$\lambda=k^2$，则式(4-29)可写为 $A\boldsymbol{u}(\boldsymbol{r})=\lambda\boldsymbol{u}(\boldsymbol{r})$。

4) Fredholm 边值问题

以上的 Poisson 方程和 Helmholtz 方程都是微分方程，适用于已知电流源、求解电磁场的边值问题。实际上为了确定电磁源的分布，首先需要求解相应的 Fredholm 积分方程。在方程的积分号内含有未知函数与已知积分核的乘积，该积分核的物理意义就是相应微分方程的点源解，即 Green 函数，而未知函数即电磁源分布。

第一类 Fredholm 积分方程构成确定性问题

$$\iiint_v G(\boldsymbol{r}\mid\boldsymbol{r}')U(\boldsymbol{r}')\mathrm{d}v'=f(\boldsymbol{r}),\ \boldsymbol{r}'\in v \tag{4-30}$$

记线性连续算子

$$A = \iiint_v G(\boldsymbol{r} \mid \boldsymbol{r}')\mathrm{d}v' \tag{4-31}$$

则第一类 Fredholm 积分方程可改写成确定性算子方程，即

$$AU(\boldsymbol{r}') = f(\boldsymbol{r}) \tag{4-32}$$

第二类 Fredholm 积分方程构成标量场本征值问题

$$\iiint_v G(\boldsymbol{r} \mid \boldsymbol{r}')U(\boldsymbol{r}')\mathrm{d}v' = \lambda U(\boldsymbol{r}),\ \boldsymbol{r}' \in v \tag{4-33}$$

仍记线性连续算子

$$A = \iiint_v G(\boldsymbol{r} \mid \boldsymbol{r}')\mathrm{d}v' \tag{4-34}$$

则第二类 Fredholm 积分方程可改写成确定性算子方程，即

$$AU(\boldsymbol{r}') = \lambda U(\boldsymbol{r}) \tag{4-35}$$

矢量场本征值问题。当 Fredholm 本征值问题的未知函数是矢量函数时，其积分核应是并矢 Green 函数

$$\iiint_v \boldsymbol{G}(\boldsymbol{r} \mid \boldsymbol{r}')\boldsymbol{u}(\boldsymbol{r}')\mathrm{d}v' = \lambda \boldsymbol{u}(\boldsymbol{r}),\ \boldsymbol{r}' \in v \tag{4-36}$$

记线性连续算子

$$A = \iiint_v \boldsymbol{G}(\boldsymbol{r} \mid \boldsymbol{r}')\mathrm{d}v' \tag{4-37}$$

则上述方程可改写成矢量场本征值算子方程，即

$$A\boldsymbol{u}(\boldsymbol{r}') = \lambda \boldsymbol{u}(\boldsymbol{r}) \tag{4-38}$$

5. 变分原理

求解泛函极值问题——变分问题被转化为求解微分方程的边值问题。这就是说，在一定条件下，变分问题所对应的微分方程边值问题的解可以作为变分问题的解。

泛函取极值又称为泛函驻定。驻定的条件得自变分方程的解，而变分方程与对应的 Euler 方程等价。因此，变分方程的解可以通过求解其 Euler 方程得出；反之，求解某种具有 Euler 方程形式的微分方程，也可以改为求原变分方程的解。边值问题的微分方程必须附有边界条件才有确定解；与之对应，变分方程与所附的边界条件构成变分问题，然而，变分问题和对应的 Euler 边值问题未必完全等价，以下讨论几种典型的求解泛函的 Euler 方程：

1) 最简单的 Euler 方程

设函数 $F(x,\ y,\ y')$ 是三个变量的连续函数，且点 $(x,\ y)$ 位于有界闭区域 B 内，构建

泛函 $Q[y]$ 的变分

$$Q[y]=\int_a^b F[x, y(x), y'(x)]\mathrm{d}x \tag{4-39}$$

若其满足以下条件：

(1) $y(x)\in C^1[a, b]$。

(2) $y(a)=y_0$, $y(b)=y_1$。

(3) 在有界闭区域 B 内存在某条特定曲线 $y(x)$，使泛函取极值，且此曲线具有二阶连续导数。

则函数 $y(x)$ 满足微分方程

$$F_y-\frac{\mathrm{d}}{\mathrm{d}x}F_{y'}=0 \tag{4-40}$$

上式即为泛函 $Q[y]$ 的 Euler 方程。

2) 含有自变函数高阶导数的泛函的 Euler 方程

一般来说，对于下述泛函

$$Q[y(x)]=\int_a^b F(x, y, y', \cdots, y^{(n)})\mathrm{d}x \tag{4-41}$$

其 Euler 方程为

$$F_y-\frac{\mathrm{d}}{\mathrm{d}x}(F_{y'})+\frac{\mathrm{d}^2}{\mathrm{d}x^2}(F_{y''})-\cdots+(-1)^{(n)}\frac{\mathrm{d}^n}{\mathrm{d}x^n}(F_{y^{(n)}})=0 \tag{4-42}$$

3) 含有多个自变函数的泛函的 Euler 方程

对于下述泛函

$$Q[y_1(x), \cdots, y_n(x)]=\int_a^b F(x, y_1, \cdots, y_n, y_1', \cdots, y_n')\mathrm{d}x \tag{4-43}$$

其 Euler 方程为

$$F_{y_i}-\frac{\mathrm{d}}{\mathrm{d}x}F_{y_i'}=0, (i=1, 2, \cdots, n) \tag{4-44}$$

4) 多元函数的泛函的 Euler 方程

在此考虑二元函数的情况，对如下所示多元函数的泛函

$$F_z-\frac{\partial F_p}{\partial x}-\frac{\partial F_q}{\partial y}=0 \tag{4-45}$$

其 Euler 方程为

$$Q[z(x, y)]=\int_a^b F\left[x, y, z(x, y), \frac{\partial z}{\partial x}, \frac{\partial z}{\partial y}\right]\mathrm{d}x\,\mathrm{d}y \tag{4-46}$$

6. δ -函数

用 $\{\delta_h\}$ 所建立的泛函称为“δ -函数”，则

$$\delta(\varphi)=\langle\delta,\ \varphi\rangle=\lim_{h\to 0}\int_{-\infty}^{+\infty}\delta_h(x)\varphi(x)\mathrm{d}x=\varphi(0),\ \forall\varphi\in C_0^{\infty}(R) \tag{4-47}$$

由于 $\langle\delta,\ \alpha\varphi+\beta\psi\rangle=\alpha\varphi(0)+\beta\psi(0)=\alpha\langle\delta,\ \varphi\rangle+\beta\langle\delta,\ \psi\rangle,\ \forall\varphi,\ \psi\in C_0^{\infty}(R)$，故 δ -函数是线性泛函。

假设在 $C_0^{\infty}(R)$ 中，$\lim\limits_{n\to 0}\varphi_n(x)=\varphi(x)$，就有

$$\lim_{n\to\infty}\langle\delta,\ \varphi_n\rangle=\lim_{n\to\infty}\varphi_n(0)=\varphi(0)=\langle\delta,\ \varphi\rangle \tag{4-48}$$

故 δ -函数是连续泛函，所以 δ -函数是 $D'(R)$ 广义函数。

δ -函数为偶函数，满足 $\delta(-x)=\delta(x)$。

7. 微分方程边值问题的弱解

为了说明变分问题和微分方程边值问题的关系，有必要讨论微分方程边值问题的解的概念问题。通常，对微分方程边值问题都是寻找它的古典解，此时对解有较高的光滑性要求。但有时也会降低对解的光滑性要求，提出求微分方程边值问题的“弱解”。为讨论方便，我们仅仅讨论二阶椭圆形方程的狄里克莱(Dirichlet)问题。

定义 4-1　设 L 为在 Ω 上的一致椭圆形算子，则二阶椭圆形方程的第一类边值问题

$$\begin{cases}Lu=f,\ \text{在}\ \Omega\ \text{中}\\ u\mid_{\partial\Omega}=\varphi,\partial\Omega\ \text{是}\ \Omega\ \text{的边界}\end{cases} \tag{4-49}$$

称为二阶椭圆形方程的狄里克莱边值问题，其中 f 和 φ 是已知函数。

定义 4-2　若函数 $u\in M$ 满足狄里克莱边值问题，则称 u 为狄里克莱边值问题的古典解，其中函数类

$$M=\{u\mid u\in C^2(\Omega)\cap C(\overline{\Omega}),\ u\mid_{\partial\Omega}=\varphi\} \tag{4-50}$$

考虑建立在 $C_0^{\infty}(\Omega)$ 上的线性泛函

$$\int_{\Omega}Lu\cdot v\mathrm{d}x,\ \forall v\in C_0^{\infty}(\Omega) \tag{4-51}$$

因此，古典解 $u(x)$ 必满足

$$\int_{\Omega}\sum_{i,j=1}^{n}a_{ij}\frac{\partial u}{\partial x_i}\cdot\frac{\partial v}{\partial x_j}+\sum_{i=1}^{n}b_i\frac{\partial u}{\partial x_i}\cdot v+cuv\mathrm{d}x=\int_{\Omega}fv\mathrm{d}x,\ \forall v\in C_0^{\infty}(\Omega) \tag{4-52}$$

定义 4-3　设 $f\in L^2(\Omega)$，如果存在 $u\in M^*$，满足关系式

$$\int_{\Omega}\sum_{i,j=1}^{n}a_{ij}\frac{\partial u}{\partial x_i}\cdot\frac{\partial v}{\partial x_j}+\sum_{i=1}^{n}b_i\frac{\partial u}{\partial x_i}\cdot v+cuv\mathrm{d}x=\int_{\Omega}fv\mathrm{d}x,\ \forall v\in C_0^{\infty}(\Omega) \tag{4-53}$$

则称函数 u 是狄里克莱边值问题的弱解。

定义 4-4 对于齐次的狄里克莱边值问题

$$\begin{cases} Lu = f, \text{ 在 } \Omega \text{ 中} \\ u\mid_{\partial\Omega} = 0, \partial\Omega \text{ 是 } \Omega \text{ 的边界} \end{cases} \tag{4-54}$$

其中，$M^* = \{u \mid u \in L^2(\Omega),\ \partial_i u \in L^2(\Omega),\ i = 1,\ 2,\ \cdots,\ n,\ u\mid_{\partial\Omega} = 0\}$

满足该式的 $u \in M^*$ 是齐次狄里克莱边值问题的弱解。

狄里克莱边值问题的古典解是狄里克莱边值问题的弱解；如果 $f \in C(\overline{\Omega})$，且齐次狄里克莱边值问题的弱解 $u \in C^2(\Omega) \cap C(\overline{\Omega})$，则这个弱解 u 是齐次狄里克莱边值问题的古典解。

当函数在一定的光滑条件下求解变分问题对应于解微分方程边值问题。对函数 u 加上较高的光滑性条件下，变分问题与微分方程边值问题相对应。这个对应的微分方程边值问题记作

$$\begin{cases} Lu = f, \text{ 在 } \Omega \text{ 中} \\ u \in M \end{cases} \tag{4-55}$$

并且微分方程边值问题的古典解就是变分问题的解。我们称变分问题的解为对应的微分方程边值问题的里兹(Ritz)广义解，“虚功方程”的解为对应的微分方程边值问题的伽辽金(Galerkin)广义解。

8. 最小位能原理

力学上有一个重要的原理——最小位能原理。它的表述如下：一个受外力作用的弹性体，在满足已知的边界约束的一切可能产生的位移(称为虚位移)中，使弹性体处于平衡状态的位移将使弹性体的总位能达到最小。这里的总位能就是弹性力学中的“应变能”减去“外力所作的功”。

设弹性体所占的空间范围区域为 Ω，其边界为 $\partial\Omega$；弹性体的形变(即位移)为定义在区域 Ω 上的满足一定条件的函数 u。于是，弹性体的总位能是函数 u 的一个泛函 $J(u)$。

最小位能原理中所指的“满足已知的边界约束的一切可能产生的位移”，就是指函数 u 要满足一定的边界条件。因此，函数 u 的允许集合是函数集合 M

$$M = \{u \mid J(u) < +\infty,\ u \text{ 满足边界条件}\} \tag{4-56}$$

在弹性体变形情况下，“应变能”是位移函数 u 的二次齐次泛函 $D(u,\ u)$。注意到“外力所作的功”是位移函数 u 的线性泛函 $F(u)$。事实上，可以设泛函 $D(u,\ u)$ 是 $u,\ v$ 的双线性形式。由于 $D(tu,\ tu) = tD(u,\ tu) = t^2 D(u,\ u)$，$\forall u \subset M$，$\forall t \subset K$(数域)，故双线性形式必为二次齐次泛函。

于是，最小位能原理可表述为

$$\begin{cases} \text{求 } u^* \in M, \text{使得 } J(u^*) = \min\limits_{u \in M} J(u), \\ J(u) = \dfrac{1}{2} D(u,\ u) - F(u),\ \forall u \in M, \\ D(u,\ v) \text{ 为 } u,\ v \in M \text{ 的一个双线性形式}, \\ F(u) \text{ 为 } u \in M \text{ 的一个线性泛函}, \\ M = \{u \mid J(u) < +\infty, u \text{ 满足边界条件}\} \text{ 为 } J(u) \text{ 的定义域。} \end{cases} \tag{4-57}$$

显然,这个问题是一般变分问题的一个特例。

9. 虚功原理或虚位移法

设有一质点系处于静止平衡状态,取质点系中任意质点 m_i,如图 4-1 所示。

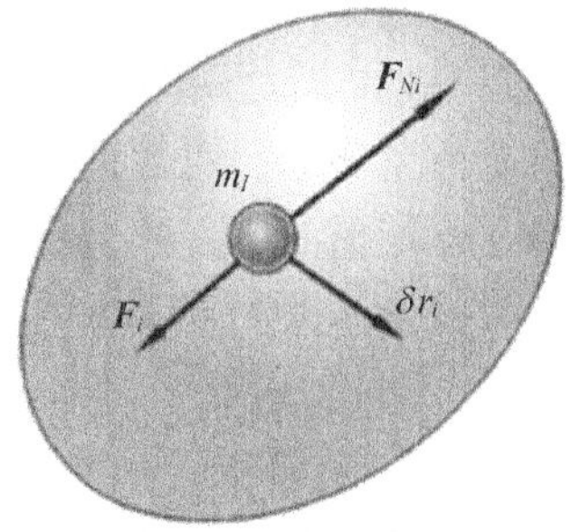

图 4-1 质点受力示意图

作用在该质点上的主动力的合力 $\boldsymbol{F}_i$ 和约束力的合力 $\boldsymbol{F}_M$ 总和为零。即

$$\boldsymbol{F}_i+\boldsymbol{F}_M=0 \tag{4-58}$$

若给定质点系以某种虚位移 $\delta\boldsymbol{r}_i$,则作用在质点 m_i 上的力 $\boldsymbol{F}_i$ 和 $\boldsymbol{F}_M$ 的虚功的和为 $\boldsymbol{F}_i\cdot\delta\boldsymbol{r}_i+\boldsymbol{F}_M\cdot\delta\boldsymbol{r}=0$。对于质点系内所有质点,都可以得到与上式同样的等式。

如果质点系具有理想约束,则有 $\sum\boldsymbol{F}_i\cdot\delta\boldsymbol{r}_i=0$,用 δW_{F_i} 代表作用在质点 m_i 上的主动力的虚功,由于 $\delta W_{F_i}=\boldsymbol{F}_i\cdot\delta\boldsymbol{r}_i$,则上式可写为 $\sum\delta W_{F_i}=0$。

研究由 n 个导体组成的系统。其中的一个 k 号导体作一个方向的位移变化 $\mathrm{d}s$,其余导体都不动,则有

$$\mathrm{d}W=\mathrm{d}W_e+f\,\mathrm{d}s \tag{4-59}$$

其中,$\mathrm{d}W$ 表示与各个带电体相联结的电源提供的能量;$\mathrm{d}W_e$ 表示静电能量的增量;$f\mathrm{d}s$ 表示电场力做的功。

如果各个带电体都不和外部电源相连,那么有 $\mathrm{d}W=0$,此时 $f=-\dfrac{\mathrm{d}W_e}{\mathrm{d}s}$;假定各个带电体的电位维持不变,则 $\mathrm{d}W_e=\dfrac{1}{2}\sum\varphi_k\mathrm{d}q_k$,此时 $f=\dfrac{\partial W_e}{\partial s}$,即静电能量的增量,等于外部电源提供的能量的一半。外部电源提供的能量,有一半作为电场储能的增量,另一半用于作机械功。也就是说电场力所作的机械功等于电场能量的增量;如果各带电导体电位不变,每个导体同恒压源 V 相连,源所提供的各导体电荷增量为 ΔQ_1,ΔQ_2,…,ΔQ_n,则沿 l 方向的作用力为

$$F_l=\frac{\partial W_e}{\partial l}\bigg|_{V=\mathrm{const}}=\nabla W_e=\frac{1}{2}\Delta W_s=\frac{1}{2}\sum_{i=1}^{n}V_i\Delta Q_i \tag{4-60}$$

而实际上,带电体并没有移动,电场力的分布当然也没有改变。该位移是假设的微小位移,而求取的是当时的电荷和电位情况下的力,即

$$f=-\frac{\partial W_e}{\partial s}\bigg|_{q_k=\mathrm{const}}=\frac{\partial W_e}{\partial s}\bigg|_{\varphi_k=\mathrm{const}} \tag{4-61}$$

4.3 泛函解法

1. 变分问题的泛函解法的基本思想概述[1,2]

同一电磁场问题可以从微分方程、积分方程、变分方程三类不同的方程形式着手求解,

结果是等价的。但微分方程和积分方程较难求解，只能依靠泛函方法求得近似解或函数的完备序列：若泛函的每个可取函数都可以用某个函数序列的线性组合任意地逼近，则该序列为完备序列。通常，本征函数系都是正交函数的完备序列。对于电磁场的绝大多数问题，除了本征值问题之外，要得到它的电流分布，才能得到它的电场。

泛函解法的基本思想

$$U(r)=\sum_{v}c_{v}\varphi_{v}(r) \tag{4-62}$$

式中$\{\varphi_v(r)\,|\,v=1,\ 2,\ \cdots\}$是某线性无关函数的完备序列，该函数序列的函数当作函数空间的基或坐标，称为基函数或坐标函数，则展开项$\{c_v\varphi_v\}$为U在函数空间的坐标分量。若选取正交函数基序列时，c_k是函数空间中的点U对基φ_k投影的意义（$r=a\hat{x}+b\hat{y}+c\hat{z}$）。一般情况下只能求$n$级近似解

$$U^{[n]}=\sum_{v=1}^{n}c_{v}\varphi_{v} \tag{4-63}$$

且$\lim\limits_{n\to\infty}U^{[n]}=U$，所以基函数选取是关键，影响收敛速度及求解繁简程度。

泛函解法分为变分法和加权余量法两大类。总是将未知函数的变分方程或线性算子方程转化为展开系数序列的线性代数方程组。

1）变分法

变分法从未知函数的变分方程出发，将泛函的驻定条件转化为对各展开系数的多元函数极值条件。在实际应用中有Rayleigh-Ritz法（简称Ritz法）、Trefftz法、Weinstein法等多种具体解法，其中Ritz法应用最广、概念简明。

2）加权余量法

加权余量法从线性算子方程出发，按准确解和近似解分别代入方程或边界条件后的差值定义余量，令它在算子定义域上的加权积分等于零，借以限制近似解的误差。据余量的不同定义可分为矩量法，边界积分法和一般加权余量法；选取不同的权函数序列，又有子域法、点配置法、最小二乘法等多种具体解法。子域法与有限差概念的结合发展成有限元法和边界元法等。

3）近似解法

对于变分问题的解和对应的微分方程边值问题的弱解的近似解法，直接从变分问题出发导出近似解法称为Ritz方法；从对应的微分方程边值问题出发导出近似解法称为伽辽金法。这两种方法既有相同的地方，又有不同的特点。

2. 变分问题的泛函解法

1）变分问题的泛函解法（Rayleigh-Ritz法）思路

Rayleigh-Ritz法简称Ritz法，为变分法的一种。设泛函$J\{U(r)\}$变分问题

$$\begin{cases}\delta J\{U(r)\}=0\\ U(r_b)\,|_{r_b\in S[V]}=0\text{（或无边界条件）}\end{cases} \tag{4-64}$$

选取满足所给边界条件的线性无关完备函数序列$\{\varphi_v(r)\}$为基，构作n级近似解$U^{[n]}$，则变分方程式(4-64)可以写成近似变分方程

$$\delta J\{U^{[n]}(r)\}=\delta J\left\{\sum_{v=1}^{n}c_v\varphi_v(r)\right\}=0 \tag{4-65}$$

注意：$\{\varphi_v(r)\}$是已知函数，所以泛函 $J\{U^{[n]}(r)\}$仅是 c_v 及 c_v^* $(v=1,2,\cdots,n)$的函数，故式(4-65)等价于偏微分方程组(4-64)(多元函数的极值条件)

$$\frac{\partial J\{U^{[n]}\}}{\partial c_v}=0,\text{且}\frac{\partial J\{U^{[n]}\}}{\partial c_v^*}=0,\ v=1,2,\cdots,n \tag{4-66}$$

(1) 根据物理原理的直接变分解。

正算子的确定性方程，可构建泛函如下。

定理：设线性正算子 A 具有定义域 D_A 和值域 D'_A，D_b 是符合所给边界条件的函数集。则由已知函数 $f\in D'_A\subset H$ 和未知函数 $U\in(D_A\cap D_b)\subset H$ 构成的确定性算子方程

$$AU=f \tag{4-67}$$

等价于下列泛函为极小值的变分方程

$$J\{U\}=\langle AU,U\rangle-\langle U,f\rangle-\langle f,U\rangle=\min \tag{4-68}$$

设物理原理导出的变分方程，其泛函式为

$$J\{U(\bar{r})\}=\iiint_V F[\bar{r},U,U'_x,U'_y,U''_{xx},\cdots]\mathrm{d}v \tag{4-69}$$

则式(4-67)简化为

$$\frac{\partial F}{\partial c_v}=\frac{\partial F}{\partial U}\varphi_v+\frac{\partial F}{\partial U'_x}\frac{\partial\varphi_v}{\partial x}+\frac{\partial F}{\partial U'_y}\frac{\partial\varphi_v}{\partial y}+\cdots+\frac{\partial F}{\partial U''_{xx}}\frac{\partial^2\varphi_v}{\partial x^2}+\cdots=0 \tag{4-70}$$

(2) 确定性算子方程的变分解。

设由线性正算子 $\bar{A}$ 的确定性方程 $\bar{A}U=f$ 导出的变分方程

$$\delta J\{U\}=\delta[\langle AU,U\rangle-\langle U,f\rangle-\langle f,U\rangle]=0 \tag{4-71}$$

将近似解 $U^{[n]}$代入其泛函式 $J\{U\}$，得

$$\begin{aligned}J\{U^{[n]}\}&=\langle\bar{A}\sum_{v=1}^{n}c_v\varphi_v,\ \sum_{\mu=1}^{n}c_\mu\varphi_\mu\rangle-\langle\sum_{v=1}^{n}c_v\varphi_v,\ f\rangle-\langle f,\ \sum_{\mu=1}^{n}c_\mu\varphi_\mu\rangle\\&=\sum_{v=1}^{n}\sum_{\mu=1}^{n}c_vc_\mu^*\langle\bar{A}\varphi_v,\varphi_\mu\rangle-\sum_{v=1}^{n}c_v\langle\varphi_v,f\rangle-\sum_{\mu=1}^{n}c_\mu^*\langle f,\varphi_\mu\rangle\end{aligned} \tag{4-72}$$

注意

$$\frac{\partial J\{U^{[n]}\}}{\partial c_\mu^*}=0,\ \mu=1,2,\cdots,n \tag{4-73}$$

从而由式(4-72)可得

$$\sum_{v=1}^{n}c_v\langle\bar{A}\varphi_v,\varphi_\mu\rangle=\langle f,\varphi_\mu\rangle,\ \mu=1,2,\cdots,n \tag{4-74}$$

记内积值 $$a_{\mu v}=\langle\varphi_\mu,\ \bar{A}\varphi_v\rangle,\ f_\mu=\langle\varphi_\mu,\ f\rangle \tag{4-75}$$

得矩阵 $$[c_v]_{n\times1},\ [f_\mu]_{n\times1},\ [a_{\mu v}]_{n\times n},\ [\varphi_v]_{n\times1}$$

则可将式(4-74)写成矩阵方程：

$$[a_{\mu v}^*][c_v]=[f_\mu^*] \tag{4-76}$$

所以 $$[c_v]=[a_{\mu v}^*]^{-1}[f_\mu^*],\ U^{[n]}(\bar{r})=[\varphi_v(\bar{r})]^{\mathrm{T}}[c_v] \tag{4-77}$$

(3) 广义本征值算子方程的变分解。

已知广义本征值算子方程得等价变分方程

$$J\{U\}=\frac{\langle\bar{A}U,\ U\rangle}{\langle\bar{B}U,\ U\rangle}=\lambda=\min \tag{4-78}$$

将 n 级近似解代入，得

$$J\{U^{[n]}\}=\langle\bar{A}\sum_{v=1}^{n}c_v\varphi_v,\ \sum_{\mu=1}^{n}c_\mu\varphi_\mu\rangle\Big/\langle\bar{B}\sum_{v=1}^{n}c_v\varphi_v,\ \sum_{\mu=1}^{n}c_\mu\varphi_\mu\rangle=\lambda^{[n]} \tag{4-79}$$

从而得

$$\sum_{v=1}^{n}\sum_{\mu=1}^{n}c_vc_\mu^*\langle\bar{A}\varphi_v,\ \varphi_\mu\rangle-\lambda^{[n]}\sum_{v=1}^{n}\sum_{\mu=1}^{n}c_vc_\mu^*\langle\bar{B}\varphi_v,\ \varphi_\mu\rangle=0 \tag{4-80}$$

式(4-80)两边对 c_μ^* 求偏导，得(只要 $\bar{A}$, $\bar{B}$ 确定，最小的 λ 值也就确定，理论上与 c_μ^* 无关，而式(4-78)中任意一个 U 都对应一个 λ，因此若 U 不是 U_1，则 λ 与 c_μ^* 有关)

$$\sum_{v=1}^{n}c_v[\langle\bar{A}\varphi_v,\ \varphi_\mu\rangle-\lambda^{[n]}\langle\bar{B}\varphi_v,\ \varphi_\mu\rangle]=0 \tag{4-81}$$

记内积值 $$a_{\mu v}=\langle\varphi_\mu,\ \bar{A}\varphi_v\rangle,\ b_{\mu v}=\langle\varphi_\mu,\ \bar{B}\varphi_v\rangle$$

得矩阵 $$[c_v]_{n\times1},\ [a_{\mu v}]_{n\times n},\ [b_{\mu v}]_{n\times n},\ [\varphi_v]_{n\times1}$$

则可将式(4-81)写成矩阵方程

$$([a_{\mu v}^*]-\lambda^{[n]}[b_{\mu v}^*])[c_v]=0 \tag{4-82}$$

该方程有非零解的条件是系数行列式值为零(λ 为实数，故所有“ * ”可略去)

$$\det([a_{\mu v}^*]-\lambda^{[n]}[b_{\mu v}^*])=\det(a_{\mu v}-\lambda^{[n]}b_{\mu v})=0 \tag{4-83}$$

这是一个关于 $\lambda^{[n]}$ 的 n 次多项式，可解出 n 个 n 级近似的广义本征值

$$\{\lambda_v^{[n]}\ |_{v=1,\ 2,\ \cdots,\ n};\ \lambda_v^{[n]}\leqslant\lambda_{v+1}^{[n]}\} \tag{4-84}$$

这些解中最小广义本征值 $\lambda_1^{[n]}$ 的准确度要高，而后序本征值 $\lambda_k(k=1,\ 2,\ 3,\ \cdots)$ 宜利用后序定理求出。

每得到一个广义本征值 $\lambda_k^{[n]}(k=1,\ 2,\ \cdots)$，代入式(4-82)即可求出一个对应的广义本征矢(对确定的本征值 $\lambda^{[n]}$，式(4-82)成立(若 $\bar{A}U=\lambda^{[n]}\bar{B}U$)，则两边与 U 求内积即可得此

结论)：$[c_{v(k)}]=[c_{1(k)},\ \cdots,\ c_{n(k)}]^{\mathrm{T}}$，并构成广义本征函数的 n 级近似解：$U_k^{[n]}(\bar{r})=[\varphi_v(\bar{r})]^{\mathrm{T}}[c_{v(k)}]$。

2) Rayleigh-Ritz 方法的步骤

设泛函 $J(u)$ 定义在可分的希尔伯特空间 H 上，$\{\varphi_i\}$ 是 H 的一个完全线性无关解。从 $\{\varphi_i\}$ 中取出前 n 个元素 $\varphi_1,\ \varphi_2,\ \cdots,\ \varphi_n$ 由这 n 个线性无关的元素组成 $\boldsymbol{H}$ 中的一个有限维的线性子空间 S_n，即

$$S_n=\{u_n \mid u_n=\sum\nolimits_{i=1}^{n} c_i\varphi_i,\ \forall(c_1,\ c_2,\ \cdots,\ c_n)\in R_n\} \tag{4-85}$$

其中 φ_i 称为这个线性子空间的基元素或坐标函数。

用线性子空间 S_n 代替可分的希尔伯特空间 H。先在 S_n 上求泛函 $J(u)$ 的极值函数，即求 $u_n^* \in S_n$ 使得

$$J(u_n^*)=\min_{u_n\in S_n} J(u_n) \tag{4-86}$$

注意到有限线性子空间 S_n 中的函数 u_n 均可以表达成坐标函数 φ_i 的线性组合，所以，近似解的形式为

$$u_n=\sum_{i=1}^{n} c_i\varphi_i \tag{4-87}$$

其中 $c_1,\ c_2,\ \cdots,\ c_n$ 为一组未定常数。为了求这组 $c_1,\ c_2,\ \cdots,\ c_n$ 常数，把近似解形式代入泛函 $J(u)$ 中，使泛函 $J(u)$ 成为 $c_1,\ c_2,\ \cdots,\ c_n$ 的函数，记这个函数为

$$\boldsymbol{J}(c_1,\ c_2,\ \cdots,\ c_n)=J(u_n) \tag{4-88}$$

由于在 $u_n^*=\sum\limits_{i=1}^{n} c_i^*\varphi_i$ 处取得函数 $\boldsymbol{J}(c_1,\ c_2,\ \cdots,\ c_n)$ 的极小值，故由函数取极值的必要条件，$c_1^*,\ c_2^*,\ \cdots,\ c_n^*$ 要满足下列方程组

$$\frac{\partial \boldsymbol{J}(c_1,\ c_2,\ \cdots,\ c_n)}{\partial c_i}=0,\ i=1,\ 2,\ \cdots,\ n \tag{4-89}$$

求解这个方程组，若获得 $c_1^*,\ c_2^*,\ \cdots,\ c_n^*$，则得到一个“近似解”

$$u_n^*=\sum_{i=1}^{n} c_i^*\varphi_i \tag{4-90}$$

如果对每个 n，都求得 u_n^*，就构成“近似解”序列 $\{u_n^*\}$。这里所说的“近似解”是带引号的，这是因为它尚未证实是否真是近似解。设变分问题的解为 $u_n^*\in H$。如果

$$\lim_{n\to\infty} J(u_n^*)=J(u^*) \tag{4-91}$$

则可以认为 u_n^* 是变分问题的解 u_n 的近似解。

在上述步骤中，有两个理论问题必须解决：

(1) 方程组 $\dfrac{\partial \boldsymbol{J}(c_1,\ c_2,\ \cdots,\ c_n)}{\partial c_i}=0,\ i=1,\ 2,\ \cdots,\ n$ 的解 $c_i^*\ (i=1,\ 2,\ \cdots,\ n)$ 必须存在

且唯一。

(2) 元素序列 $\{u_n^*\}$ 必须满足 $\lim\limits_{n\to\infty} J(u_n^*)=J(u^*)$，其中 $u_n^*\in H$ 为变分问题的解。

3) 基函数或坐标函数的选取

用里兹法求变分问题近似解的第一步就是选取坐标函数系，而坐标函数系的选取主要依赖于区域的形状和边值条件。之前章节中的讨论告诉我们，第二类边值条件和第三类边值条件是变分问题的自然边值条件。所以，在这种情况下，坐标函数就不必受边值条件的约束，选取时比较方便。如果边值条件是第一类的，则选取的坐标函数必须满足边值条件。

(1) 一维函数。在一维情况下，区域的形状就是简单的区间。不妨设区间为 $[0, l]$，所以，坐标函数系就仅取决于边值条件。例如，在齐次的第一类边值条件 $y(0)=y(l)=0$ 下，常常可选取坐标函数系 $\{\varphi_i(x), i=1, 2, \cdots\}$ 为

三角函数系

$$\varphi_i(x)=\sin\frac{i\pi}{l}x, \ i=1, 2, \cdots \tag{4-92}$$

多项式系

$$\varphi_i(x)=(l-x)x^i, \ i=1, 2, \cdots \tag{4-93}$$

这两个坐标函数系中的每一个显然都是线性无关的。而根据著名的 Weierstrass 逼近定理，可以知道这两个坐标函数系都是完备的函数系。

(2) 二维函数。在二维情况下，区域的形状就复杂些，所以坐标函数的选取也困难些。例如，在齐次的第一类边值条件 $u|_{\partial\Omega}=0$ 下，也可选三角函数系或多项式函数系作为坐标函数系。但是，由于区域形状的不同，所以选取的坐标函数系就有较大的变化。当选取多项式作为坐标函数系时，一般先选一个函数 $\omega(x, y)$，要求它满足下列条件：当 $(x, y)\in\Omega$ 时，$\omega(x, y)>0$，并且 $\omega|_{\partial\Omega}=0$；在 Ω 上 ω, ω_x, ω_y 都连续。然后再以 $\omega(x, y)$ 为基础构造坐标函数系 $\{\varphi_i(x), i=1, 2, \cdots\}$ 如下

$$\varphi_0=\omega;\ \varphi_1=\omega x;\ \varphi_2=\omega y;\ \varphi_3=\omega x^2;\ \varphi_4=\omega xy;\ \varphi_5=\omega y^2 \tag{4-94}$$

$\omega(x, y)$ 的选取法举例如下：

当区域为矩形 $\overline{\Omega}=\{(x, y)\mid -a\leqslant x\leqslant a, -b\leqslant y\leqslant b, a>0, b>0\}$ 时，可选

$$\omega(x, y)=(a^2-x^2)(b^2-y^2) \tag{4-95}$$

当区域为椭圆域 $\overline{\Omega}=\left\{(x, y)\,\middle|\, \dfrac{x^2}{a^2}+\dfrac{y^2}{b^2}\leqslant 1, a>0, b>0\right\}$ 时，可选

$$\omega(x, y)=1-\frac{x^2}{a^2}-\frac{y^2}{b^2} \tag{4-96}$$

当区域为内部开个圆孔的矩形

$\overline{\Omega}=\{(x, y)\mid x^2+y^2\geqslant r^2, |x|\leqslant a, |y|\leqslant b, a>0, b>0, r\leqslant\min(a, b)\}$ 时，

可选

$$\omega(x, y)=(a^2-x^2)(b^2-y^2)(x^2+y^2-r^2) \tag{4-97}$$

当区域 $\overline{\Omega}$ 为直线段 $a_x x+b_k y+c_k=0$ $(k=1, 2, \cdots, m, m\geqslant 3)$ 所围成的凸多边形域时可选

$$\omega(x, y)=\pm\prod_{k=1}^{m}(a_x x+b_k y+c_k) \tag{4-98}$$

这些坐标函数系显然都是线性无关的函数系。而根据著名的 Weierstrass 逼近定理，可以知道这两个坐标函数系都是完备的函数系。

虽然第二类和第三类的自然边界条件对基函数并无要求，通常可以选取简单的幂函数序列，如

一维函数 $U(x)$ 可选取

$$\varphi_v(x)=x^{v-1}, \ v=1, 2, \cdots, n \tag{4-99}$$

二维函数 $U(x, y)$ 可选取

$$\begin{aligned}&\varphi_1=1\\&\varphi_2=x, \ \varphi_3=y\\&\varphi_4=x^2, \ \varphi_5=xy, \ \varphi_6=y^2 \cdots\end{aligned} \tag{4-100}$$

另外，若取满足边界条件的基函数，近似解序列收敛得较快，如：若 $U(x)$ 满足 $U'(x_1)=U'(x_2)=0$，可选

$$\varphi_v(x)=\cos\left(v\pi\frac{x-x_1}{x_2-x_1}\right), \ v=1, 2, \cdots, n \tag{4-101}$$

若 $U(\bar{r})$ 在边界上满足非齐次第一类边界条件 $U(\bar{r}_b)=g(\bar{r}_b)$，则设 $U^{[n]}=\varphi_0+\sum_{i=1}^{n}c_v\varphi_v$，其中 $\varphi_0(\bar{r}_b)=g(\bar{r}_b)$，于是 $(U^{[n]}-\varphi_0)=\sum_{i=1}^{n}c_v\varphi_v$ 满足齐次条件：$[U^{[n]}(\bar{r}_b)-\varphi_0(\bar{r}_b)]=0$。

可按式(4－99)、式(4－100)选取 φ_v。

说明：

① 对复杂场域、填充不同介质的场域，可划分子域。若子域数很多，子域内可取较低级(n 小)的近似解，求解程序将演变为有限元法。

② 基函数另一种选择方案是取原算子方程不受边界条件限制时的本征函数(即原算子方程不受边界条件限制的通解)，如：Trefftz 法。

4) Rayleigh-Ritz 法小结

Rayleigh-Ritz 法简单归纳为以下几点。

(1) Ritz 法是在给定泛函的前提下，在全域内选择试探函数(基函数)，然后求变分极值的方法；

(2) 试探函数只需要满足强加边界条件(第一类),第二、三类自动满足无须考虑,但若满足有助于近似解的收敛速度的提高;

(3) Ritz 法最后归结为线性代数方程的求解,而且系数矩阵一定对称正定;

(4) 其最大缺点是试探函数(基函数)必须满足整个区域,有限元法就克服了这一缺点,同时继承了优点。

5) 近似变分解的改进

(1) Ritz 法的误差估值。显然 n 越大,$U^{[n]}$ 误差越小。但尚缺乏估计其误差的理论方法。一般用 $J\{U^{[n-1]}\}-J\{U^{[n]}\}$ 粗略估计 Ritz 法 n 级近似解的误差。另一方面,近似解的泛函必大于精确解 U 的泛函值(极小值),从而可作为估计精确解泛函的上限。如果又能找出其下界,则上、下界之差就是近似解泛函的最大误差。可用不同的方法估计下限。

(2) 直接变分问题中泛函极值的上、下界。若可能分别建立欲求物理量 P 及其倒数 $1/P$ 的泛函极小值问题

$$P=J_1\{U\}=\min,\ 1/P=J_2\{U\}=\min \tag{4-102}$$

并各自用 Ritz 法求出近似解 $U^{[n]}$ 和 $V^{[m]}$,对应

$$P^{[n]}=J\{U^{[n]}\},\ (1/P)^{[m]}=J\{V^{[m]}\} \tag{4-103}$$

则

$$\frac{1}{(1/P)^{[m]}}\leqslant\frac{1}{(1/P)}=P\leqslant P^{[n]} \tag{4-104}$$

所以,$P^{[n]}$,$(1/P)^{[m]}$ 可分别视为准确解泛函的上、下限,它们的差就是近似解泛函的最大误差。

静电问题中的电容量 C,波导接头问题中的输入阻抗 Z_{in} 等物理量都属于这类泛函。

(3) Trefftz 法。静电场 Laplace 边界问题(齐次方程,非齐次边界条件)

$$\begin{cases}-\nabla^2U(\bar{r})=0,\ \bar{r}\in V\\ \left(\alpha\dfrac{\partial}{\partial n}+\beta\right)U(\bar{r}_b)=g,\ \bar{r}_b\in S[V]\end{cases} \tag{4-105}$$

直接用 Ritz 法或转化成齐次边界条件非齐次方程,都不理想。另外找到了 $U^{[n]}$ 使 $J\{U^{[n]}\}>J\{U\}$,还须找 $V^{[m]}$ 使 $J\{V^{[m]}\}<J\{U\}$。Trefftz 法能实现这两项要求(即不受边界条件限制就找到 $V^{[m]}$)。

定理:对 Laplace 问题(1),若选满足方程而不受边界条件限制的基函数序列 $\{\psi_\mu(\bar{r})\mid_{\mu=1,2,\cdots}\}$,则 Laplace 方程等价于变分方程 $J\{U\}=\iiint\limits_v|\nabla U|^2\mathrm{d}v=\max$,且其 m 级近似解可构成为 $V^{[m]}(\bar{r})=\sum\limits_{\mu=1}^{m}c_\mu\psi_\mu(\bar{r})$,其展开系数得线性方程组

$$\sum_{\mu=1}^{m}c_\mu\iint_{S[V]}\psi_\mu\frac{\partial\psi_\mu}{\partial n}\mathrm{d}S=\iint_{S[V]}g\frac{\partial\psi_\mu}{\partial n}\mathrm{d}S \tag{4-106}$$

显然 $J\{V^{[m]}\}<J\{U\}$，是 $J\{U\}$ 的下限。

(4) Weinstein 法。设广义本征值算子方程 $\bar{A}U=\lambda\bar{B}U$，最小本征值 $\lambda_1=\min\left[\frac{\langle\bar{A}U,U\rangle}{\langle\bar{B}U,U\rangle}\right]$，已知 Ritz 法的最小变分解 $\lambda_1^{[n]}=\min\left[\frac{\langle\bar{A}U^{[n]},U^{[n]}\rangle}{\langle\bar{B}U^{[n]},U^{[n]}\rangle}\right]>\lambda_1$($\lambda_1$ 的上限)，那么对于正算子 $\bar{B}$ 退化为函数 $h(\bar{r})\neq0$，Weinstein 指出了两种估计 λ_1 下限的方法。

定理一：线性下有界算子的本征值方程 $\bar{A}U(\bar{r})=\lambda h(\bar{r})U(\bar{r})(1)$，其最小本征值 λ_1 的上限

$$\lambda_1^{[n]}=\min\left[\frac{\langle\bar{A}U^{[n]},U^{[n]}\rangle}{\langle hU^{[n]},U^{[n]}\rangle}\right]=\left[\frac{\langle\bar{A}U_1^{[n]},U_1^{[n]}\rangle}{\langle hU_1^{[n]},U_1^{[n]}\rangle}\right]>\lambda_1 \tag{4-107}$$

再计算泛函值

$\gamma^{[n]}=\left\langle\frac{1}{h}\bar{A}U^{[n]},U^{[n]}\right\rangle\Big/\langle hU^{[n]},U^{[n]}\rangle$，则$[\lambda_1^{[n]}-\sqrt{r^{[n]}-(\lambda_1^{[n]})^2}]<\lambda_1$ 可作为估计 λ_1 准确值的下限(效果不稳定)。$U_1^{[n]}$ 为 Ritz 法求得的对应 $\lambda_1^{[n]}$ 的本征函数。

(5) 调节边界法。定理二,对 Ritz 的误差估值及 $\lambda_1^{[n]}$，$\lambda_2^{[n]}$ 为用 Ritz 法求出的 λ_2 的近似值,则 $\left[\lambda_1^{[n]}-\frac{r^{[n]}-(\lambda_1^{[n]})^2}{\lambda_2^{[n]}-\lambda_1^{[n]}}\right]<\lambda_1$ 可作为估计 λ_1 准确值的下限。

设变分方程及边界条件

$$J\{U(\bar{r})\}=\min=\Lambda,\ U(\bar{r}_b)=0,\ \bar{r}_b\in S[V] \tag{4-108}$$

式中,Λ 或是本征值问题的最小本征值 $\left(\lambda=J\{U\}=\frac{\bar{A}U}{\bar{B}U}=\frac{\langle\bar{A}U,U\rangle}{\langle\bar{B}U,U\rangle}\right)$，或是变分问题的泛函极小值(电容量、输入阻抗)。

该泛函 $J\{U\}$ 的可取函数集 D 受边界条件限制：且 $\Lambda=\min\limits_{U\in D}[J\{U\}]$。若将可取函数集扩大为 $D'\supset D$，则 $\Lambda'=\min\limits_{U\in D'}[J\{U\}]\leqslant\Lambda$ 可作为估计 Λ 准确值的下限。

显然 $D'-D$ 越小,则 $\Lambda-\Lambda'$ 也越小,该下限的作用愈有效;放松边界条件也可以扩大可取函数集(如固定边界条件放松为自然边界条件);扩大场域(在新边界上满足条件,在原有边界上则不必满足)亦然。

如图 4-2 所示,若边界是某种简单几何的微扰结果,则作出内接、外接简单形状的新边界 $S[V'']$ 和 $S[V']$：$V''\subset V\subset V'$，使可取函数集 $D''\subset D\subset D'$，分别用 Ritz 法求解。

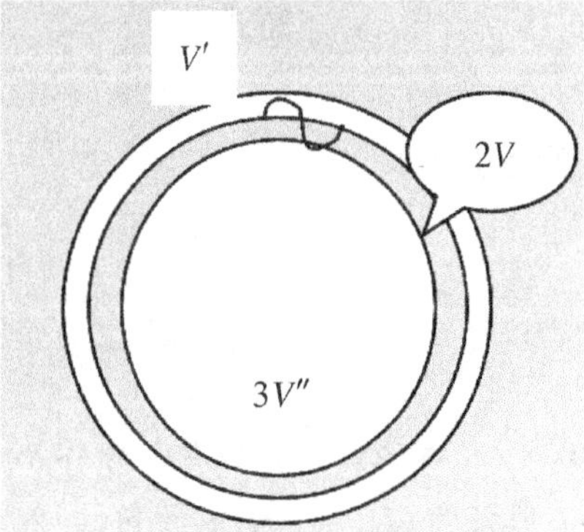

图 4-2　边界微扰

显然，$\Lambda''=\min\limits_{U\in D''}[J\{U\}]$，$\Lambda'=\min\limits_{U\in D'}[J\{U\}]$，即确定了原问题中待求泛函值 Λ 的上、下限：$\Lambda'\leqslant\Lambda\leqslant\Lambda''$，这种只要求基函数在简单形状新边界上满足 $\Psi(\bar{r}_b)|_{\bar{r}\in S[V'']}=0$ 及 $\Psi(\bar{r}_b)|_{\bar{r}\in S[V']}=0$，而不需要在原来复杂形状边界上 $S[V]$上等于 0,求解过程比较简单。

在上面的问题分析中，有两点值得思考：① 若场域 $V'' \subset V$，是否一定就有 $D'' \subset D$？② 此式（$\Lambda' \leqslant \Lambda \leqslant \Lambda''$）中 Λ' 是用 Ritz 法求得的，比其准确值要大，因此 $\Lambda' \leqslant \Lambda$ 不一定绝对成立。

下面我们就变分法在电磁场问题中的应用给出两个计算实例。

例 4-1　波导管传播常数的变分解

柱形波导管内的电磁场由轴向分量 $E_z(\bar{r}, t)$，$H_z(\bar{r}, t)$ 完全确定

$$E_z(\bar{r}, t) = \Psi(\bar{R})\mathrm{e}^{-\gamma z}\mathrm{e}^{\mathrm{j}\omega t},\ H_z(\bar{r}, t) = \Psi(\bar{R})\mathrm{e}^{-\gamma z}\mathrm{e}^{\mathrm{j}\omega t}$$

由分离变量法知 $\Psi(\bar{R})$ 的二维 Helmholtz 方程的齐次边界条件问题为

$$\begin{cases}(\nabla_{\perp}^{2} + \omega^2\varepsilon\mu)\Psi(\bar{R}) = 0,\ \bar{R} \in S,\ S\text{— 波导管截面} \\ \Psi(\bar{R}_b) = 0(E_z)\ \text{或}\ \dfrac{\partial\Psi(\bar{R}_b)}{\partial n_c} = 0(H_z),\ \bar{R}_b \in C[S]\end{cases} \tag{4-109}$$

式中，$C[S]$为 S 的边界回线，$\bar{n}_c$ 为$C[S]$法向单位矢量。

记线性下有界算子 $\bar{A} = -(\nabla_{\perp}^{2} + \omega^2\varepsilon\mu)$ 及 $\lambda = \gamma^2$(本征值)，则式(4-109)方程可写成算子方程

$$\bar{A}\Psi = \lambda\Psi \tag{4-110}$$

根据最小本征值定理及

$$\lambda = \frac{\langle \bar{A}\Psi,\ \Psi\rangle}{\langle \Psi,\ \Psi\rangle} = \min,\text{或}\ \delta\lambda = 0 \tag{4-111}$$

将 $\bar{A}$ 代入，并按内积展开后写成泛函

$$\lambda = \gamma^2 = \frac{-\iint_S \Psi^*\ \nabla_{\perp}^{2}\Psi \mathrm{d}s - \omega^2\iint_S \varepsilon\mu\ |\ \Psi\ |^2\mathrm{d}s}{\iint_S\ |\ \Psi\ |^2\mathrm{d}s} \tag{4-112}$$

由格林定理

$$\text{原式} = \frac{\iint_S\ \nabla_{\perp}^{2}\Psi\mathrm{d}s - \omega^2\iint_S \varepsilon\mu\ |\ \Psi\ |^2\mathrm{d}s - \oint_{C[S]}\Psi^*\ \dfrac{\partial\Psi}{\partial n_c}\mathrm{d}l}{\iint_S\ |\ \Psi\ |^2\mathrm{d}s} \tag{4-113}$$

其变分为

$$\delta\gamma^2 = \frac{\oint_{C[S]}\left[\delta\Psi\ \dfrac{\partial\Psi^*}{\partial n_c} - \Psi^*\ \dfrac{\partial\delta\Psi}{\partial n_c}\right]\mathrm{d}l}{\iint_S\ |\ \Psi\ |^2\mathrm{d}s} \tag{4-114}$$

从式(4-112)可知，只有在变分 $\delta\Psi(\bar{R})$ 及近似解 $\Psi^{[n]} = \Psi + \delta\Psi$ 同准确解 Ψ 一样满足齐次边界条件 (E_z—1*st*B.C.，H_z—2*n*dB.C.) 时，式(4-112)的变分 $\delta\gamma^2$ 才等于0(因为 $\delta\Psi$ 的任意性)，这要求近似解的基函数都满足同类齐次边界条件，这一般很难实现。

为了解除边界条件对基函数选择的限制，将上述 Rayleigh 商的泛函作适当的扩展，构成修正的变分方程。

对 $E_z - 1stB.C.$，可在式(4 - 113)中添加回线积分 $-\oint_{C[S]} \Psi \dfrac{\partial \Psi^*}{\partial n_c} \mathrm{d}l$

对 $H_z - 2nd B.C.$，可在式(4 - 113)中添加回线积分 $\oint_{C[S]} \Psi^* \dfrac{\partial \Psi}{\partial n_c} \mathrm{d}l$

(目的是抵消式(4 - 112)分子中第一项或第二项的回线积分)。

对满足相应齐次边界条件的 ψ，增加的这两项取零值，并不影响其最小泛函值的驻定性质。从而 E_z 的扩展泛函的变分方程为

$$\gamma^2 = \frac{\iint_S [\mid \nabla_\perp^2 \Psi \mid - \omega^2 \varepsilon\mu \mid \Psi \mid^2] \mathrm{d}s - \oint_{C[S']} \left[\Psi^* \dfrac{\partial \Psi}{\partial n_c} + \Psi \dfrac{\partial \Psi^*}{\partial n_c}\right] \mathrm{d}l}{\iint_S \mid \Psi \mid^2 \mathrm{d}s} = \min \tag{4-115}$$

$$\delta\gamma^2 = \frac{-\oint_{C[S']} \left[\delta\Psi^* \dfrac{\partial \delta\Psi}{\partial n_c} - \Psi \dfrac{\partial \delta\Psi^*}{\partial n_c}\right] \mathrm{d}l}{\iint_S \mid \Psi \mid^2 \mathrm{d}s} = 0 \tag{4-116}$$

上式可由式(4 - 112) 及 $\dfrac{\partial \Psi^*}{\partial n_c}$ 的变分相加推导出来，此式中对 $\delta\Psi$ 无边界条件限制。

与直接 Ritz 法比，扩展泛函的好处是免去了对基函数满足边界条件的要求。

例 4 - 2　设任意形状的点馈细天线如图 4 - 3 所示，取其轴线作为弯曲柱面坐标系的主轴，主轴在直角坐标系中的曲线方程为

$$x = x_L(l),\ y = y_L(l),\ z = z_L(l) \tag{4-117}$$

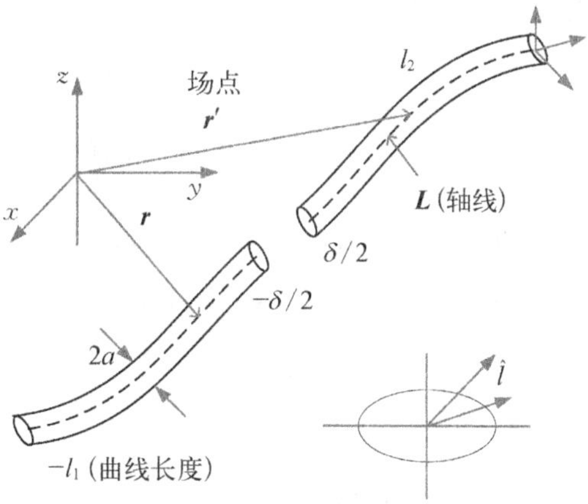

图 4 - 3　细天线问题示意图

解：馈电 $O_L(x_L(0),\ y_L(0),\ z_L(0))$ 处有空隙 Δ：$l \in \left[-\dfrac{\delta}{2},\ \dfrac{\delta}{2}\right]$，末端坐标 $l = l_1$ 和 $l = l_2$ 是振子天线的开路点或环形天线的连续点 $(-l_1 = l_2)$。细天线模型的条件是 $a \ll l_1,\ l_2,\ \lambda$。从而电流在横截面的周界上均匀分布，且沿轴线 $\hat{l}$ 方向：$\hat{J}(a,\ \psi,\ l) = \hat{l} J(l)$，辐射特性在平均意义上等价于集中在轴线 L 上的电流：$\hat{I}(l) = 2\pi a \hat{l} J(l)$。

点馈的条件是 $\delta \ll a$ (天线的横截面尺寸)。记天线轴 L 上的源点坐标 $\boldsymbol{r}'(x_L',\ y_L',\ z_L')$，对应曲柱坐标为 $(0,\ 0,\ l')$，天线表面 S 上场点矢量 $\boldsymbol{r}_s(x_s,\ y_s,\ z_s)$，对应曲柱坐标为 $(a,\ \psi,\ l)$。与源点间距为

$$R = | \boldsymbol{r}_s - \boldsymbol{r}' | = \sqrt{(x_s - x'_L)^2 + (y_s - y'_L)^2 + (z_s - z'_L)^2} \tag{4-118}$$

根据天线的源分布，电流强度为 $\hat{I}(l) = \hat{l} I(l)$。

由电流连续性定理，线电荷密度为 $\sigma(l) = \dfrac{-1}{\mathrm{j}\omega} \dfrac{\mathrm{d}I(l)}{\mathrm{d}l}$。

其位函数为

矢量磁位　$\boldsymbol{A}(\boldsymbol{r}_s) = u \int_L \boldsymbol{I}(l') G(\boldsymbol{r}_s / \boldsymbol{r}') \mathrm{d}l'$

标量电位　$\Phi(\boldsymbol{r}_s) = \dfrac{1}{\varepsilon} \int_L \sigma(l') G(\boldsymbol{r}_s / \boldsymbol{r}') \mathrm{d}l'$

其中 Green 函数具有对称性

$$G(\boldsymbol{r}_s / \boldsymbol{r}') = \frac{1}{4\pi R} \mathrm{e}^{-\mathrm{j}kR} = G(\boldsymbol{r}' / \boldsymbol{r}_s) \tag{4-119}$$

在 Lorentz（洛伦茨）规范 $\Phi(\boldsymbol{r}_s) = \dfrac{J}{w\mu\varepsilon} \nabla \cdot \boldsymbol{A}(\boldsymbol{r}_s)$ 下，电磁场强为

$$\boldsymbol{E}(\boldsymbol{r}_s) = -\mathrm{j}\omega \boldsymbol{A}(\boldsymbol{r}_s) - \nabla \Phi(\boldsymbol{r}_s) \tag{4-120}$$

$$\boldsymbol{H}(\boldsymbol{r}_s) = \frac{1}{\mu} \nabla \times \boldsymbol{A}(\boldsymbol{r}_s) \tag{4-121}$$

以上各式若换成空间中任意场点 $\boldsymbol{r}$，则由 $\hat{I}(l')$ 可直接计算辐射场。若 $\hat{I}(l')$ 未知，可根据表面边界

$$[\boldsymbol{E}(\boldsymbol{r}_s) + \boldsymbol{E}^{in}(\boldsymbol{r}_s)] \cdot \hat{l} = 0 \tag{4-122}$$

$$\hat{\rho} \times \boldsymbol{H}(\boldsymbol{r}_s) = \boldsymbol{J}(\boldsymbol{r}_s) = \frac{1}{2\pi a} \boldsymbol{l} I(l) \tag{4-123}$$

建立 $\hat{I}(l')$ 的积分方程组，这就作为计算该天线辐射的起点。

外加激励场由点馈条件确定

$$\boldsymbol{E}^{in}(\boldsymbol{r}_s) \cdot \hat{l} = E^{in}(\boldsymbol{r}_s) = \begin{cases} V_{in}/\delta \ (l \in \Delta) \\ 0 \ (l \in L - \Delta) \end{cases} \tag{4-124}$$

$E^{in}(\boldsymbol{r}_s)$ 表示激励处 $(\boldsymbol{r}_s)$ 激励场强在 $\hat{l}$ 方向的分量。V_{in} 为馈点输入电压。当 $\Delta \to 0$ 时

$$E^{in}(\boldsymbol{r}_s) = V_{in} \delta(l) = \begin{cases} V_{in} \ (l = 0) \\ 0 \ (l \neq 0) \end{cases} \tag{4-125}$$

所以可求得

$$E^{in}(\boldsymbol{r}_s) = \mathrm{j}\omega\mu \left[\left(1 + \frac{1}{k^2} \nabla \nabla \cdot \right) \int_L \boldsymbol{I}(l') G(\boldsymbol{r}_s / \boldsymbol{r}') \mathrm{d}l' \right] \cdot \hat{l} \tag{4-126}$$

式中，∇ 对场点运算，$\int_L$ 是对源点 l' 运算。

将式(4-126)可以改写为第一类 Fredholm 积分方程

$$E^{in}(\boldsymbol{r}_s)=\int_L \boldsymbol{I}(l')[\hat{l}'\cdot\overline{\Gamma}(\boldsymbol{r}'/\boldsymbol{r}_s)\hat{l}]\mathrm{d}l' \tag{4-127}$$

$$\overline{\Gamma}(\boldsymbol{r}_s/\boldsymbol{r}')=\mathrm{j}\omega\mu\left[\left(I+\frac{1}{k^2}\nabla\nabla\right)G(\boldsymbol{r}_s/\boldsymbol{r}')=\overline{\Gamma}(\boldsymbol{r}'/\boldsymbol{r}_s)\right. \tag{4-128}$$

故输入阻抗的泛函式为

$$Z_{in}=\frac{1}{[I(0)]^2}\int_L\int_L \boldsymbol{I}(l')\cdot\overline{\Gamma}(\boldsymbol{r}'/\boldsymbol{r}_s)\cdot\boldsymbol{I}(l)\mathrm{d}l'\mathrm{d}l \tag{4-129}$$

3. 变分问题的泛函解法——加权余量法

1) 加权余量法的思路

算子方程边值问题可概括为

$$\begin{cases}\boldsymbol{A}U(\bar{r})-f(\bar{r})=0 \quad \bar{r}\in V\\ \boldsymbol{b}_iU(\bar{r}_{b_i})-g_i(\bar{r}_{b_i})=0,\ \bar{r}_{b_i}\in S_i,\ i=1,\ 2,\ \cdots,\ \sum\limits_i S_i=s[V]\end{cases} \tag{4-130}$$

当 $f(\bar{r})$是已知函数时为确定性问题，$f(\bar{r})=\lambda\boldsymbol{B}U(\bar{r})$ 是广义本征值问题。$\boldsymbol{b}_i$表示第 i 类的边界条件算子。

定义方程和边界条件的余量为

$$\begin{cases}R_{\mathrm{e}}(\bar{r})=\boldsymbol{A}U^{[n]}(\bar{r})-f(\bar{r})\\ R_{b_i}(\overline{r_{b_i}})=\boldsymbol{b}_iU^{[n]}(\overline{r_{b_i}})-g_i(\overline{r_{b_i}})\end{cases} \tag{4-131}$$

准确解的所有余量恒等于 0。近似解的余量应在平均意义下为零。但在大范围取平均不足以限制实际的最大误差，于是提出加权平均余量。其基本公式为

$$\langle R_{\mathrm{e}},\ W_\mu\rangle_\nu+\sum_i\langle R_{b_i},\ \boldsymbol{P}_iW_\mu\rangle_{S_i}=0 \tag{4-132}$$

式中 $\{W_\mu(\bar{r})\}$ $(\mu=1,\ 2,\ \cdots)$ 为算子 $\boldsymbol{A}$ 的值域 D_A 中选取的线性无关函数的完备序列，又称权函数序列，$\boldsymbol{P}_i$ 为 W_μ 边界值的变换算子。

若近似解满足边界条件而不满足方程，即 $\{R_{b_i}\equiv 0;\ R_{\mathrm{e}}\neq 0\}$，则式(4-132)为

$$\langle\boldsymbol{A}U^{[n]},\ W_\mu\rangle_\nu=\langle f,\ W_\mu\rangle_\nu \tag{4-133}$$

这是内域积分形式的加权余量法，又称矩量法。

若近似解满足方程而不满足边界条件，即 $\{R_{\mathrm{e}}\equiv 0;\ R_{b_i}\neq 0\}$，则式(4-132)为

$$\sum_i\langle b_iU^{[n]},\ \boldsymbol{P}_iW_\mu\rangle_{S_i}=\sum_i\langle g_i,\ \boldsymbol{P}_iW_\mu\rangle_{S_i} \tag{4-134}$$

这是边界积分形式的加权余量法，简称边界积分法。以 Laplace 边值问题为例。

（1）先考虑 Neumann 问题。

$$\begin{cases}-\nabla^2 U(\bar{r})=0,\ \bar{r}\in V\\ \dfrac{\partial}{\partial n}U(\overline{r_b})=g_2(\overline{r_b}),\ \overline{r_b}\in S[V]\end{cases}\tag{4-135}$$

将近似解 $U^{[n]}$ 代入后写出余量

$$\begin{cases}R_e(\bar{r})=-\nabla^2 U^{[n]}(\bar{r})\\ R_{b2}(\overline{r_b})=\dfrac{\partial}{\partial n}U^{[n]}(\overline{r_b})-g_2(\overline{r_b})\end{cases}\tag{4-136}$$

令 $\boldsymbol{P}=\boldsymbol{I}$，考虑到 Laplace 问题中的量都是实的，因此用权函数作内积

$$\langle R_e,\ W\rangle_v=-\iiint_V w\ \nabla^2 U^{[n]}\mathrm{d}v,\ \langle R_{b2},\ W\rangle_{S[V]}=\oint\!\!\!\oint_{S[V]} w\left(\frac{\partial U^{[n]}}{\partial n}-g_2\right)\mathrm{d}S\tag{4-137}$$

根据加权余量法的基本公式(4-132)可得

$$\iiint_V w\ \nabla^2 U^{[n]}\mathrm{d}v=\oint\!\!\!\oint_{S[V]} w\left(\frac{\partial U^{[n]}}{\partial n}-g_2\right)\mathrm{d}S\tag{4-138}$$

设 $U^{[n]}=\sum\limits_{\nu=1}^{n}c_\nu\varphi_\nu(\bar{r})$，$\varphi_\nu$ 是 $\boldsymbol{A}=-\nabla^2$ 定义域中线性无关的完备序列函数(基函数)，且权函数取 n 个不同的函数($\boldsymbol{A}$ 的值域)，则展开系数$\{c_\nu\}$可由

$$\begin{cases}\sum\limits_{\nu=1}^{n}c_\nu\left[\iiint_V w_\mu\ \nabla^2\varphi_\nu\mathrm{d}v-\oint\!\!\!\oint_{S[V]} w_\mu\dfrac{\partial\varphi_\nu}{\partial n}\mathrm{d}S\right]=-\oint\!\!\!\oint_{S[V]} w_\mu g_2\mathrm{d}S\quad\text{(线性方程组)}\\ \mu=1,\ 2,\ \cdots,\ n\end{cases}\tag{4-139}$$

解得。

（2）再考虑边界上分片满足第一类和第二类条件的 Robin 问题。

$$\begin{cases}-\nabla^2 U(\bar{r})=0, & \bar{r}\in V\\ U(\overline{r_{b1}})=g_1(\overline{r_{b1}}), & \overline{r_{b1}}\in S_1\\ \dfrac{\partial}{\partial n}U(\overline{r_{b2}})=g_2(\overline{r_{b2}}), & \overline{r_{b2}}\in S_2\end{cases},\ S_1+S_2=S[V]\tag{4-140}$$

令 $\boldsymbol{P}=\boldsymbol{I}$，$\boldsymbol{P}_1=-\dfrac{\partial}{\partial n}=-\hat{n}\cdot\nabla$，则⑤的加权余量法公式为

$$\langle R_e,\ W\rangle_v+\langle R_{b2},\ W\rangle_{S2}-\left\langle R_{b1},\ \frac{\partial W}{\partial n}\right\rangle_{S1}=0\tag{4-141}$$

即

$$\iiint_V w(\nabla^2 U^{[n]})\mathrm{d}v = \iint_{S_2} w\left(\frac{\partial U^{[n]}}{\partial N} - g_2\right)\mathrm{d}S - \iint_{S_1} \frac{\partial W}{\partial n}(U^{[n]} - g_1)\mathrm{d}S \tag{4-142}$$

若代入 $U^{[n]} = \sum_{i=1}^{n} c_\nu \varphi_\nu$ 及取 n 个不同的 $W = W_\mu \mu = 1, 2, \cdots, n$ 则可得求解 c_ν 的线性代数方程组

$$\begin{cases} \sum_{\nu=1}^{n} c_\nu \left[\iiint_V W_\mu\ \nabla^2 \varphi_\nu \mathrm{d}v + \iint_{S_1} \frac{\partial W_\mu}{\partial n}\varphi_\nu \mathrm{d}s - \iint_{S_2} W_\mu\ \frac{\partial \varphi_\nu}{\partial n}\mathrm{d}S\right] \\ \quad = \left[\iint_{S_1} \frac{\partial W_\mu}{\partial n} g_1 \mathrm{d}s - \iint_{S_2} W_\mu g_2 \mathrm{d}S\right],\ \mu = 1, 2, \cdots, n \end{cases} \tag{4-143}$$

上述 Laplace 边值问题的加权余量法公式可推广到同时含三类边界条件的一般情况，也可推广到 Poisson 问题和 Helmholtz 本征值问题等，且对算子 $\boldsymbol{A}$ 无苛刻限制(即不要求 $\boldsymbol{A}$ 一定是自伴的)。

如果余量在每个以权函数为基函数的坐标上的投影都为 0，则该余量肯定为 0。但我们的加权余量法是只保证在 n 个基函数(权函数)上的投影为 0，因此所涉及的解是 n 级近似解 $U^{[n]}(\bar{r})$。

2) 伽辽金方法的步骤

在加权余量法中，如果基函数和权函数一样就是伽辽金法。

对于边值问题

$$\begin{cases} Lu = f,\ \text{在}\ \Omega\ \text{中} \\ u \in M \end{cases} \tag{4-144}$$

其中，L 为一个微分算子，函数类

$$M = \{u \mid u \in L^2(\Omega),\ Lu \in L^2(\Omega),\ u \mid_{\partial\Omega} = 0\} \tag{4-145}$$

若 $u \in M$ 为边值问题的解，则对于任意函数 $v \in C_0^\infty(\Omega)$，显然有

$$(Lu,\ v) = (f,\ v) \tag{4-146}$$

由于 $C_0^\infty(\Omega)$ 在 $L^2(\Omega)$ 中稠密，所以有所谓的“虚功方程”

$$(Lu,\ v) = (f,\ v),\ u \in M,\ \forall v \in L^2(\Omega) \tag{4-147}$$

为了求“虚功方程”的近似解，像里兹法一样，在 $L^2(\Omega)$ 中选取一个线性无关的函数系 $\{\varphi_i(x),\ i = 1, 2, \cdots\}$ 组成坐标函数系，它们张成一个 $L^2(\Omega)$ 中的线性子空间 S_n。我们期望在空间 S_n 中找到函数 u_n^*，使得下列等式成立

$$(Lu_n^*,\ u_n) = (f,\ u_n),\ \forall u_n \in S_n \tag{4-148}$$

这就是伽辽金法的思想。具体做法如下。

把近似解 u_n^* 的形式和任意函数 u_n 的形式

$$u_n^* = \sum_{i=1}^{n} c_i^* \varphi_i, \ u_n = \sum_{i=1}^{n} c_i \varphi_i \tag{4-149}$$

代入式(4－148)得

$$(L(\sum_{i=1}^{n} c_i^* \varphi_i), \ \sum_{i=1}^{n} c_i \varphi_i) = (f, \ \sum_{i=1}^{n} c_i \varphi_i) \tag{4-150}$$

进行运算后，得到

$$\sum_{i=1}^{n} \left[\sum_{j=1}^{n} (L\varphi_j, \ \varphi_i) \cdot c_j^* \right] \cdot c_i = \sum_{i=1}^{n} (f, \ \varphi_i) \cdot c_i \tag{4-151}$$

由于 c_i，$i=1, 2, \cdots, n$ 的任意性，可得

$$\sum_{j=1}^{n} (L\varphi_j, \ \varphi_i) \cdot c_j^* = (f, \ \varphi_i), \ i=1, 2, \cdots, n \tag{4-152}$$

这是一个有 n 个未知数、n 个方程的线性代数方程组。如果求出这个线性代数方程的解 c_j^*，$j=1, 2, \cdots, n$，则可得

$$u_n^* = \sum_{j=1}^{n} c_j^* \varphi_j \tag{4-153}$$

它可以作为“虚功方程”的近似解。

3) 伽辽金法和里兹法的比较

对于变分问题，伽辽金法所对应的边值问题的“虚功方程”的形式为

$$D(u, \ v) = F(v), \ \forall v \in L^2(\Omega) \tag{4-154}$$

则对应的线性代数方程为

$$\sum_{j=1}^{n} D(\varphi_j, \ \varphi_i) \cdot c_j^* = F(\varphi_i), \ i=1, 2, \cdots, n \tag{4-155}$$

这个代数方程组与里兹法求变分问题的近似解所推导出的代数方程组完全一样。也就是说，在这种情况下，用里兹法求出的变分问题的近似解和伽辽金法求出的对应边值问题的近似解是一致的。

我们知道，边值问题并不是都有对应的变分问题的，即导数是否存在的问题；但是，边值问题的对应“虚功方程”是必定存在的。所以，用伽辽金法求边值问题的近似解总是可能的。由于上述原因，就使得伽辽金法的应用范围更广，因为伽辽金法对算子的附加限制比较少。例如，算子可以不是正算子，可以不是对称算子，甚至可以不是线性算子。而这些条件对于里兹法来说是必需的。

伽辽金法虽然是直接从微分算子出发推导出来的，与变分问题没有什么联系。但是，在选取坐标系和构造近似解的步骤上伽辽金法和里兹法却是相同的。一般来讲，两种近似求解方法中的坐标函数都要满足边值条件。但是，由于变分问题的特点，用里兹法求近似解时，在选取坐标系时，如果边值条件是自然边界条件，就不需要考虑坐标函数是否满足边值条件。

另外,"虚功方程"的力学背景是"虚功原理",即一个平衡系统的力 $Lu=f$ 对任何假想的位移 v 所做的功为零:$(Lu-f, v)=0$。而变分问题的力学背景是"最小位能原理"。虚功原理是比最小位能原理更广泛的力学原理,不仅用于矢量场情况,而且也适用于非矢量场情况。所以伽辽金法比里兹法适用面广一些。

里兹法和伽辽金法最终都要求解线性方程组。但是由于它们的坐标函数要满足边值条件且与区域的形状有关;又代数方程组的系数和右端项都用积分来计算,采用手算或利用计算机都有较大的计算量;而且代数方程组的系数矩阵不是稀疏的。在求解方程组时,即使用计算机,也既花费较多内存,又花费较多时间。这些缺点在求得较精确的近似解时更加突出。不过,这两个方法都能获得解的近似表达式,这对于理论研究是比较有用的。

4. *其他方法*

1) 边界积分法

边界积分形式的加权余量法,要求近似解 $U^{[n]}(r)$ 满足算子方程。但基函数序列的选择存在困难,故利用方程余量的内积展开式

$$\langle R_e, w\rangle_U=\langle AU^{[n]}, w\rangle_U-\langle f, w\rangle_U=\langle U^{[n]}, A^+ w\rangle_U-\langle f, w\rangle_U \quad (4-156)$$

使 $\{\varphi_v \mid A\varphi_v=f\}$ 转化为对权函数序列的要求是 $\{w_u \mid A^+ w_u=0\}$,但 A^+ 不知道。即使是 Lagrange 意义下的自伴算子,但对并不满足边界条件的 $U^{[n]}$ 和 w(即 $U^{[n]}, w\notin D_b$),并不具备自伴性 $(A^+\neq A)$。解决办法是利用类似证明自伴边值问题的自伴性质时,用 $U^{[n]}$ 和 w 代替 U 和 W,则

$$A\langle U^{[n]}, w\rangle_v-\langle U^{[n]}, Aw\rangle_v=\langle b_1U^{[n]}, b_2w\rangle_{S[v]}-\langle b_2U^{[n]}, b_1w\rangle_{S[v]} \quad (4-157)$$

由于对 $U^{[n]}$ 和 w 非自伴,等式右边二项之差不为 0,但可保留在边界积分的加权余量法公式中。

(1) 内域基的边界积分法。

Poisson 边值问题:

$$\begin{cases}-\nabla^2 u(\boldsymbol{r})=f(\boldsymbol{r}),\ \boldsymbol{r}\in U,\ U(\bar{r}_{b1})=g_1(\bar{r}_{b1}),\ \bar{r}_{b1}\in S_1\\ \dfrac{\partial}{\partial n}U(\bar{r}_{b2})=g_2(\bar{r}_{b2}),\ \bar{r}_{b2}\in S_2\end{cases} \quad (4-158)$$

可得加权余量法公式

$$\iiint_V W(\nabla^2U^{[n]})\mathrm{d}v+\iiint_V Wf\mathrm{d}v=\iiint_{S_2}W\left(\frac{\partial U^{[n]}}{\partial n}-g_2\right)\mathrm{d}s-\iiint_{S_1}W\left(\frac{\partial U^{[n]}}{\partial n}-g_1\right)\mathrm{d}s \quad (4-159)$$

利用格林第二定理

$$\iiint_V[W(\nabla^2U^{[n]})-U^{[n]}(\nabla^2W)]\mathrm{d}v=\oint\!\!\oint_{S[V]}\left[W\frac{\partial U^{[n]}}{\partial n}-U^{[n]}\frac{\partial W}{\partial n}\right]\mathrm{d}s \quad (4-160)$$

可得

$$\iiint_V U^{[n]}(\nabla^2 W)\mathrm{d}v+\iiint_V Wf\mathrm{d}v=\iint_{S_1} W\frac{\partial U^{[n]}}{\partial n}\mathrm{d}s+\iint_{S_2} Wg_2\mathrm{d}s=\iint_{S_1}\frac{\partial W}{\partial n}g_1\mathrm{d}s+\iint_{S_2}\frac{\partial W}{\partial n}U^{[n]}\mathrm{d}s \tag{4-161}$$

在 $\bar{A}$ 的定义域内选 φ_v，使 $U^{[n]}(\bar{r})=\sum_{v=1}^{n}c_v\varphi_v$；又选满足 $\bar{A}$ 的齐次方程的权函数序列 $W_\mu(\bar{r})$，即 $\bar{A}W_\mu=-\nabla^2 W_\mu=0$，则可得边界积分形式的加权余量公式

$$\sum_{v=1}^{n}c_v\left[\iint_{S_2}\frac{\partial W_\mu}{\partial n}\varphi_v\mathrm{d}s-\iint_{S_1}W_\mu\frac{\partial\varphi_v}{\partial n}\mathrm{d}s\right]=\iiint_V W_\mu f\mathrm{d}v+\iint_{S_2}W_\mu g_2\mathrm{d}s-\iint_{S_1}W_\mu g_1\mathrm{d}s,\ \mu=1,\ 2,\ \cdots,\ n \tag{4-162}$$

（避免了一些体积分）。

Laplace 边值问题：

即 Poisson 边值问题中 $f(\bar{r})=0$，为齐次方程，其加权余量法公式同式(4-162)，但体积分项消失。若 $S_1=S[V]$，$g_1=g$，$S_2=0$，取 $W_\mu=\varphi_\mu$，则式(4-162)转化为 Trefftz 法的式(4-17)。

Helmholtz 确定性问题：

即式(4-158)中 $f(\bar{r})=\lambda U(\bar{r})$，$\lambda$ 为已知常数。

加权余量法公式为

$$\begin{aligned}&\sum_{v=1}^{n}c_v\left\{\left[\iint_{S_2}\frac{\partial W_\mu^*}{\partial n}\varphi_v\mathrm{d}s-\iint_{S_1}W_\mu^*\frac{\partial\varphi_v}{\partial n}\mathrm{d}s\right]-\lambda\iiint_V W_\mu^*\varphi_v\mathrm{d}v\right\}\\&=\iint_{S_2}W_\mu^* g_2\mathrm{d}s-\iint_{S_1}\frac{\partial W_\mu^*}{\partial n}g_1\mathrm{d}s,\ \mu=1,\ 2,\ \cdots,\ n\end{aligned} \tag{4-163}$$

式中，“$*$”是因为 Helmholtz 问题中的量为复数。

(2) Green 函数法的应用。

Poisson 方程 $-\nabla^2 U(\bar{r})=f(\bar{r})$ 在自由空间中对应格林函数满足

$$\begin{cases}-\nabla^2 G_0(\bar{r}/\bar{r}_i)=\delta(\bar{r}\partial-\bar{r}_i)\\G_0(\bar{r}/\bar{r}_i)=\dfrac{1}{4\pi\,|\,\bar{r}-\bar{r}_i\,|}\end{cases} \tag{4-164}$$

$$\frac{\partial G_0(\bar{r}/\bar{r}_i)}{\partial n}=\frac{-\hat{n}\cdot(\bar{r}-\bar{r}_i)}{4\pi\,|\,\bar{r}-\bar{r}_i\,|^3} \tag{4-165}$$

选取函数 $W(\bar{r})=G_0(\bar{r}/\bar{r}_i)$，代入(2)，并利用 δ-函数的取样性质

$$\iiint_V\delta(\bar{r}-\bar{r}_i)\mathrm{d}v=\begin{cases}1,\ \bar{r}_i\in V\\\dfrac{1}{2},\ \bar{r}_i\in[V]\\0,\ \bar{r}_i\notin V+S[V]\end{cases} \tag{4-166}$$

得

$$U^{[n]}(\bar{r}_i)-\iiint_V f(\bar{r})G_0(\bar{r}/\bar{r}_i)\mathrm{d}v+\iint_{S_2}U^{[n]}(\bar{r}_{b2})\frac{\partial G_0(\bar{r}_{b2}/\bar{r}_i)}{\partial n}\mathrm{d}S+\iint_{S_1}g_1(\bar{r}_{b1})\frac{\partial G_0(\bar{r}_{b1}/\bar{r}_i)}{\partial n}\mathrm{d}S$$

$$=\iint_{S_1}\frac{\partial U^{[n]}(\bar{r}_{b1})}{\partial n}G_0(\bar{r}_{b1}/\bar{r}_i)\mathrm{d}S+\iint_{S_2}g_2(\bar{r}_{b2})G_0(\bar{r}_{b2}/\bar{r}_i)\mathrm{d}S,\ \bar{r}_i\in V \text{ 为场点} \tag{4-167}$$

$$0-\iiint_V(\text{将(8)中所有 } r_{b\mu} \text{ 改成 } r_0)=\cdots,\ r_0\notin V+S[V] \tag{4-168}$$

注意：式(4－167)和式(4－168)中出现了 $U^{[n]}(\bar{r}_{b2})$ 及 $\dfrac{\partial U^{[n]}(\bar{r}_{b1})}{\partial n}$，但边界条件给出的是 $U^{[n]}(\bar{r}_{b1})$ 及 $\dfrac{\partial U^{[n]}(\bar{r}_{b2})}{\partial n}$，因此应根据式(4－167)、式(4－168)利用下边的边界基积分方程的加权余量法将它们解出，再代回(4－167)可得 $U^{[n]}(\bar{r}_i)$，$\bar{r}_i\in V$。

对于 Helmholtz 确定性方程 $-(\nabla^2+k^2)U(\bar{r})=f(\bar{r})$，其自由空间中的 Green 函数满足 $-(\nabla^2+k^2)G_0(\bar{r}/\bar{r}_i)=\delta(\bar{r}/\bar{r}_i)$，解为

$$\begin{cases}G_0(\bar{r}/\bar{r}_i)=\dfrac{1}{4\pi\,|\,\bar{r}-\bar{r}_i\,|}\mathrm{e}^{-\mathrm{j}k|\bar{r}-\bar{r}_i|}\\[2ex]\dfrac{\partial G_0(\bar{r}/\bar{r}_i)}{\partial n}=\dfrac{-\hat{n}\cdot(\bar{r}-\bar{r})}{4\pi\,|\,\bar{r}-\bar{r}_i\,|^3}(1+\mathrm{j}k\,|\,\bar{r}-\bar{r}_i\,|)\mathrm{e}^{-\mathrm{j}k|\bar{r}-\bar{r}_i|}\end{cases} \tag{4-169}$$

可推出类似于式(4－167)、式(4－168)的积分表达式。

(3) 边界基的边界积分法。

为了求解 $U^{[n]}(\bar{r}_{b2})$ 及 $\dfrac{\partial U^{[n]}(\bar{r}_{b1})}{\partial n}$，选取边界基函数序列 $\{\psi_v(\bar{r}_{b1})\,|_{v=1,2,\cdots},\ \bar{r}_{b1}\in S_1\}$ 及 $\{\psi_v(\bar{r}_{b2})\,|_{v=1,2,\cdots},\ \bar{r}_{b2}\in S_2\}$，构建近似解

$$\begin{cases}U^{[n]}(\bar{r}_{b2})=\displaystyle\sum_{v=1}^{n}c_v\varphi_v(\bar{r}_{b2}),\ \bar{r}_{b2}\in S_2,\ n_1+n_2=n\\[2ex]\dfrac{\partial U^{[n]}(\bar{r}_{b1})}{\partial n}=\displaystyle\sum_{v=1}^{n}c_v\varphi_v(\bar{r}_{b1}),\ \bar{r}_{b1}\in S_1,\ S_1+S_2=S[V]\end{cases} \tag{4-170}$$

代入(8)式，并在边界上取 n 个样点 $\{\bar{r}_{b\mu}\,|_{\mu=1,2,\cdots,n}\}$，得线性方程组

$$\frac{1}{2}U^{[n]}(\bar{r}_{b\mu})+\sum_{v=1}^{n}c_v\iint_{S_2}\varphi_v(\bar{r}_{b2})\frac{\partial G_0(\bar{r}_{b2}/\bar{r}_{b\mu})}{\partial n}\mathrm{d}S-\sum_{v=1}^{n}c_v\iint_{S_1}\psi_v(\bar{r}_{b1})G_0(\bar{r}_{b2}/\bar{r}_{b\mu})\mathrm{d}S$$

$$=\iiint_V f(\bar{r})G_0(\bar{r}/\bar{r}_{b\mu})\mathrm{d}v+\iint_{S_2}\varphi_v(\bar{r}_{b2})\frac{\partial G_0(\bar{r}_{b2}/\bar{r}_{b\mu})}{\partial n}\mathrm{d}S+$$

$$\iint_{S_2}g_2(\bar{r}_{b2})G_0(\bar{r}_{b2}/\bar{r}_{b\mu})\mathrm{d}S-\iint_{S_1}g_1(\bar{r}_{b1})\frac{\partial G_0(\bar{r}_{b1}/\bar{r}_{b\mu})}{\partial n}\mathrm{d}S,\ \mu=1,\cdots,n \tag{4-171}$$

式中，$U^{[n]}(\bar{r}_{b\mu})=\begin{cases} g_1(\bar{r}_{b\mu}),\ \bar{r}_{b\mu}\in S_1 \\ \sum\limits_{v=1}^{n} c_v\varphi_v(\bar{r}_{b\mu}),\ \bar{r}_{b\mu}\in S_2 \end{cases}$，从式(4－171)解出 c_v 和 c'_v 后代入式(4－170)及 $U^{[n]}(\bar{r}_{b2})$ 及 $\dfrac{\partial U^{[n]}(\bar{r}_{b1})}{\partial n}$，再代入式(4－167)，即可算出 $\bar{r}_i\in V$ 点的近似解 $U^{[n]}(\bar{r}_i)$，注意要避免 Green 函数在 $\bar{r}_{b\mu}$ 处的奇异性。若采用式(4－168)代替式(4－167)，则由于 $\bar{r}_0\neq V+S[V]$，可使 $G_0(\bar{r}/\bar{r}_0)$ 不存在奇异性。

显然上述边界基的边界积分法只能逐点计算内域点的近似解，无法得出近似解的显式，但较内域基降低一维(即 $\sum\limits_{v=1}$ 中只有面积分)。

2) 边界元与有限元

用变分法或矩量法求解具有复杂边界形状的边值问题，会遇到选取符合第一类齐次边界条件基函数的困难；在场域内含有非均匀介质时，难以写出全域基函数的表达式，此时宜采用分域基的矩量法或边界积分法。当各子域节点上的近似解作为线性代数方程组的待求量时(而不是展开系数 c_v)，分域基的矩量法和边界积分法转化为有限元法和边界元法。

其中有限元法可认为是有限差分法与 Ritz 法的结合。与有限差分法相比，它的单元划分有很大的随意性，能较好地适应边界形状；不仅能得到单元节点上的离散近似解，还可以写出各单元内的连续近似解。它与 Ritz 法的主要区别在于：整个场域内的泛函被分解成各子域内的泛函之和，泛函驻定的条件直接给出近似解在节点上的取样值而不是展开系数。

有限元方法是里兹法和分块多项式函数相结合的产物，也就是说，在这个方法中，把区域 Ω 分成待定几何形状的小块区域，选取分块多项式函数 u_h 作为坐标函数，由它们张成子空间 S_h 作为希尔伯特 H 的近似空间，其中 h 为小块区域的最大直径。在每个空间 S_h 中找到使泛函 $J(u)$ 取得极小的函数 u_h^*，生成函数序列 $\{u_h^*\}$，如果这个函数序列 $\{u_h^*\}$ 是空间 H 中的极小化序列，也就是说它在空间 H 中收敛到变分问题的解，那么，每一个函数 u_h^* 都可以作为变分问题的近似解。

边界元法为采用边界分域基的边界积分法，也是内域有限元法用于边界的一种特殊形式。

4.4 本章小结

本章主要介绍了电磁计算中的数学基础以及泛函极值问题的求解思想和方法。

4.5 问题与讨论

习题

(1) 寻找算子理论的新名词。

(2) 综述泛函极值求解方法的研究进展。

第5章 矩量法

5.1 矩量法的基本原理

1. 矩量法简介

矩量法是一种将线性泛函方程离散化为线性矩阵方程的数值技术。它的基本概念在20世纪初就已经被揭示，如1915年俄国的机械工程师Galerkin创立了Galerkin法。它的正式命名则是在60年代末由R. F. Harrington教授完成的。它具有基本概念清晰、明了，处理方法灵活、简易，适用范围广泛等优点，备受电磁领域各国研究人员、学者的青睐，在这三十余年的历史中已经得到了广泛的应用和长足的进步。作为一种积分方程类方法，它的特点是精度高，不像微分方法那样需要设置吸收边界条件，因此矩量法被广泛用于各种天线辐射，复杂散射体散射以及微带贴片结构分析等领域。

矩量法可以认为是加权余量法的一种特许形式，即内域积分形式的加权余量法，要求近似解 $U^{[n]}(\bar{r})$ 满足边界条件。从加权余量法的角度，可以解释如下。

对一般边值问题

$$\begin{cases}\boldsymbol{A}U(r)-f(r)=0, & r\in v\\ \boldsymbol{b}_iU(r_{bi})-g_i(r_{bi})=0, & r_{bi}\in S_i\subset S[v]\end{cases}\tag{5-1}$$

这里需要指出，准确解的所有余量恒等于0。近似解的余量应在平均意义下为零。但在大范围取平均不足以限制实际的最大误差，因此提出加权余量。其基本公式为

$$\langle R_e, W_\mu\rangle_v+\sum_i\langle R_b, \bar{P}_iW_\mu\rangle_S=0\tag{5-2}$$

式中，$\{W_\mu(\bar{r})\}(\mu=1, 2, \cdots)$ 为算子 $\bar{A}$ 的值域 D'_A 中选取的线性无关函数的完备系列，又称为权函数序列，$\bar{P}_i$ 为 W_μ 边界值的变换算子。

若近似解满足边界条件而不满足方程，即 $\{R_b\equiv 0;\ R_e\neq 0\}$，则式(5-2)为

$$\langle\bar{A}U^{[n]}, W_\mu\rangle_v=\langle f, W_\mu\rangle_v\tag{5-3}$$

这是内域积分形式的加权余量法，又称为矩量法。

若近似解满足方程而不满足边界条件，即 $\{R_e\equiv 0;\ R_b\neq 0\}$，则式(5-2)可写为

$$\sum_i \langle b_i U^{[n]},\ \bar{P}_i W_\mu \rangle_S = \sum_i \langle g_i,\ \bar{P}_i W_\mu \rangle_S \tag{5-4}$$

这是边界积分形式的加权余量法，简称边界积分法。

现在回到式(5-1)，构建 n 级近似解

$$U^{[n]}(r) = \varphi_0(r) + \sum_{v=1}^{n} c_v \varphi_v(r) \tag{5-5}$$

式中，$\varphi_0(r)$ 应满足边界条件：$b_i \varphi_0(r_{bi}) = g_i(r_{bi})$，$r_{bi} \in S_i \subset S[v]$，$i=1, 2, \cdots$ 基函数则满足：$\varphi_v(r_{bi}) = 0$，$r_{bi} \in S_i \subset S[v]$，$i=1, 2, \cdots$

但当边界条件形状复杂时，这样的 φ_0 和 φ_v 很难找到，解决办法有三种：

(1) 一般加权余量法或边界积分法。

(2) Ritz 变分法。

(3) 矩量法的变种——有限元法。

2. 矩量法求解的三个过程

矩量法的求解有三个过程，分别为离散化过程、取样检验过程和矩阵求解过程[1,2]。

1) 离散化过程

离散过程是在求解算子方程时选择基函数的过程，主要目的是将算子方程化为代数方程，具体步骤如下。

(1) 在算子的定义域内选择一组基函数 $\{\varphi_v \mid_{v=1, 2, \cdots, N}\}$，要求基函数线性无关、完备。

(2) 将未知函数 $U(x)$ 表示为该函数的线性组合，即

$$U(x) \approx U^{[N]}(x) = \sum_{v=1}^{N} C_v \varphi_v \tag{5-6}$$

(3) 将 $U^{[N]}(x)$ 的展开式代入算子方程，利用算子的线性性质，将算子方程化为代数方程。

对于确定性的问题

$$LU = f \rightarrow \sum_{v=1}^{N} C_v L\varphi_v = f \tag{5-7}$$

本征值问题

$$AU = \lambda BU \rightarrow \sum_{v=1}^{N} C_v A\varphi_v = \lambda \sum_{v=1}^{N} C_v B\varphi_v \tag{5-8}$$

注意：前提是 $U^{[N]}(x)$满足各项边界条件。

2) 取样检验过程

取样检验的目的是为了使近似解 $U^{[N]}(x)$ 与准确解 $U(x)$ 之间的误差极小化，实际上就是算子方程的近似解代入方程后，方程左右两边加权后的余量最小化。

取样检验的具体步骤为

(1) 在算子 L 的值域内选择一组权函数 $\{w_u|_{u=1,2,\cdots,N}\}$(又称检验函数),它们也应该是彼此线性无关、完备的。

(2) 将权函数 w_u 与离散化的算子方程求内积进行抽样检验,因为要确定 N 个未知数,需要进行 N 次抽样检验。

(3) 利用算子的线性和内积的性质,将上述内积检验方程化为矩阵方程,即

$$LU=f \rightarrow \sum_{\nu=1}^{N} C_\nu L\varphi_\nu = f \tag{5-9}$$

即可得

$$\begin{cases}\sum_{\nu=1}^{N} C_\nu \langle L\varphi_\nu,\ w_u\rangle = \langle f,\ w_u\rangle \\ u=1,\ 2,\ \cdots,\ N\end{cases} \tag{5-10}$$

或

$$\begin{cases}\sum_{\nu=1}^{N} C_\nu \langle w_u,\ L\varphi_\nu\rangle = \langle w_u,\ f\rangle \\ u=1,\ 2,\ \cdots,\ N\end{cases} \tag{5-11}$$

令

$$\langle w_u,\ L\varphi_\nu\rangle = \boldsymbol{Z}_{uv},\ \langle w_u,\ f\rangle = \boldsymbol{V}_u \tag{5-12}$$

则有

$$[\boldsymbol{Z}_{uv}][\boldsymbol{C}_v] = [\boldsymbol{V}_u] \tag{5-13}$$

一般可表示为

$$[\boldsymbol{Z}_{uv}][\boldsymbol{I}_v] = [\boldsymbol{V}_u] \tag{5-14}$$

式中 $[\boldsymbol{Z}_{uv}]$ 称为广义阻抗矩阵;$[\boldsymbol{I}_v]$ 称为广义电流矩阵;$[\boldsymbol{V}_u]$ 称为广义电压矩阵。

3) 矩阵求解过程

一旦得到矩阵方程,就可以通过常规的线性方程求解方法得到展开函数的系数,即

$$[\boldsymbol{C}_\nu] \& [\boldsymbol{I}_\nu] = [\boldsymbol{Z}_{uv}]^{-1}[\boldsymbol{V}_u] \tag{5-15}$$

则

$$\boldsymbol{U}^{[N]} = [\boldsymbol{\varphi}]^{\mathrm{T}}[\boldsymbol{C}_v] \tag{5-16}$$

3. 权函数的选择

矩量法的具体求解与权函数、基函数的选择密切相关。根据权函数的不同选择,可以将矩量法分为几种不同的解法:Galerkin 法、点配置法、子域法、最小二乘法。

1) Galerkin 法

Galerkin 法中,权函数与基函数相同,即

$$\{w_u\ |_{u=1,\,2,\,\cdots,\,N}\}=\{\varphi_\nu\ |_{\nu=1,\,2,\,\cdots,\,N}\} \tag{5-17}$$

因此可得

$$LU=f\rightarrow\begin{cases}\sum_{\nu=1}^{N}\boldsymbol{I}_\nu\langle\varphi_u,\ L\varphi_v\rangle=\langle\varphi_v,\ f\rangle\\ u=1,\ 2,\ \cdots,\ N\end{cases}\rightarrow[\boldsymbol{Z}_{uv}][\boldsymbol{I}_v]=[\mathbf{V}_u] \tag{5-18}$$

Galerkin 法与 Rayleigh-Ritz 变分法等效；Galerkin 法适用范围更宽，直接从算子方程出发，概念明确，不需要写出泛函式，尤其是适用于不能直接建立变分原理的问题；现已证明，Galerkin 法在全域权中是收敛最快、稳定性最好的方法。

例 5-1　求解微分方程

$$\begin{cases}-\dfrac{\mathrm{d}^2}{\mathrm{d}x^2}u(x)=1+4x^2\\ u(0)=u(1)=0\end{cases} \tag{5-19}$$

解

$$u^{[N]}(x)=\sum_{v=1}^{N}C_v u_v=\sum_{v=1}^{N}C_v(x-x^{v+1}) \tag{5-20}$$

注意：$u_v=x-x^{v+1}$ 满足 B.C.

$$LU=f\rightarrow\sum_{v=1}^{N}\boldsymbol{C}_v Lu_v=f\rightarrow w_u=x-x^{u+1} \tag{5-21}$$

$$Z_{uv}=\langle w_u,\ Lu_v\rangle=\int_0^1(x-x^{u+1})\left[-\frac{\mathrm{d}^2}{\mathrm{d}x^2}(x-x^{v+1})\right]\mathrm{d}x=\frac{uv}{u+v+1} \tag{5-22}$$

$$V_u=\langle w_u,\ f\rangle=\int_0^1[(x-x^{u+1})(1+4x^2)]\mathrm{d}x=\frac{u(3u+8)}{2(u+2)(u+4)} \tag{5-23}$$

$$[\boldsymbol{Z}_{uv}][\boldsymbol{C}_v]=[\mathbf{V}_u] \tag{5-24}$$

$$\begin{bmatrix}\frac{1}{3} & \frac{1}{2} & \cdots & \frac{N}{N+2}\\ \frac{1}{2} & \frac{4}{5} & \cdots & \frac{2N}{N+3}\\ \vdots & \vdots & & \vdots\\ \frac{N}{N+2} & \frac{2N}{N+3} & \cdots & \frac{N^2}{2N+1}\end{bmatrix}\begin{bmatrix}C_1\\ C_2\\ \vdots\\ C_N\end{bmatrix}=\begin{bmatrix}\frac{11}{30}\\ \frac{7}{12}\\ \vdots\\ \frac{N(3N+8)}{2(N+2)(N+4)}\end{bmatrix} \tag{5-25}$$

$$N=1,\quad u\approx\frac{11}{10}(x-x^2)$$

$$N=2,\quad u\approx\frac{23}{30}x-\frac{1}{10}x^2-\frac{2}{3}x^3$$

$$N=3,\quad u=\frac{5}{6}x-\frac{1}{2}x^2-\frac{1}{3}x^4$$

$$N\geqslant 4,\quad u=\text{ibid}$$

2) 点配置法

点配置法(或点选配、选点法: point-matching method)是将权函数 $\{\bar{r}_u\mid_{u=1,2,\cdots,N}\}$ 取为指定点处的冲激函数,即

$$W_\mu(\bar{r})=\delta(\bar{r}-\bar{r}_\mu),\ \mu=1,2,\cdots,n \tag{5-26}$$

对于确定的边值问题,如

$$\boldsymbol{L}U=f\rightarrow\sum_{\nu=0}^{n}c_\nu\boldsymbol{L}\varphi_\nu(\bar{r}_\mu)=f(\bar{r}_\mu),\ \mu=1,2,\cdots,n \tag{5-27}$$

$$Z_{uv}=\boldsymbol{L}\varphi_v(\bar{r}_u) \tag{5-28}$$

$$V_u=f(\bar{r}_u) \tag{5-29}$$

其意义是余量 $R_e(\bar{r})$ 在 n 个离散点上等于零,即

$$R_e(\bar{r}_\mu)=0,\ \mu=1,2,\cdots,n \tag{5-30}$$

$$\boldsymbol{A}\sum_{\nu=0}^{n}[c_\nu\varphi_\nu(\bar{r}_\mu)]-f(\bar{r}_\mu)=0 \tag{5-31}$$

近似解在这些点上严格地满足方程(及边界条件),其他点或区域的误差取决于 N 的大小及点的分布情况,无法直接控制。

对于点配置法的优缺点归纳如下。

(1) 点配置法免除了繁复的内积运算,简单明了,可以选取较多的点以获得较高的精度。

(2) 一般情况下,取样点在区域内等间隔选取。

(3) 显然点配置法不宜用于未知函数有蜕变点的问题。

对于本征值问题,由算子方程 $\boldsymbol{A}U=\lambda\boldsymbol{B}U$ 可得出

$$\sum_{\nu=0}^{n}c_\nu[\boldsymbol{A}\varphi_\nu(\bar{r}_\mu)-\lambda^{[n]}\boldsymbol{B}\varphi_\nu(\bar{r}_\mu)]=0,\ \mu=1,2,\cdots,n \tag{5-32}$$

例 5-2 如图 5-1 所示导体圆柱,$a\ll\lambda$;电荷周向均匀分布,求表面电荷分布。

解:电位与电荷的关系

$$V=\frac{1}{4\pi\varepsilon_0}\iiint_{V'}\frac{\rho\,\mathrm{d}v'}{r}=\frac{1}{4\pi\varepsilon_0}\iint_{S'}\frac{\rho_s\,\mathrm{d}s'}{r} \tag{5-33}$$

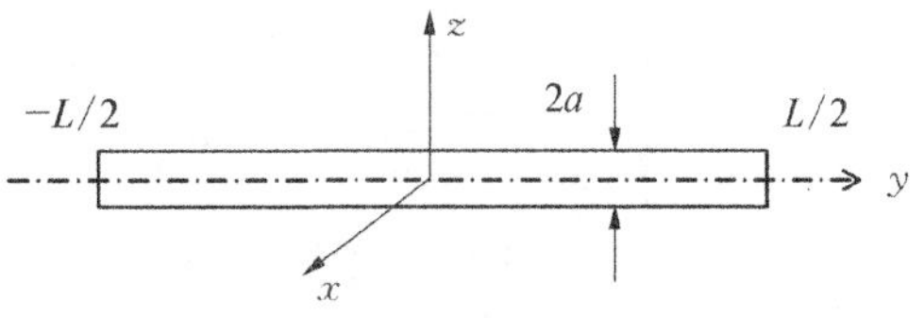

图 5-1 圆柱导体电荷均匀分布

导体是等位体,导体表面为等位面,式(5-33)中场点在导体表面时

$$4\pi\varepsilon_0V_0=\int_L\frac{\rho(y')\mathrm{d}y'}{r} \tag{5-34}$$

式中 V_0 是常数，$r=|y-y'|$

式(5-34)可以看作为关于电荷的算子方程，$\boldsymbol{L}\rho(y')=4\pi\varepsilon_0 V_0$

整个圆柱体分为 N 段，选取

$$\varphi_v=\begin{cases}1 & y\in\Delta_v\\ 0 & y\notin\Delta_v\end{cases} \tag{5-35}$$

则

$$\rho\approx\sum_{v=1}^{N}\rho_v\varphi_v\rightarrow\sum_{v}\rho_v\boldsymbol{L}\varphi_v=4\pi\varepsilon_0 V_0 \tag{5-36}$$

y'_v 为第 v 段中心点的坐标。

选择 $w_u=\delta(y-y_u)$，则可得到方程

$$\begin{cases}\displaystyle\sum_{v=1}^{N}\frac{\rho_v\Delta}{|y_u-y_v|}=4\pi\varepsilon_0 V_0\\ u=1,\ 2,\ \cdots,\ N\end{cases} \tag{5-37}$$

即

$$[\boldsymbol{Z}_{uv}][\boldsymbol{\rho}_v]=[\boldsymbol{V}_u] \tag{5-38}$$

由此可得

$$Z_{uv}=\frac{\Delta}{|y_u-y_v|} \tag{5-39}$$

$$V_u=4\pi\varepsilon_0 V_0 \tag{5-40}$$

需要注意的是，$u=v$ 时广义阻抗矩阵元素趋向于无穷大，不能用上式。必须单独处理。下面先求第 v 段上电荷均匀分布在表面时中心点的电位。

$$4\pi\varepsilon_0 V_0=\iint_{\Delta s'}\frac{\rho_s\,\mathrm{d}s'}{\sqrt{a^2+y'^2}}=\int_{-\frac{\Delta}{2}}^{\frac{\Delta}{2}}\frac{\rho_s 2\pi a\,\mathrm{d}y'}{\sqrt{a^2+y'^2}}=2\rho_v\ln\frac{\Delta}{a} \tag{5-41}$$

式中，$\rho_v=2\pi a\rho_s$，因此，$Z_{vv}=2\ln\dfrac{\Delta}{a}$，即

$$\begin{bmatrix}2\ln\dfrac{\Delta}{a} & \dfrac{\Delta}{|y_1-y_2|} & \cdots & \dfrac{\Delta}{|y_1-y_N|}\\ \dfrac{\Delta}{|y_2-y_1|} & 2\ln\dfrac{\Delta}{a} & \cdots & \dfrac{\Delta}{|y_2-y_N|}\\ \vdots & \vdots & & \vdots\\ \dfrac{\Delta}{|y_N-y_1|} & \dfrac{\Delta}{|y_N-y_1|} & \cdots & 2\ln\dfrac{\Delta}{a}\end{bmatrix}\begin{bmatrix}C_1\\ C_2\\ \vdots\\ C_N\end{bmatrix}=4\pi\varepsilon_0 V_0\begin{bmatrix}1\\ 1\\ 1\\ 1\end{bmatrix} \tag{5-42}$$

3) 子域法

子域法(sub-domain method)是令权函数为作用于不同子域的矩形脉冲函数序列，即

$$W_\mu(\bar{r})=\begin{cases}1, & \bar{r}\in\Delta V_\mu\\0, & \bar{r}\notin\Delta V_\mu\end{cases};\ \sum_{\mu=1}^{n}\Delta V_\mu=V,\ \mu=1,\ 2,\ \cdots,\ n \tag{5-43}$$

确定性算子方程 $\boldsymbol{L}U=f$ 可写为

$$\sum_{\nu=0}^{n}c_\nu\iiint_{\Delta V_\mu}\boldsymbol{L}\varphi_\nu\mathrm{d}v=\iiint_{\Delta V_\mu}f\mathrm{d}v,\ \mu=1,\ 2,\ \cdots,\ n \tag{5-44}$$

广义本征值方程 $\boldsymbol{A}U=\lambda\boldsymbol{B}U$ 可写为

$$\sum_{\nu=0}^{n}c_\nu\left[\iiint_{\Delta V_\mu}\boldsymbol{A}\varphi_\nu\mathrm{d}v-\lambda^{[n]}\iiint_{\Delta V_\mu}\boldsymbol{B}\varphi_\nu\mathrm{d}v\right]=0$$
$$\mu=1,\ 2,\ \cdots,\ n \tag{5-45}$$

子域法使得原算子方程的余量 $R_e(\bar{r})$ 在每个子域 V_μ 内的算术平均值等于零。因而必然在每个子域内部余量正负交叉，未必比选点法好；但是它将内积范围缩小在每个子域内，而且在子域内权函数为 1，简化了内积求解过程。

例 5-3 细直导线电荷分布的计算

如图 5-2 所示，一长为 L 的直导线的垂直平分线上方有一大小为 Q 的电荷，该点与细线的距离为 d，求直导线上的电荷密度分布。

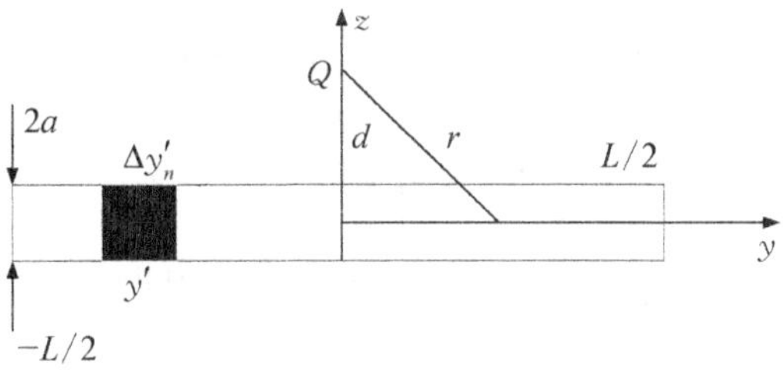

图 5-2 细线直导线电荷分布

解：理想导体是等势体，其电势为

$$\Phi^Q+\Phi^L=\frac{Q}{4\pi\varepsilon_0\sqrt{y^2+d^2}}+\int_{-L/2}^{L/2}\frac{\rho(y')\mathrm{d}y'}{4\pi\varepsilon_0\mid y-y'\mid} \tag{5-46}$$

导体上的总电荷为零，即 $\int\rho_2(y')\mathrm{d}y'=0$

取基函数为脉冲函数

$$f(y')=\begin{cases}1, & y_n'\in\Delta y_n'\\0, & 其他\end{cases} \tag{5-47}$$

将电荷密度用脉冲函数展开，令 $\Delta=L/N$，支配方程可以离散化为

$$\begin{cases}\displaystyle\sum_{n=1}^{N}\rho_n\int_{-\Delta/2}^{\Delta/2}\frac{\mathrm{d}y'}{4\pi\varepsilon_0\left|y-\left[-\dfrac{L}{2}+\dfrac{(2n-1)\Delta}{2}+y'\right]\right|}-V=\frac{-Q}{4\pi\varepsilon_0\sqrt{y_m^2+d^2}}\\ \displaystyle\sum_{n=1}^{N}\rho_n y_n'\end{cases} \tag{5-48}$$

选权函数为 δ 函数，即

$$w_m=\delta(y-y_m) \tag{5-49a}$$

$$y_m = -L/2 + (2m-1)\Delta/2,\ m = 1,\ 2,\ \cdots,\ N \tag{5-49b}$$

支配方程进一步化为

$$\begin{cases} \sum_{n=1}^{N} \rho_n \int_{-\Delta/2}^{\Delta/2} \dfrac{dy'}{4\pi\varepsilon_0 \mid y_m - y_n - y' \mid} - V = \dfrac{-Q}{4\pi\varepsilon_0 \sqrt{y_m^2 + d^2}} \\ \sum_{n=1}^{N} \rho_n \Delta y'_n = 0 \end{cases} \tag{5-50}$$

4) 最小二乘法

最小二乘法是根据方程的余量 $R_e(\bar{r})$ 随展开系数的变化率选取权函数序列

$$W_\mu(\bar{r}) = P(\bar{r}) \frac{\partial R_e(\bar{r})}{\partial C_\mu},\ P(\bar{r}) > 0,\ \mu = 1,\ 2,\ \cdots,\ n \tag{5-51}$$

则加权余量法公式为

$$\langle R_e,\ W_\mu \rangle = \iiint_V p R_e \left[\frac{\partial R_e}{\partial C_\mu} \right]^* dv = 0,\ \mu = 1,\ 2,\ \cdots,\ n \tag{5-52}$$

式(5－52)等价于变分方程

$$\delta J\{U^{[n]}\} = \delta \iiint_V p \mid R_e \mid^2 dv = 0 \tag{5-53}$$

实际上，$\delta J\{U^{[n]}\}$ 只是 c_μ 的函数。

说明余量绝对值平方在 V 内按 $p(\bar{r})$ 的加权积分为最小值，是控制误差的最有效方法，称为最小二乘法。一般取 $p(\bar{r}) = 1$。

将 R_e 的表达式(如 $\sum_{v=0}^{n} c_v \boldsymbol{A}\varphi_v - f$) 及 $U^{[n]}$ 代入 $\boldsymbol{A}U = f$，得

$$\sum_{v=0}^{n} c_v \langle \boldsymbol{A}\varphi_v,\ p\boldsymbol{A}\varphi_u \rangle = \langle f,\ p\boldsymbol{A}\varphi_u \rangle,\ u = 1,\ 2,\ \cdots,\ n \tag{5-54}$$

代入 $\boldsymbol{A}U = \lambda \boldsymbol{B}U$，得

$$\begin{aligned} 0 = \sum_{v=0}^{n} c_v [& \langle \boldsymbol{A}\varphi_v,\ p\boldsymbol{A}\varphi_u \rangle - \lambda^{[n]} \langle \boldsymbol{A}\varphi_v,\ p\boldsymbol{B}\varphi_u \rangle - \\ & \lambda^{[n]} \langle \boldsymbol{B}\varphi_v,\ p\boldsymbol{A}\varphi_u \rangle + (\lambda^{[n]})^2 \langle \boldsymbol{B}\varphi_v,\ p\boldsymbol{B}\varphi_u \rangle],\ u = 1,\ 2,\ \cdots,\ n \end{aligned} \tag{5-55}$$

最小二乘法是控制误差的最有效方法。这种方法虽然精度高，但是计算复杂，较少采用。

4. 基函数的选择

矩量法的概念思路非常简单明了，在求解电磁场边值问题的数值计算中已获得了广泛的应用。但选取合适的基函数是用矩量法求解问题的关键，因为它关系到解的精度，解的稳定性，以及计算机的存储容量等问题。

从理论上说，可以存在无穷多种基函数，但在实际应用中往往只有少数几组基函数适用

于给定问题。同时某些基函数比其他形式的基函数对于给定问题而言收敛更快,也就是说在给定精度下需要的计算量更少。

一般来说,基函数越接近待求函数,收敛越快,而且往往随之阻抗矩阵的稳定性也越好。

矩量法的基函数在满足线性无关、完备的条件下,还必须满足与未知函数相同类型的齐次边界条件

$$\boldsymbol{b}_i\varphi_\nu(\overline{r_{b_i}}) \equiv 0,\ i=1,\ 2,\ \cdots,\ \overline{r_{b_i}} \in S_i \subset S[V] \tag{5-56}$$

必须要满足以上条件,否则就不是矩量法。此外当然还应符合算子、内积所要求的可微性和可积性条件。与上述权函数结合也可以有各种不同的方法。

一般将基函数分为两大类,分域基函数和全域基函数。总体来说,全域基函数收敛较快,分域基函数收敛较慢。

1) 全域基函数

全域基是指在算子定义域内的全域上非零的一组基函数。

如果事先能够了解待求函数的特性,选择符合这种特性的基函数,解的收敛性将会很好。如对称振子天线上的电流分布接近正弦分布,就可以选择正弦函数为基函数。此时计算精度较高,收敛速度较快,但仍有学者对其计算精度存疑,并在做进一步研究。

全域基函数的最大优点是收敛快。

缺点是需要有关未知函数的先验知识,而未知函数的特性是很难事先了解的,而且有时即使知道也很难用一个函数在整个域上进行描述,或者数学形式过于复杂,增加了计算量,这就限制了全域基函数的应用。一般可以通过试错的方法寻找适合自己问题的全域基函数。

下面列出常用的全域基函数。

(1) 傅里叶级数

$$I(x) = I_1\cos\frac{\pi}{2}x + I_2\cos\frac{3\pi}{2}x + \cdots + I_N\cos\frac{2N-1}{2}\pi x \tag{5-57}$$

(2) 切比雪夫多项式

$$I(x) = I_1T_1(x) + I_2T_3(x) + \cdots + I_NT_{2N-1}(x) \tag{5-58}$$

(3) 马克劳林级数

$$I(x) = I_1 + I_2x^2 + I_3x^4 + \cdots + I_Nx^{2(N-1)} \tag{5-59}$$

(4) 勒让德多项式

$$I(x) = I_1\mathrm{P}_0(x) + I_2\mathrm{P}_2(x) + \cdots + I_N\mathrm{P}_{2(N-1)}(x) \tag{5-60}$$

这些基函数的变化较为平缓,使用效果较好。

2) 分域基函数

分域基函数是定义在算子定义域内,但只在各个子域内不为零,区域的其余部分其值为零的一组线性无关完备序列。

选择分域基函数本质是一种区域离散化过程,未知函数展开成只在各子域存在的分域基函数的线性组合。如前述求解金属圆柱体上电荷分布的例子就是选择了矩形脉冲分域基函数。

一维边值问题中常用的分域基函数将在下面列出。

(1) 矩形脉冲基。

$$\varphi_\nu(x)=\begin{cases}1, & x\in\Delta x_\nu\\ 0, & x\notin\Delta x_\nu\end{cases}\tag{5-61}$$

(2) 分段线性基(或三角脉冲基,见图 5-3)。

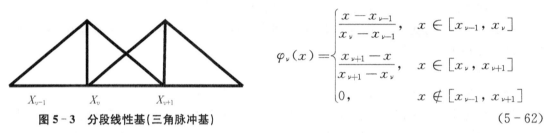

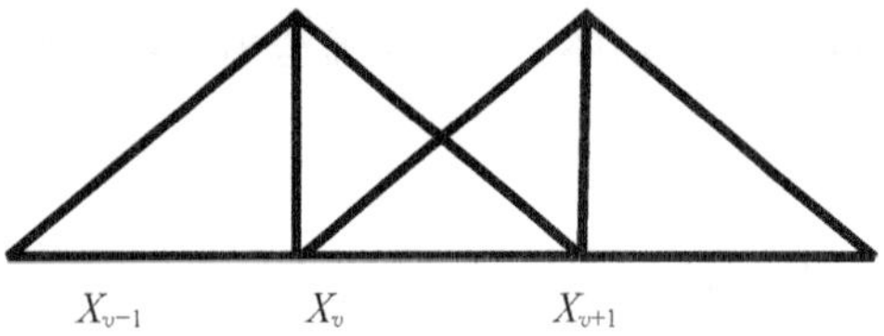

图 5-3 分段线性基(三角脉冲基)

$$\varphi_\nu(x)=\begin{cases}\dfrac{x-x_{\nu-1}}{x_\nu-x_{\nu-1}}, & x\in[x_{\nu-1},\ x_\nu]\\ \dfrac{x_{\nu+1}-x}{x_{\nu+1}-x_\nu}, & x\in[x_\nu,\ x_{\nu+1}]\\ 0, & x\notin[x_{\nu-1},\ x_{\nu+1}]\end{cases}\tag{5-62}$$

与之类似的典型例子就是正交频分复用(OFDM),由于带宽有限,不能无限划分,通过使用保护间隔来进行划分,而 OFDM 可以使信号相交,通过使信号相互正交来解决该问题。

(3) 分段正弦基。

$$\varphi_\nu(x)=\begin{cases}\dfrac{\sin[k(x-x_{\nu-1})]}{\sin[k(x_\nu-x_{\nu-1})]}, & x\in[x_{\nu-1},\ x_\nu]\\ \dfrac{\sin[k(x_{\nu+1}-x)]}{\sin[k(x_{\nu+1}-x_\nu)]}, & x\in[x_\nu,\ x_{\nu+1}]\\ 0, & x\notin[x_{\nu-1},\ x_{\nu+1}]\end{cases}\tag{5-63}$$

(4) 二次插值基。

$$\varphi_\nu(x)=\begin{cases}A_v+B_v(x-x_v)+C_v\,(x-x_v)^2, & x\in\Delta x_\nu\\ 0, & x\notin\Delta x_\nu\end{cases}\tag{5-64}$$

近似解在子域邻接点处不连续,微商有奇异性。而对于三角脉冲基、分段正弦基和二次插值基,其构成的近似解在全域上连续,但其微商在子域的端点不连续,二阶微商有奇异性。如在 $x_{\nu-1}^{+}$ 处微商小于零,而在 $x_{\nu-1}^{-}$ 处微商大于零(正弦基时为 1)。

分域基函数的优点是简单、灵活、不受未知函数特性的约束;但缺点是收敛慢、欲得到全域基一样的精度,需要更多的分段数目,使得矩阵阶数增大。

近几年分域基函数得到了进一步的发展,出现了收敛速度快、适应性强的分域基函数形式,如多路分支结构等。

5. 矩量法中的若干问题

1) 计算时间 t

$$t=AN^2+BN^3+CN^2N_i+DNN_iN_a\tag{5-65}$$

N 为未知量数目；N_a 为观察点(场点)数目；N_i 为依赖于待求物体几何形状、激励源数目的常数；A、B、C、D 为取决于计算方法、计算机类型的常数。

可见，为了节省计算时间，最有效的途径是减少 N，即网格减小(实际上就是矩阵的大小)。

2) 解的收敛性

解的收敛性与基函数、权函数的选择有关。如果选择合适，可以用较少的展开项数得到较高的精度。

3) 解的稳定性

对于矩阵方程 $[\boldsymbol{C}_v]\&[\boldsymbol{I}_v]=[\boldsymbol{Z}_{uv}]^{-1}[\boldsymbol{V}_u]$，当$[\boldsymbol{Z}]$为奇异矩阵时，$[\boldsymbol{Z}]^{-1}$不存在，因而解也不存在。但当$[\boldsymbol{Z}]$接近奇异矩阵时，解不稳定，这种矩阵称为病态矩阵。

在二维情况下，奇异矩阵意味着两条线平行，因而无解；病态矩阵意味着两条线夹角接近零，不大的舍入误差会引起解的大范围变动，解不稳定，结果不可信；良态矩阵意味着两条线正交或大夹角，解对舍入误差不敏感，解稳定。如：

(1) 良态矩阵方程。

$$\begin{cases}300x+400y=700\\100x+100y=200\end{cases}$$

方程的解为 $x=1$，$y=1$。

把上面的方程组做一些微小的改动，$\begin{cases}303x+400y=700\\101x+100y=200\end{cases}$

该方程组的解为 $x=0.99$，$y=1$，这和上面方程组的解也有微小变化，说明上面的矩阵方程是良态的。

(2) 病态矩阵方程。

$$\begin{cases}300x+400y=700\\100x+133y=233\end{cases}$$

该方程组的解为 $x=1$，$y=1$。

类似的可把这个方程组的参数微调一下，变为 $\begin{cases}300x+400y=700\\101x+133y=232\end{cases}$

求解可得该方程组的解为 $x=-3$，$y=4$ 或 $x=2$，$y=1/4$，这和上面方程组的解差别很大，说明上面的矩阵方程是病态的。

5.2 近似算子和扩展算子

算子方程是矩量法建模的关键，它应该有两个方面的要求：一方面算子方程必须符合物理(或工程)问题的主要本质；另一方面它又必须适合数值计算。这两方面构成了算子研究的基础。

在矩量法的实际应用中，有时算子很复杂，对于所选择的基函数和权函数，内积运算十分复杂，而且，对于复杂算子函数，在其定义域内有时很难找到合适的基函数。

解决途径：通过改变算子，即采用近似算子、扩展算子代替原来的算子，从而简化计算，并且同样能够得到原来算子方程的矩量法解。

1. 近似算子

1）定义

近似算子含义相当广泛。没有一个统一的方法，只是根据算子的具体情况进行近似，目的是简化。对于微分算子，广泛应用有限差分近似。对于积分算子，是将近似核用于积分算子中，以得到近似算子。将泛函方程化为矩阵方程的任何方法都可以用矩量法解释，因此，对于任何采用近似算子的矩阵解将有一个与之相对应的采用近似函数的矩量解。

近似算子含义相当广泛。作为例子，可采用有限差分取代微分。

2）例子

研究 $L(u)=g$ 的 Harrington 问题，即

$$L=-\frac{\mathrm{d}^2}{\mathrm{d}x^2},\ g=1+4x^2,\ u(0)=u(1)=0 \tag{5-66}$$

试采用差分近似算子 $L^a\approx L$，脉冲展开点选配的矩量法求解。

第一种处理方法：选择分域基、子域权。

(1) 三角基。

$$T(x)=\begin{cases}1-|x|(N+1), & |x|<\dfrac{1}{N+1}\\[2ex] 0, & |x|>\dfrac{1}{N+1}\end{cases} \tag{5-67}$$

(2) 脉冲权。

$$w_n=\begin{cases}1, & |x-x_n|<\dfrac{1}{2(N+1)}\\[2ex] 0, & |x-x_n|>\dfrac{1}{2(N+1)}\end{cases} \tag{5-68}$$

$$[\boldsymbol{Z}_{uv}][\boldsymbol{I}_v]=[\boldsymbol{V}_u] \tag{5-69}$$

$$\boldsymbol{Z}_{uv}=\begin{cases}2(N+1), & u=v\\ -(N+1), & |u-v|=1\\ 0, & |u-v|>1\end{cases} \tag{5-70}$$

$$\boldsymbol{V}_u=\frac{1}{N+1}\left[1+\frac{4u^2+\dfrac{1}{3}}{(N+1)^2}\right] \tag{5-71}$$

但此时不能用脉冲基,因为它不在算子 $\boldsymbol{L}=-\frac{\mathrm{d}^2}{\mathrm{d}x^2}$ 的定义域内,选用三角基后也不能用点选配,因为 $LT(x)$ 中出现符号函数 $\delta(x)$(在顶点导数不连续)。

第二种是采用近似算子的方法。

(1) 用有限差分代替微分,原来的算子方程为

$$\frac{\mathrm{d}u}{\mathrm{d}x}\approx\frac{\Delta u}{\Delta x}=\frac{u\left(x+\frac{\Delta x}{2}\right)-u\left(x-\frac{\Delta x}{2}\right)}{\Delta x} \tag{5-72}$$

$$\frac{\mathrm{d}^2u}{\mathrm{d}x^2}\approx\frac{1}{\Delta x^2}\{u(x+\Delta x)-2u(x)+u(x-\Delta x)\} \tag{5-73}$$

$$\Delta(x)=\frac{1}{N+1} \tag{5-74}$$

即

$$\boldsymbol{L}^d(u)=(N+1)^2[-u(x+\Delta x)+2u(x)-u(x-\Delta x)]=1+4x^2 \tag{5-75}$$

(2) 选取脉冲基函数和冲激函数权(点选配)。

$$\varphi_v=\begin{cases}1, & |x-x_v|\leqslant\dfrac{1}{2(N+1)}\\[2ex] 0, & |x-x_v|>\dfrac{1}{2(N+1)}\end{cases} \tag{5-76a}$$

$$\omega_u=\delta(x-x_u) \tag{5-76b}$$

$$x_u=\frac{u}{N+1} \tag{5-76c}$$

$$[\boldsymbol{Z}_{uv}][\boldsymbol{I}_v]=[\boldsymbol{V}_u] \tag{5-77}$$

$$\boldsymbol{Z}_{u,v}=\langle\boldsymbol{L}^d\varphi_v,\ w_u\rangle\begin{cases}2(N+1)^2, & u=v\\ -(N+1)^2, & |u-v|=1\\ 0, & |u-v|>1\end{cases} \tag{5-78}$$

$$V_u=1+4\left(\frac{u}{N+1}\right)^2 \tag{5-79}$$

原来不能用的脉冲基和点选配可以用了,扩大了基函数和权函数选择范围,对于复杂问题十分重要。

与前面的分域基比较,Z_{uv} 完全相同(方程左右同时扩大了$(N+1)$倍),V_u 有微小的差别,但当 N 很大时,也非常接近。

2. 扩展算子

1) 定义

一个算子是由一种运算加上一个定义域来确定的,对于复杂算子,除了上面所说的近似

算子外,还可以用扩展算子来处理。

在原来的算子的基础上,构造一种新的运算,对原来的算子加以扩展,使得不在原来算子定义域的某些函数在新的算子的定义域内,从而使原来不能成为基函数的某些函数对于新的算子可以作为基函数[1]。

这种重新构造的运算及其定义域称为原来算子的扩展算子。

2) 原则

(1) 扩展算子不得改变原来算子在其定义域内的运算。

(2) 原来算子是自伴的,扩展算子也必须是自伴的。

3) 构造扩展算子常用的两种方式

将原来的算子的定义域加以扩展而不改变未知函数的边界条件。基函数的选择可以在扩展算子的定义域中进行且满足边界条件;

将原来算子作用下未知函数的边界条件加以扩展,扩展为扩展算子作用下的未知函数的边界条件。基函数的选择可以不必满足原来算子作用下的未知函数的边界条件而满足扩展算子作用下未知函数的边界条件。

4) 计算示例

例 5-4 对于算子 $\boldsymbol{L}=-\dfrac{\mathrm{d}^2}{\mathrm{d}x^2}$,定义域[0, 1],求其扩展算子

$$\langle \boldsymbol{L}f, U\rangle=\int_0^1 -U(x)\frac{\mathrm{d}^2 f}{\mathrm{d}x^2}\mathrm{d}x=\int_0^1\frac{\mathrm{d}U}{\mathrm{d}x}\cdot\frac{\mathrm{d}f}{\mathrm{d}x}\mathrm{d}x-U(x)\frac{\mathrm{d}f}{\mathrm{d}x}\bigg|_0^1 \tag{5-80}$$

对于选择 $U(0)=U(1)=0$ 的函数,则可定义扩展算子 L^e 为

$$\langle \boldsymbol{L}^e f, U(x)\rangle=\int_0^1\frac{\mathrm{d}U}{\mathrm{d}x}\cdot\frac{\mathrm{d}f}{\mathrm{d}x}\mathrm{d}x \tag{5-81}$$

显然:L^e 没有改变 L 在定义域中的运算;L 要求二阶导函数存在,而 L^e 只需要一阶导函数存在。放宽了对基函数选择的限制,如此可以选择脉冲函数为基函数。

解:此时可以选择脉冲函数为基函数

$$\varphi_v=P(x-x_v)=\begin{cases}1, & |x-x_v|<\dfrac{1}{2(N+1)}\\[2mm] 0, & |x-x_v|>\dfrac{1}{2(N+1)}\end{cases} \tag{5-82}$$

$$w_v=T(x-x_v)=\begin{cases}1-(N+1)\,|x-x_u|, & |x-x_u|>\dfrac{1}{(N+1)}\\[2mm] 0, & |x-x_u|>\dfrac{1}{(N+1)}\end{cases} \tag{5-83}$$

结果和之前的类似

$$Z_{uv}=\begin{cases}2(N+1), & u=v\\ -(N+1), & |u-v|=1\\ 0, & |u-v|>1\end{cases} \tag{5-84}$$

$$V_u=\frac{1}{N+1}\left[1+\frac{4u^2+\frac{2}{3}}{(N+1)^2}\right] \tag{5-85}$$

可见与原来的结论 Z 矩阵完全相同,V 向量有微小的差别,但当 N 趋向于无穷时也趋向于一致。

例 5-5 在前述 $\langle \boldsymbol{L}f, U\rangle$ 中,如不满足边界条件,将出现边界项,可以定义 $\boldsymbol{L}^e$ 为

$$\langle \boldsymbol{L}^e f, U(x)\rangle=\int_0^1 U(x)\boldsymbol{L}f(x)\mathrm{d}x-\left[f(x)\frac{\mathrm{d}U(x)}{\mathrm{d}x}\right]\Big|_0^1 \tag{5-86}$$

注意:此时即使不满足边界条件,$\boldsymbol{L}^e$ 也是自伴的,即

$$\langle \boldsymbol{L}^e f, U\rangle=\langle f, \boldsymbol{L}^e U\rangle \tag{5-87}$$

此时基函数不必满足边界条件,可以选择全域基、Galerkin 法。

解:用全域基、Galerkin 法可得

$$\varphi_v(x)=x^v,\ w_u(x)=x^u$$

则

$$Z_{uv}=\int_0^1 x^u\left[-\frac{\mathrm{d}^2(x^v)}{\mathrm{d}x^2}\right]\mathrm{d}x-\left[x^v\frac{\mathrm{d}^2(x^u)}{\mathrm{d}x^2}\right]\Big|_0^1=\frac{u+v-uv-u^2v^2}{u+v+1} \tag{5-88}$$

$$V_u=\langle 1+4x^2, w_u\rangle=\int_0^1(4x^2+1)x^u\mathrm{d}x=\frac{5u+7}{(u+1)(u+3)} \tag{5-89}$$

当 $N\geqslant 4$ 时,同样得到精确解:$U(x)=\frac{5}{6}x-\frac{1}{2}x^2-\frac{1}{3}x^4$

5.3 二维散射场的矩量法求解

考虑一任意截面的无限长柱形导体,当外界电磁波照射该导体时,在导体表面会激励起感应电流,该感应电流又会产生散射场。

当外界入射场只有轴向电场时,产生 TM 场,反之,只有轴向磁场时产生 TE 场。

任何电磁场可以表示为一个 TM 场和一个 TE 场之和,即

(1) $E_z, H_\rho, H_\varphi \to TM$ 场

(2) H_z, E_ρ, $E_\varphi \to TE$ 场

1. 二维电磁场的 Green 函数

无源区域的麦克斯韦方程

$$\begin{cases}\nabla\times\boldsymbol{E}=-\mathrm{j}\omega\mu\boldsymbol{H}\\ \nabla\times\boldsymbol{H}=-\mathrm{j}\omega\varepsilon\boldsymbol{E}\end{cases}\tag{5-90}$$

对于 TM 场

$$\begin{cases}\dfrac{1}{\rho}\dfrac{\partial}{\partial\rho}(\rho H_\varphi)-\dfrac{1}{\rho}\dfrac{\partial H_\varphi}{\partial\varphi}=\mathrm{j}\omega\varepsilon E_z\\ -\mathrm{j}\omega\mu H_\rho=\dfrac{1}{\rho}\dfrac{\partial E_z}{\partial\varphi}\\ -\mathrm{j}\omega\mu H_\varphi=\dfrac{\partial E_z}{\partial\rho}\end{cases}\tag{5-91}$$

设 TM 场是由放置在原点的沿 z 向的轴向线电流产生的，强度为 I，由于对称性，$\dfrac{\partial}{\partial\rho}=0$，所以

$$\begin{cases}\dfrac{1}{\rho}\dfrac{\partial}{\partial\rho}(\rho H_\varphi)=\mathrm{j}\omega\varepsilon E_z\\ \mathrm{j}\omega\mu H_\varphi=\dfrac{\partial E_z}{\partial\rho}\end{cases}\tag{5-92}$$

由此可得

$$\frac{1}{\rho}\frac{\partial}{\partial\rho}\left(\rho\frac{\partial E_z}{\partial\rho}\right)+(k\rho)^2E_z=0\tag{5-93}$$

式(5-93)为零阶 Bessel 方程，其解为 Bessel 函数、Neumann 函数或者 Hankel 函数。

由辐射条件：$\lim\limits_{\rho\to\infty}\sqrt{\rho}\left(\dfrac{\partial E_z}{\partial\rho}+\mathrm{j}kE_z\right)=0$，其解应该为第二类 Hankel 函数，即 $E_z=CH_0^{(2)}(k\rho)$，式中 C 为待定常数，以及

$$H_\varphi=\frac{1}{\mathrm{j}\omega\mu_0}\frac{\partial E_z}{\partial\rho}=\frac{C}{\mathrm{j}\omega\mu_0}\frac{H_0^{(2)}(k\rho)}{\partial\rho}=-\frac{Ck}{\mathrm{j}\omega\mu_0}H_1^{(2)}(k\rho)\tag{5-94}$$

因为 $\{H_0^{(2)\prime}(x)=-H_1^{(2)}(x)\}$，由安培环路定律 $\oint_l\boldsymbol{H}\cdot\mathrm{d}\boldsymbol{l}=I$，所以 $H_\varphi=\dfrac{I}{2\pi\rho}$。

当 $k\rho\ll1$ 时，

$$H_1^{(2)}(k\rho)\approx\frac{2\mathrm{j}}{\pi k\rho}\tag{5-95}$$

$$-\frac{Ck}{\mathrm{j}\omega\mu_0}\frac{2\mathrm{j}}{\pi k\rho}=\frac{I}{2\pi\rho}\tag{5-96}$$

$$C=-\frac{I}{4}\omega\mu_0=-\frac{k\eta I}{4} \tag{5-97}$$

$$E_z=-\frac{k\eta}{4}IH_0^{(2)}(k\rho) \tag{5-98}$$

对于放在空间任意位置的单位源，Green 函数可写为

$$G_E=-\frac{k\eta}{4}H_0^{(2)}(k\mid\boldsymbol{\rho}-\boldsymbol{\rho}') \tag{5-99}$$

有了 Green 函数，就可以写出 TM 场的一般表达式

$$E_z=-\frac{k\eta}{4}\int_{l'}J_{sz}(\overline{\rho'})H_0^{(2)}(k\mid\boldsymbol{\rho}-\boldsymbol{\rho}')\mathrm{d}l' \tag{5-100}$$

或

$$E_z=-\frac{k\eta}{4}\iint_{S'}J_{vz}(\overline{\rho'})H_0^{(2)}(k\mid\boldsymbol{\rho}-\boldsymbol{\rho}')\mathrm{d}S' \tag{5-101}$$

对于二维 TE 场，同样可以导出 Green 函数为

$$G_H=-\frac{k}{4\eta}H_0^{(2)}(k\mid\boldsymbol{\rho}-\boldsymbol{\rho}') \tag{5-102}$$

与 TM 场不同，此时源分布是等效磁流源 M_z。

2. 导体柱体 TM 场的矩量法解

1）等效原理

如图 5-4 所示，由等效原理，一激励源附近存在一个理想导体时，空间总的电磁场等于导体不存在时的激励场加上该感应电流产生的散射场，即

$$\boldsymbol{E}=\boldsymbol{E}_i+\boldsymbol{E}_s \tag{5-103}$$

$$\boldsymbol{H}=\boldsymbol{H}_i+\boldsymbol{H}_s \tag{5-104}$$

而且总的电磁场满足麦克斯韦方程及其各类边界条件。

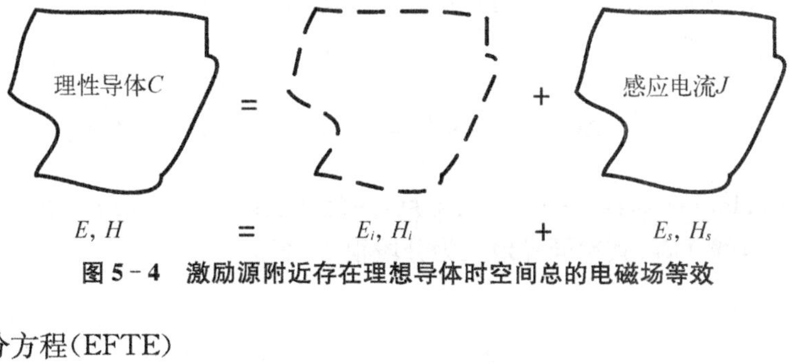

图 5-4 激励源附近存在理想导体时空间总的电磁场等效

2）电积分方程(EFTE)

对于 TM 场而言，在导体表面

$$E_z|_C=(E_z^i+E_z^s)|_C=0$$

对于 J_z 而言，有

$$E_z^s|_C=-\frac{k\eta}{4}\int_C J_z(\overline{\rho'})H_0^{(2)}(k\mid\boldsymbol{\rho}-\boldsymbol{\rho}')\mathrm{d}l',\ \rho'\in C,\ \rho\in C \tag{5-105}$$

$$E_z^i|_C=-\frac{k\eta}{4}\int_C J_z(\overline{\rho'})H_0^{(2)}(k\mid\boldsymbol{\rho}-\boldsymbol{\rho}')\mathrm{d}l',\ \rho'\in C,\ \rho\in C \tag{5-106}$$

这就是 J_z 的积分方程，写成算子方程的形式为

$$LJ_z=E_z^i \tag{5-107a}$$

$$L=\frac{k\eta}{4}\int_C H_0^{(2)}(k\mid\boldsymbol{\rho}-\boldsymbol{\rho}'\mid)\mathrm{d}l' \tag{5-107b}$$

3) 矩量法解

令 $\boldsymbol{J}_z=\sum_{n=1}^{N}\boldsymbol{C}_n\boldsymbol{J}_n$，将导体分为 N 段，选取脉冲基函数

$$\boldsymbol{J}_n=\begin{cases}1, & \rho\in\Delta\boldsymbol{C}_n\\0, & \text{elsewhere}\end{cases} \tag{5-108}$$

采用点配置法，即

$$w_m=\delta(x-x_m,\ y-y_m) \tag{5-109}$$

$$\begin{aligned}\boldsymbol{Z}_{mn}&=\langle w_m,\ \bar{L}\boldsymbol{J}_n\rangle=\int_C\delta(x-x_m,\ y-y_m)\mathrm{d}l\left\{\frac{k\eta}{4}\int_{\Delta C_n}H_0^{(2)}(k\mid\bar{\rho}-\overline{\rho'}\mid)\mathrm{d}l'\right\}\\&=\frac{k\eta}{4}\int_{\Delta C_n}H_0^{(2)}[k\sqrt{(x_m-x')^2+(y_m-y')^2}]\mathrm{d}l'\end{aligned} \tag{5-110}$$

$$\boldsymbol{V}_m=\langle w_m,\ E_z^i\rangle=E_z^i(x_m,\ y_m) \tag{5-111}$$

形式解为

$$\boldsymbol{J}_z=[\boldsymbol{J}_n]^{\mathrm{T}}[\boldsymbol{C}_n]=[\boldsymbol{J}_n]^{\mathrm{T}}[\boldsymbol{Z}_{mn}]^{-1}[\boldsymbol{V}_m] \tag{5-112}$$

在广义阻抗矩阵元素的积分中，由于 Hankel 函数的存在而不存在解析解，最粗糙但是最直接的近似为认为每一分段很小，而且在分段上均匀分布，即

当 $m\neq n$ 时，有

$$Z_{mn}=\frac{k\eta}{4}\Delta C_n H_0^{(2)}[k\sqrt{(x_m-x_n)^2+(y_m-y_n)^2}] \tag{5-113}$$

当 $m=n$ 时，Hankel 函数有一个可去奇点，因此必须以解析近似来计算积分。首先将每一个分段以一段直线代替，其次同样地认为分段很小，则

当 $x\ll 1$ 时，有

$$H_0^{(2)}(x)\approx 1-\frac{2\mathrm{j}}{\pi}\ln\left(\frac{\gamma x}{2}\right),\ \gamma=1.781\ 078\cdots\text{Euler Number} \tag{5-114}$$

$$\boldsymbol{Z}_{mn}=\frac{k\eta}{4}\int_{\Delta C_n}\left\{1-\frac{2\mathrm{j}}{\pi}\ln\left[\frac{\gamma k}{2}\sqrt{(x_n-x')^2+(y_n-y')^2}\right]\right\}\mathrm{d}l'$$
$$\approx\frac{k\eta}{4}\int_{\Delta C_n}\left\{1-\frac{2\mathrm{j}}{\pi}\ln\left[\frac{\gamma k}{2}\mid\alpha\mid\right]\right\}\mathrm{d}\alpha\approx\frac{k\eta}{4}\Delta C_n\left[1-\frac{2\mathrm{j}}{\pi}\ln\left[\frac{\gamma k}{4e}\Delta C_n\right]\right]\quad(5-115)$$

上述积分涉及了 $\lim\limits_{x\to 0}x\ln x=0$，$\int\ln x\,\mathrm{d}x=x\ln x-x$，在上述系数矩阵 $\boldsymbol{Z}_{mn}$ 的积分中，更精确的措施是 $\boldsymbol{Z}_{mn}(m\neq n)$ 中被积函数泰勒展开，去主项积分，或将矩形脉冲改为分段线性基等。

4）散射场矩阵

在计算得出电流分布后既可以计算散射场

$$\boldsymbol{E}_z^s=-\frac{k\eta}{4}\Delta C_n\int_{\Delta C_n}H_0^{(2)}[k\sqrt{(x-x')^2+(y-y')^2}]\mathrm{d}l'$$
$$\approx-\frac{k\eta}{4}\sum_n C_n\Delta C_n H_0^{(2)}[k\sqrt{(x-xn)^2+(y-y_n)^2}]$$
$$\approx-\frac{k\eta}{4}\sum_n C_n\Delta C_n H_0^{(2)}(k\mid\boldsymbol{\rho}-\boldsymbol{\rho}_n\mid)\quad(5-116)$$

式(5-116)适用于近区场和远区场，(x,y) 或者 $\bar{\rho}$ 是场点坐标。

对于远区场 $x\gg 1$ 时，有

$$H_0^{(2)\prime}(x)\approx\sqrt{\frac{2}{\pi x}}^{-\mathrm{j}x+\mathrm{j}\frac{\pi}{4}}\quad(5-117)$$

则

$$H_0^{(2)}(k\mid\boldsymbol{\rho}-\boldsymbol{\rho}_n\mid)\approx\sqrt{\frac{2}{\pi k\mid\boldsymbol{\rho}-\boldsymbol{\rho}_n\mid}}^{-\mathrm{j}k\mid\boldsymbol{\rho}-\boldsymbol{\rho}_n\mid+\mathrm{j}\frac{\pi}{4}}\quad(5-118)$$

在远区场的振幅中　$\mid\boldsymbol{\rho}-\boldsymbol{\rho}_n\mid\approx\rho$

在远区场的相位中　$\mid\boldsymbol{\rho}-\boldsymbol{\rho}_n\mid\approx\rho-\boldsymbol{\rho}_n\cdot\hat{\rho}$

所以

$$H_0^{(2)}(k\mid\boldsymbol{\rho}-\boldsymbol{\rho}_n\mid)\approx\sqrt{\frac{2}{\pi k\rho}}\mathrm{e}^{\mathrm{j}\frac{\pi}{4}}\mathrm{e}^{-\mathrm{j}k\rho}\mathrm{e}^{\mathrm{j}k(x_n\cos\varphi+y_n\sin\varphi)}\quad(5-119)$$

$$E_z^s\approx k\eta\sqrt{\frac{1}{8\pi k\rho}}\mathrm{e}^{-\mathrm{j}\left(k\rho+\frac{3}{4\pi}\right)}\sum_n C_n\Delta C_n\mathrm{e}^{\mathrm{j}k(x_n\cos\varphi+y_n\sin\varphi)}\quad(5-120)$$

令

$$[\mathbf{V}_n^s]=\begin{bmatrix}\Delta C_1\mathrm{e}^{\mathrm{j}k(x_1\cos\varphi+y_1\sin\varphi)}\\ \cdots\cdots\\ \Delta C_N\mathrm{e}^{\mathrm{j}k(x_N\cos\varphi+y_N\sin\varphi)}\end{bmatrix}\quad(5-121)$$

则

$$E_z^s \approx k\eta\sqrt{\frac{1}{8\pi k\rho}}\,\mathrm{e}^{-\mathrm{j}\left(k\rho+\frac{3\pi}{4}\right)}\ [\boldsymbol{V}_n^s]^{\mathrm{T}}[\boldsymbol{Y}_{mn}][\boldsymbol{V}_m^i] \tag{5-122}$$

式中，$[\boldsymbol{V}_n^s]$ 为测量矩阵或接收矩阵；$[\boldsymbol{V}_m^i]$ 为激励矩阵；$[\boldsymbol{Y}_{mn}]=[\boldsymbol{Z}_{mn}]^{-1}$ 为广义导纳矩阵。

3. 应用实例

1) 平面波照射时的散射截面

当入射波为 z 向极化的均匀平面波时，入射场为

$$\boldsymbol{E}^i = E_z^i\,\hat{a}_z = \hat{a}_z\,\mathrm{e}^{-\mathrm{j}\boldsymbol{k}\cdot\boldsymbol{\rho}} \tag{5-123}$$

式中，$\boldsymbol{k}=-k\cos\varphi_i\,\hat{a}_x - k\sin\varphi_i\,\hat{a}_y$，$\rho = x\,\hat{a}_x + y\,\hat{a}_y$，则

$$E_z^i = \mathrm{e}^{-\mathrm{j}k(x\cos\varphi_i + y\sin\varphi_i)} \tag{5-124}$$

定义散射截面 σ 为这样的一个宽度(在三维问题中为面积)，当它上面的入射波携带的功率在全向辐射时，足以在给定方向产生相同的散射功率密度，即

$$\sigma(\varphi) = 2\pi\rho\left|\frac{E^s(\varphi)}{E^i}\right|^2 \tag{5-125}$$

可得

$$|E^s(\varphi)| = \frac{|E^i|^2}{2\pi\rho}\sigma(\varphi) \tag{5-126}$$

$E^s(\varphi)$ 为 J_z 产生的远区场。

设入射场振幅为 1，即

$$|E_z^i|^2 = E_z^i - E_z^{i*} = 1$$

$$\sigma(\varphi_i,\ \varphi_s) = 2\pi\rho\,|E^s(\varphi_s)|^2 = \frac{k\eta^2}{4}\,|\,[\boldsymbol{V}_m^s][\boldsymbol{Y}_{mn}][\boldsymbol{V}_m^i]\,|^2 \tag{5-127}$$

式中，φ_i 为入射角，φ_s 为反射角。

当 $\varphi_i=\varphi_s$ 时，σ 表示发射与接收在同一方向上的散射截面，称为后向散射截面。

当 $\varphi_i \neq \varphi_s$ 时，σ 表示发射与接收在不同方向上的散射截面，称为前向散射截面。

2) 缝隙辐射

如图 5-5 所示，设在一无限长均匀截面的理想导体柱壁上有一个纵向缝隙，则在导体表面电场切向分量为零而磁场切向分量不为零，存在有面电流分布。

而在缝隙开口同时存在电、磁场切向分量，存在等效面电流和等效面磁流。

故问题可等效为存在面电流的封闭导体和一片存在于缝隙位置的等效面磁流，缝隙的辐射场可以看作是由等效面磁流激励时导体的散射场。

假设已知口面的 z 向极化电场分布为 $E_z^i=\cos(ks)$，s 是从开口中心处逆时针度量的口面轮廓长度，则

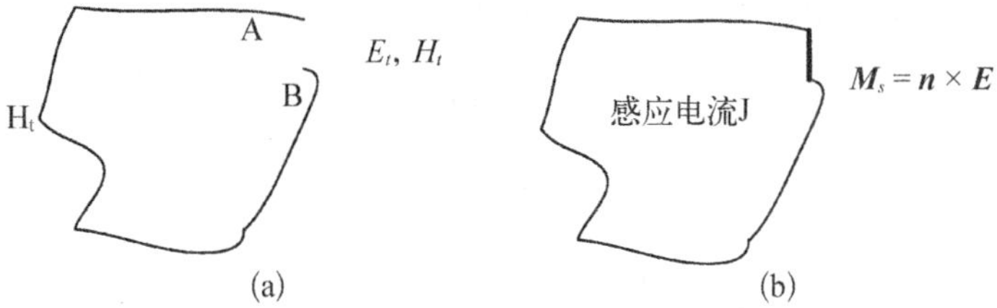

图 5－5　(a) 缝隙辐射；(b) 等效为磁流辐射

$$V_m^i = \begin{cases} \cos(ks_m), & s_m \in \text{Slot} \\ 0, & \text{others} \end{cases} \tag{5-128}$$

辐射场 E_z^s 为

$$E_z^s = \frac{\mathrm{j}\omega\mu\, \mathrm{e}^{-\mathrm{j}k\rho}}{\sqrt{8\pi \mathrm{j}k\rho}} [\boldsymbol{V}_n^s]^{\mathrm{T}} [\boldsymbol{Y}_{mn}] [\boldsymbol{V}_m^i] \tag{5-129}$$

5.4　线形天线中的矩量法解

1. 线形天线的积分方程

1) Pocklington 方程

线形天线长度为 L，半径为 a，$L \gg a$ 且 $a \ll \lambda$，在柱坐标下略去径向电流和周向电流，且轴向电流随周向也无变化，故可以用轴线上电流 I 来代替 z 方向的电流，即

$$\bar{J} \to \boldsymbol{J}_z,\ I(z) = 2\pi a \boldsymbol{J}_z \tag{5-130}$$

即 $\bar{J}$ 只有 $\boldsymbol{J}_z$ 分量，$\bar{A}$ 只有 $\boldsymbol{A}_z$ 分量，仅仅考虑导体表面上切向电场时也只需要考虑 $\boldsymbol{E}_z$ 分量，故

$$\begin{cases} E_z^s = -\mathrm{j}\omega A_z - \dfrac{\partial \varphi}{\partial z} \\ \dfrac{\partial A_z}{\partial z} = -\mathrm{j}\omega\mu\varepsilon\varphi \end{cases} \tag{5-131}$$

于是有

$$E_z^s = \frac{1}{-\mathrm{j}\omega\mu\varepsilon} \left[\frac{\partial^2 A_z}{\partial z^2} + k^2 A_z \right] \tag{5-132}$$

将滞后位表达式代入上式，得

$$E_z^s = \frac{1}{-\mathrm{j}\omega\mu\varepsilon} \iiint_{v'} \left(\frac{\partial^2 G}{\partial z^2} + k^2 G \right) J_z \mathrm{d}v' \tag{5-133}$$

因为电流位于轴线上，E_z 在圆柱表面，所以 $|\bar{R}-\bar{R}'|=\sqrt{a^2+(z-z')^2}$ 则

$$G(z, z')=\frac{e^{-jk\sqrt{a^2+(z-z')^2}}}{4\pi\sqrt{a^2+(z-z')^2}} \tag{5-134}$$

$$E_z^s=\frac{1}{j\omega\varepsilon}\int_{-\frac{L}{2}}^{\frac{L}{2}}\left[\frac{\partial^2 G(z, z')}{\partial z^2}+k^2 G(z, z')\right]I(z')dz' \tag{5-135}$$

在导体表面，边界条件为 $E_z^s+E_z^i=0$，于是得到 Pocklington 方程

$$E_z^i=\frac{j}{\omega\varepsilon}\int_{-\frac{L}{2}}^{\frac{L}{2}}\left[\frac{\partial^2 G(z, z')}{\partial z^2}+k^2 G(z, z')\right]I(z')dz' \tag{5-136}$$

写成算子方程形式则为

$$\bar{L}[I(z')]=E_z^i \tag{5-137a}$$

$$\bar{L}=\frac{j}{\omega\varepsilon}\int_{-\frac{L}{2}}^{\frac{L}{2}}\left[\frac{\partial^2 G(z, z')}{\partial z^2}+k^2 G(z, z')\right]I(z')dz' \tag{5-137b}$$

Pocklington 方程的优点在于不受 E_z^i 形式的限制（相对于 Hallen 方程而言）。

2）Pocklington 方程的矩量法解

令 $r=\sqrt{a^2+(z-z')^2}$ 则有

$$\frac{\partial^2 G}{\partial z^2}=\frac{e^{-jkr}}{4\pi r^5}[(1+jkr)(2r^2-3a^2)-k^2r^2(z-z')^2] \tag{5-138}$$

Pocklington 方程成为

$$E_z^i=\frac{j}{4\pi\omega\varepsilon}\int_{-\frac{L}{2}}^{\frac{L}{2}}I(z')G_1(z, z')dz' \tag{5-139}$$

式中

$$G_1(z, z')=\frac{e^{-jkr}}{r^5}[(1+jkr)(2r^2-3a^2)-k^2a^2r^2] \tag{5-140}$$

在 Pocklington 方程的求解中，充分体现了矩量法解中基函数与权函数选择的重要性。事实上，如用脉冲函数和点选配很难获得正确解（主要是积分核函数随 z' 变化太快 $\sim r^{-5}$）。一般地，可用整域余弦函数展开，收敛较快，即

$$\tilde{I}(z')=\sum_{i=1}^{N}I_n\cos(2n-1)\pi z'/2 \quad (-L/2\leqslant z'\leqslant L/2) \tag{5-141}$$

注意，$\tilde{I}(z')$ 满足端点边界条件，若用点选配，则

$$w_m(z)=\delta(z-z_m) \tag{5-142}$$

$$
\begin{aligned}
z_{mn} &= \langle w_m, \boldsymbol{L}\varphi_n \rangle \\
&= \frac{\mathrm{j}}{4\pi\omega\varepsilon}\int_{-L/2}^{L/2}\delta(z-z_m)\mathrm{d}z\int_{-L/2}^{L/2}G_1(z, z')\cos\frac{\pi z'}{L}(2n-1)\mathrm{d}z' \\
&= \frac{\mathrm{j}}{4\pi\omega\varepsilon}\int_{-L/2}^{L/2}G_1(z_m, z')\cos\frac{\pi z'}{L}(2n-1)\mathrm{d}z'
\end{aligned} \tag{5-143}
$$

$$
V_m = \langle w_m, E_z^i \rangle = E_z^i(z_m) \tag{5-144}
$$

形式解为

$$
[\boldsymbol{I}_n] = [\boldsymbol{Z}_{mn}]^{-1}[\boldsymbol{V}_m]
$$

由于考虑了振子的半径，Z_{mn} 的积分中不存在奇点。

3) 海伦方程

在导体表面

$$
\frac{\mathrm{d}^2 A_z}{\mathrm{d}z^2} + k^2 A_z = -\mathrm{j}\omega\mu\varepsilon E_z^i \tag{5-145}
$$

若在馈电处接入一个冲激电压(理想情况，为极薄片电压的理想化)，即

$$
E_z^i = V\delta(z) = \begin{cases} V, & z = 0 \\ 0, & \text{others} \end{cases} \tag{5-146}
$$

则

$$
\frac{\mathrm{d}^2 A_z}{\mathrm{d}z^2} + k^2 A_z = -\mathrm{j}\omega\mu\varepsilon V\delta(z) \tag{5-147}
$$

其解为齐次方程通解与非齐次方程特解之和。

齐次方程 $\frac{\mathrm{d}^2 A_z}{\mathrm{d}z^2} + k^2 A_z = 0$ 的通解

$$
A_z' = B\cos kz \tag{5-148}
$$

$$
\frac{\mathrm{d}^2 G}{\mathrm{d}z^2} + k^2 G = -4\pi V\delta(z) \tag{5-149}
$$

解为

$$
G = -\frac{2\pi\mathrm{j}}{k}\mathrm{e}^{-\mathrm{j}k|z|} \tag{5-150}
$$

所以 A_z 的特解为

$$
A'' = \sqrt{\mu\varepsilon}\ \frac{V}{2}\mathrm{e}^{-\mathrm{j}k|z|} \tag{5-151}
$$

则通解为

$$
A = \sqrt{\mu\varepsilon}\ \frac{V}{2}\mathrm{e}^{-\mathrm{j}k|z|} + B\cos kz \tag{5-152}
$$

于是得到海伦方程

$$\int_{-L/2}^{L/2} I(z')\frac{\mathrm{e}^{-\mathrm{j}kR}}{4\pi R}\mathrm{d}z' = \frac{1}{\eta}\frac{V}{2}\mathrm{e}^{-\mathrm{j}k|z|} + C\cos kz \tag{5-153}$$

或

$$\int_{-L/2}^{L/2} I(z')\frac{\mathrm{e}^{-\mathrm{j}kR}}{4\pi R}\mathrm{d}z' = -\frac{\mathrm{j}}{\eta}\frac{V}{2}\sin k\,|\,z\,| + C'\cos kz \tag{5-154}$$

式中 $R=\sqrt{a^2+(z-z')^2}$。海伦方程用途较窄，因为它限定了入射场与冲激电压成正比。

4) 海伦方程的矩量法解

海伦方程的矩量法解可以用分域基也可以用全域基，但必须注意，等式右边包含了一个未知量，权函数必须比基函数数目多一个。

假设 $V=1$，海伦方程重写为

$$\int_{-L/2}^{L/2} I(z')G(z,\ z')\mathrm{d}z' = -\frac{\mathrm{j}}{2\eta}\sin k\,|\,z\,| + C\cos kz \tag{5-155}$$

其中 $G(z,\ z')=\dfrac{\mathrm{e}^{-\mathrm{j}kr}}{4\pi r}$，$r=\sqrt{a^2+(z-z')^2}$，$C$ 为未知量。

(1) 采用脉冲基、点选配。

$$\varphi_n(z')=\begin{cases}1, & z'\in\Delta z_n\\ 0, & \text{elsewhere}\end{cases} \tag{5-156}$$

则 $I(z')\approx\sum\limits_{n=1}^{N}C_n\varphi_n(z')$，$N$ 为分段单元数。

权函数：$w_m(z)=\delta(z-z_m)$，$m=1,\ 2,\ \cdots,\ (N+1)$，则

$$Z_{mn}=\langle w_m,\ \boldsymbol{L}\varphi_n\rangle=\int_{\Delta z_n}G(z_m,\ z')\mathrm{d}z' \tag{5-157}$$

$$V_m=\langle w_m,\ f(z)\rangle=f(z_m)=C\cos kz_m-\mathrm{j}\frac{1}{2\eta}\sin kz_m \tag{5-158}$$

可得矩阵方程为

$$\begin{bmatrix} Z_{11} & Z_{12} & Z_{1N} & \cdots & \cos kz_1\\ Z_{21} & Z_{22} & Z_{2N} & \cdots & \cos kz_2\\ \vdots & \vdots & \vdots & & \vdots\\ Z_{N1} & Z_{N2} & Z_{NN} & & \cos kz_N\\ Z_{(N+1)1} & Z_{(N+1)2} & Z_{(N+1)N} & \cdots & \cos kz_{N+1}\end{bmatrix}\begin{bmatrix}C_1\\ C_2\\ \vdots\\ C_N\\ C_{N+1}\end{bmatrix}=\begin{bmatrix}V_1'\\ V_2'\\ \vdots\\ V_N'\\ V_{N+1}'\end{bmatrix} \tag{5-159}$$

式中 $V_m'=-\mathrm{j}\dfrac{1}{2\eta}\sin kz_m$

匹配点可选在每一段的中点，并在合适的地方增加一点，如整个天线的中点。

(2) 采用全域基、点选配。

$$\varphi_n(z')=\sin\left[\frac{n\pi}{2L}(L-z')\right] \tag{5-160}$$

$$w_m(z)=\delta(z-z_m) \tag{5-161}$$

z_m 可选为均匀分布,注意比基函数多一个,如

$$z_m=\frac{2m-1}{2N+1}L,\ m=1,\ 2,\ \cdots,\ N,\ N+1$$

则

$$\boldsymbol{Z}_{mn}=\langle w_m,\ \boldsymbol{L}\varphi_n\rangle=\int_0^L G(z_m,\ z')\sin\left[\frac{n\pi}{2L}(L-z')\right]\mathrm{d}z' \tag{5-162}$$

所得矩阵方程形式与前面相同。

(3) 两种方法的比较。

分域基:每一个积分形式简单,只需要在每一个分段上进行,但项数多。

全域基:收敛快,所需要的展开项数少,但每一个积分都必须在整个区间进行;一般全域基只需要 2～3 项就可以,而分域基 20～30 段也很正常,视 L 的大小而定。

2. 线形天线阵列的矩量法解

以八木天线为例,如图 5-6 所示,由一根反射振子、一根有源振子和若干根引向振子组成,此时在所有这些导体表面,Pocklington 方程仍然有效,对于整个阵列是分域基,对于每一个振子是全域基

$$I=\sum_{q=1}^{D+2}\sum_{n=1}^{N}I_{nq}\cos(2n-1)\frac{\pi z'}{L} \tag{5-163}$$

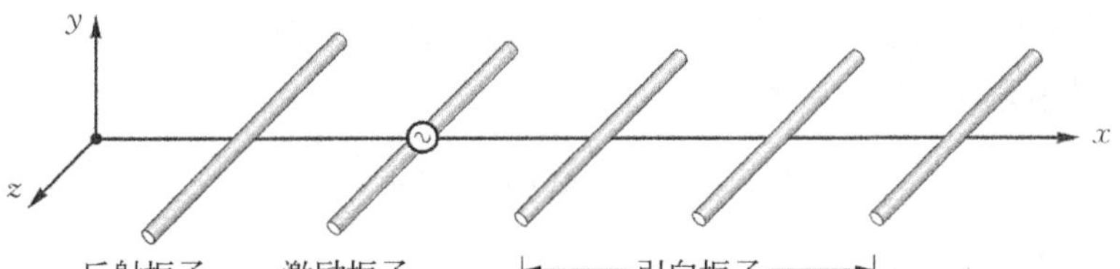

图 5-6　八木天线

设在每一个单元上电流都用 n 个基函数展开,则矩阵方程形式为

$$\sum_{q=1}^{D+2}\sum_{n=1}^{N}Z_{mn}I_{nq}=E_{zm}^{i}\mid_t,\ m=1,\ 2,\ \cdots,\ N(D+2) \tag{5-164}$$

式中 Z_{mn} 与前面相同,即

$$Z_{mn}=\frac{\mathrm{j}}{4\pi\omega\varepsilon}\int_{-\frac{L}{2}}^{\frac{L}{2}}G_1(z_m,\ z')\cos\frac{\pi z'}{L}(2n-1)\mathrm{d}z' \tag{5-165}$$

其中 m 应在所有单元上，zm 为匹配点坐标，z' 表示电流元（源点）坐标，两者可以在同一振子上。在不同的振子上时，可简单地认为电流源与匹配点（场点）都在振子轴线上。在不同的振子上，代数方程组分别为

（1）引向振子。

$$\sum_{q=1}^{D+2}\sum_{n=1}^{N} Z_{mn} I_{nq} = 0,\ m = 1,\ 2,\ \cdots,\ N \times D \tag{5-166}$$

（2）反射振子。

$$\sum_{q=1}^{D+2}\sum_{n=1}^{N} Z_{mn} I_{nq} = 0,\ m = N \times D + 1,\ \cdots,\ N \times (D+1) \tag{5-167}$$

（3）有源振子。

$$\sum_{q=1}^{D+2}\sum_{n=1}^{N} Z_{mn} I_{nq} = \begin{cases} \dfrac{V_0}{\Delta l}, & m = N \times (D+1) + 1 \\ 0, & m \neq N \times (D+1) + 1 \end{cases},\ m = N \times (D+1) + 1,\ \cdots,\ N \times (D+2) \tag{5-168}$$

5.5 任意弯曲细线天线的矩量法解

1. 电流分布的近 w 算子方程

对于任意形状的细线振子天线，由于 $a \ll \lambda$，$a \ll l$，可以假设为以下三种情况。

（1）电流沿导线轴线流动，体电流密度 $\boldsymbol{J}$ 可用线电流 I 近似。

（2）只存在沿导线轴向方向流动的电流 I_l，可忽略导线周向 I_φ 和径向 I_p 分量。

（3）线上电流仅为长度 l 的函数，与 φ，p 无关，即：$\boldsymbol{I} = I(l)\hat{i}$。

于是得到散射场（在导体表面）

$$\boldsymbol{E}^s \cdot \hat{\boldsymbol{l}} = -\mathrm{j}\omega \boldsymbol{A} \cdot \hat{\boldsymbol{l}} - \nabla \varphi \cdot \hat{\boldsymbol{l}} \tag{5-169}$$

由导体表面边界条件可得

$$\boldsymbol{E}^i \cdot \hat{\boldsymbol{l}} = \mathrm{j}\omega \boldsymbol{A} \cdot \hat{\boldsymbol{l}} + \nabla \varphi \cdot \hat{\boldsymbol{l}} \tag{5-170}$$

由假设(1)(2)得

$$\begin{cases} \boldsymbol{A} = \dfrac{1}{-\mathrm{j}\omega\mu\varepsilon} \iiint_{v'} \boldsymbol{J}\, \dfrac{\mathrm{e}^{-\mathrm{j}kR}}{4\pi R} \mathrm{d}v' \rightarrow \boldsymbol{A} = \mu \int_l \dfrac{\mathrm{e}^{-\mathrm{j}kR}}{4\pi R} \boldsymbol{I}(l') \mathrm{d}l' \\ \varphi = \dfrac{1}{\varepsilon} \iiint_{v'} \rho\, \dfrac{\mathrm{e}^{-\mathrm{j}kR}}{4\pi R} \mathrm{d}v' \rightarrow \varphi = \dfrac{1}{-\mathrm{j}\omega\varepsilon} \int_l \nabla' \cdot \boldsymbol{I}(l')\, \dfrac{\mathrm{e}^{-\mathrm{j}kR}}{4\pi R} \mathrm{d}l' \end{cases} \tag{5-171}$$

由假设(3)得

$$\nabla\varphi\cdot\hat{\boldsymbol{l}}=\frac{\partial\varphi}{\partial l},\ \nabla'\cdot\boldsymbol{I}(l')=\frac{\partial I(l')}{\partial l'} \tag{5-172}$$

将上述诸式代入边界条件式可得电流分布的算子方程

$$L(\boldsymbol{I})=E^i(l)$$

其中

$$\boldsymbol{L}=\mathrm{j}\omega\mu\int_l\frac{\mathrm{e}^{-\mathrm{j}kR}}{4\pi R}\mathrm{d}l'\hat{l}\cdot\frac{1}{-\mathrm{j}\omega\varepsilon}\frac{\partial}{\partial l}\int_l\frac{\mathrm{e}^{-\mathrm{j}kR}}{4\pi R}\mathrm{d}l'\hat{\boldsymbol{l}}\cdot\frac{\partial}{\partial l'} \tag{5-173}$$

这是一个微分/积分方程，对于直线振子

$$\hat{\boldsymbol{l}}=\hat{z},\ \frac{\partial}{\partial l}=\frac{\partial}{\partial z},\ \frac{\partial}{\partial l'}=\frac{\partial}{\partial z'} \tag{5-174}$$

则上式可以化为 Pocklington 方程。为了简化计算，采用近似算子，将其中的微分用有限差分代替，则方程为

$$\boldsymbol{E}^i\cdot\hat{l}=\mathrm{j}\omega\mu\int_l G\hat{l}\cdot\boldsymbol{I}(l')\mathrm{d}l'-\frac{1}{\mathrm{j}\omega\varepsilon}\frac{1}{\Delta l}\left\{\int_l\frac{1}{\Delta l'}\left[I\left(l'+\frac{\Delta l'}{2}\right)-I\left(l'-\frac{\Delta l'}{2}\right)\right]G\mathrm{d}l'\right\}_{l+\frac{\Delta l}{2}}+$$
$$\frac{1}{\mathrm{j}\omega\varepsilon}\frac{1}{\Delta l}\left\{\int_l\frac{1}{\Delta l'}\left[I\left(l'+\frac{\Delta l'}{2}\right)-I\left(l'-\frac{\Delta l'}{2}\right)\right]G\mathrm{d}l'\right\}_{l-\frac{\Delta l}{2}} \tag{5-175}$$

2. 电流分布的矩量法解[1]

采用分域基、点选配求解上述近似算子方程。将弯曲振子分成 $N+1$ 段，每段长度为 Δl_n，主要是考虑天线末端边界条件（电流为零），在两端各留出两个半段。设分段标点为 $1+=2-$，$2+=3-$，…，如图 5-7 所示，则整个区间

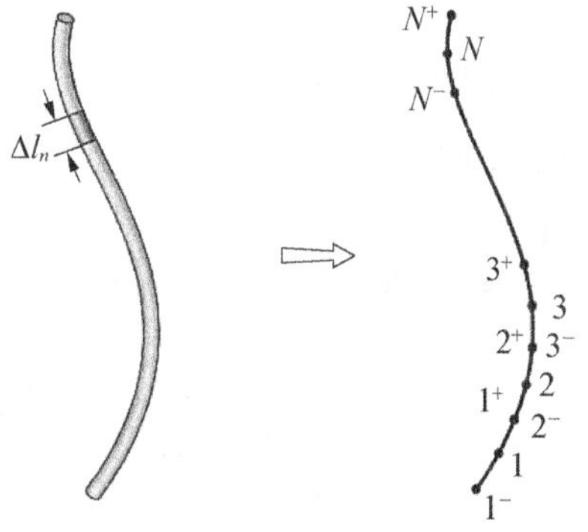

图 5-7 弯曲振子分段

$$l=\sum_{n=1}^{N+1}\Delta l_n^- \tag{5-176}$$

Δl_n^- 是 Δl_n 沿导线负方向移动半个区间的长度，在近似算子中，$\Delta l_n^-\sim\Delta l'_n$，所以

$$I_n\sim I\left(l'+\frac{\Delta l'}{2}\right) \tag{5-177a}$$

$$I_{n-1}\sim I\left(l'-\frac{\Delta l'}{2}\right) \tag{5-177b}$$

基函数为矩形脉冲

$$\varphi_n(z')=\begin{cases}1, & z'\in\Delta I_n\\ 0, & 其他\end{cases} \tag{5-178}$$

则

$$\boldsymbol{I}(l')=\sum_{n=1}^{N+1}I_n\varphi_n\Delta\hat{\boldsymbol{l}}_n \tag{5-179}$$

式中，$\Delta\hat{\boldsymbol{l}}_n$ 是 $\Delta\boldsymbol{l}_n$ 的单位矢量。

$$\boldsymbol{E}^i\cdot\hat{i}=\mathrm{j}\omega\mu\int_l G\hat{i}\cdot\boldsymbol{I}(l')\mathrm{d}l'-\frac{1}{\mathrm{j}\omega\varepsilon}\frac{1}{\Delta l}\left\{\sum_{n=1}^{N+1}\int_{\Delta l_n^-}\frac{1}{\Delta l_n^-}[I_n-I_{n-1}]G\mathrm{d}l'\right\}_{l+\frac{\Delta l}{2}}+\frac{1}{\mathrm{j}\omega\varepsilon}\frac{1}{\Delta l}\left\{\sum_{n=1}^{N+1}\int_{\Delta l_n^-}\frac{1}{\Delta l_n^-}[I_n-I_{n-1}]G\mathrm{d}l'\right\}_{l-\frac{\Delta l}{2}} \tag{5-180}$$

将 Δl_n 沿轴向正向移动半个分区间的子区间，记为 Δl_n^+，记及 n^- 与 $(n-1)^+$ 重合，则有 $\Delta l_n^-=\Delta l_{n-1}^+$，计及 $I_0=I_{N+1}=0$，可得

$$\sum_{n=1}^{N+1}\int_{\Delta l_n^-}\frac{1}{\Delta l_n^-}[I_n-I_{n-1}]G\mathrm{d}l'=\sum_{n=1}^{N}I_n\left[\int_{\Delta l_n^+}\frac{-1}{\Delta l_n^+}G\mathrm{d}l'+\int_{\Delta l_n^-}\frac{-1}{\Delta l_n^-}G\mathrm{d}l'\right] \tag{5-181}$$

近似算子方程化为

$$\boldsymbol{E}^i\cdot\hat{i}=\sum_{n=1}^{N}I_n\left\{\mathrm{j}\omega\mu\int_{\Delta l_n}\Delta\hat{l}_n\cdot\hat{l}G\mathrm{d}l'+\frac{1}{\mathrm{j}\omega\varepsilon}\frac{1}{\Delta l}\left[\left(\frac{1}{\Delta l_n^+}\int_{\Delta l_n^+}G\mathrm{d}l'-\frac{1}{\Delta l_n^-}\int_{\Delta l_n^-}G\mathrm{d}l'\right)_{l+\frac{\Delta l}{2}}+\left(\frac{-1}{\Delta l_n^+}\int_{\Delta l_n^+}G\mathrm{d}l'+\frac{1}{\Delta l_n^-}\int_{\Delta l_n^-}G\mathrm{d}l'\right)_{l-\frac{\Delta l}{2}}\right]\right\} \tag{5-182}$$

上式中 I_n 之后相当于矩量法中 $\boldsymbol{L}_{\varphi_n}$

点选配，取权函数 $\omega_m(z)=\delta(z-z_m)$，计及 $l_m+\dfrac{\Delta l_m}{2}=\Delta l_m^+$，$l_m-\dfrac{\Delta l_m}{2}=\Delta l_m^-$，有 $\hat{l}_m=\Delta\hat{l}_m$，则

$$\boldsymbol{E}^i\cdot\Delta\hat{l}_m=\sum_{n=1}^{N}I_n\left\{\mathrm{j}\omega\mu\int_{\Delta l_n}\Delta\hat{l}_n\cdot\Delta\hat{l}_mG(m)\mathrm{d}l'+\frac{1}{\mathrm{j}\omega\varepsilon}\frac{1}{\Delta l_m}\left[\left(\frac{1}{\Delta l_n^+}\int_{\Delta l_n^+}G(m^+)\mathrm{d}l'-\frac{1}{\Delta l_n^-}\int_{\Delta l_n^-}G(m^+)\mathrm{d}l'-\frac{1}{\Delta l_n^+}\int_{\Delta l_n^+}G(m^-)\mathrm{d}l'+\frac{1}{\Delta l_n^-}\int_{\Delta l_n^-}G(m^-)\mathrm{d}l'\right)\right]\right\} \tag{5-183}$$

$G(m)$，$G(m^+)$，$G(m^-)$ 分别为场源 $\mathrm{d}l'$ 在 m，m^+，m^- 处产生的格林函数。以 Δl_m 乘以式(5-183)左右，则有

$$\boldsymbol{E}^i\cdot\Delta l_m=\sum_{n=1}^{N}I_n\left\{\mathrm{j}\omega\mu\frac{\Delta l_n\cdot\Delta l_m}{\Delta l_n}\int_{\Delta l_n}G(m)\mathrm{d}l'+\frac{1}{\mathrm{j}\omega\varepsilon}\left[\frac{1}{\Delta l_n^+}\int_{\Delta l_n^+}G(m^+)\mathrm{d}l'-\frac{1}{\Delta l_n^-}\int_{\Delta l_n^-}G(m^+)\mathrm{d}l'-\frac{1}{\Delta l_n^+}\int_{\Delta l_n^+}G(m^-)\mathrm{d}l'+\frac{1}{\Delta l_n^-}\int_{\Delta l_n^-}G(m^-)\mathrm{d}l'\right]\right\}$$

$$m=1,2,\cdots,N \tag{5-184}$$

写成矩阵形式

$$[\boldsymbol{Z}_{mn}][\boldsymbol{I}_n]=[\boldsymbol{V}_m] \tag{5-185}$$

其中

$$V_m = E^i \cdot \Delta l_m \tag{5-186}$$

如图 5-8 所示，式中

$$\psi(m,\ n) = \frac{1}{\Delta l_n}\int_{\Delta l_n} \frac{e^{-jkr_{mn}}}{4\pi r_{mn}} dl' \tag{5-187a}$$

$$\psi(m^+,\ n^+) = \frac{1}{\Delta l_n^+}\int_{\Delta l_n^+} \frac{e^{-jkr_{m^+n^+}}}{4\pi r_{m^+n^+}} dl' \tag{5-187b}$$

$$\psi(m^+,\ n^-) = \frac{1}{\Delta l_n^-}\int_{\Delta l_n^-} \frac{e^{-jkr_{m^+n^-}}}{4\pi r_{m^+n^-}} dl' \tag{5-187c}$$

$$\psi(m^-,\ n^+) = \frac{1}{\Delta l_n^+}\int_{\Delta l_n^+} \frac{e^{-jkr_{m^-n^+}}}{4\pi r_{m^-n^+}} dl' \tag{5-187d}$$

$$\psi(m^-,\ n^-) = \frac{1}{\Delta l_n^-}\int_{\Delta l_n^-} \frac{e^{-jkr_{m^-n^-}}}{4\pi r_{m^-n^-}} dl' \tag{5-187e}$$

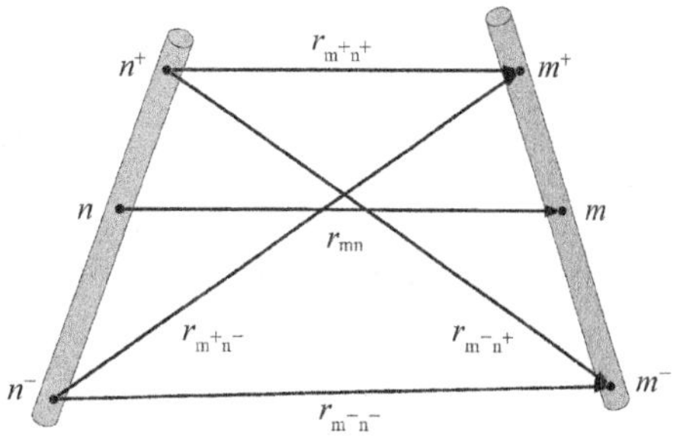

图 5-8 两个分段单元之间的相互作用

两点说明：

① 若是直天线，各区间平行，$\Delta \boldsymbol{I}_m \cdot \Delta \boldsymbol{I}_n = \Delta l_m \Delta l_n$ ；

② 上述诸式理论上说对任意形状天线都成立，但如果弯曲太厉害，则略去横电流、径向电流及 J_z 沿周向均匀的假设都不成立，此时上述细线近似就无法适用。就工程应用而言，上述诸式及相应的假设在两导线间相距 3～4 倍半径时才成立。

Z_{mn} 的计算归结为 $\psi(m,\ n)$等的计算

$$\psi(m,\ n) = \frac{1}{4\pi\Delta l_n}\int_{n-}^{n+} \frac{e^{-jkr_{mn}}}{4\pi r_{mn}} dl' \tag{5-188}$$

它表示第 n 段上的电流在 m 点产生的位，$\psi(m^+,\ n^+)$ 等类推，当分段足够多时，每一段可以认为是一段直线，而且 $m \neq n$ 时，$r_{mn} \approx r$，即 Δl_n 中点至 m 点的距离，$m = n$ 时，必须将指数项展开为 Maclaurin 级数，取前两项近似，可得

$$\psi(m,\ n) = \begin{cases} \dfrac{1}{4\pi r} e^{-jkr} \\ \dfrac{1}{4\pi\alpha}\ln\left(\dfrac{2\alpha}{a}\right) - j\,\dfrac{k}{4\pi} \end{cases} = \begin{cases} \dfrac{1}{4\pi r} e^{-jkr}, & m \neq n \\ \dfrac{1}{2\pi\Delta l_n}\ln\left(\dfrac{\Delta l_n}{a}\right) - j\,\dfrac{k}{4\pi}, & m = n \end{cases} \tag{5-189}$$

3. 天线参数的计算

1) 输入阻抗

$$[\boldsymbol{I}_n] = [\boldsymbol{Z}_{mn}]^{-1}[\boldsymbol{V}_m] = [\boldsymbol{Y}_{mn}][\boldsymbol{V}_m] \tag{5-190}$$

故

$$I_i = Y_{ii} V_i \tag{5-191}$$

其中，I_i 为输入端口分段电流，V_i 为输入端口分段电压，即激励电压，Y_{ii} 为输入导纳，于是

$$Y_{ii}=\frac{V_i}{I_i},\ Z_{ii}=\frac{1}{Y_{ii}} \tag{5-192}$$

若激励电压在第 i 段，输入导纳就是$[Y_{mn}]$的第 i 个对角元。

2）天线辐射场

$$\boldsymbol{E}^s=-\mathrm{j}\omega\boldsymbol{A}-\nabla\varphi \tag{5-193}$$

对于远区场，有 $A\propto\frac{1}{r}$，$\phi\propto\frac{1}{r}$，$\nabla\phi\propto\frac{1}{r^2}$，故

$$\boldsymbol{E}^s\approx-\mathrm{j}\omega\boldsymbol{A} \tag{5-194}$$

又有

$$\boldsymbol{A}=\mu\int_{l'}\frac{\boldsymbol{I}\mathrm{e}^{-\mathrm{j}kr}}{4\pi r}\mathrm{d}l'\approx\frac{\mu}{4\pi}\sum_{n=1}^{N}I_n\Delta\boldsymbol{l}_n\frac{\mathrm{e}^{-\mathrm{j}k|\boldsymbol{r}_0-\boldsymbol{r}_n|}}{4\pi|\boldsymbol{r}_0-\boldsymbol{r}_n|} \tag{5-195}$$

对于远场

$$\boldsymbol{A}=\mu\frac{\mathrm{e}^{-\mathrm{j}kr_0}}{4\pi r_0}\sum_{n=1}^{N}I_n\Delta\boldsymbol{l}_n\mathrm{e}^{\mathrm{j}\hat{k}\cdot\boldsymbol{r}_n} \tag{5-196}$$

$$\boldsymbol{E}\approx-\mathrm{j}\omega\mu\frac{\mathrm{e}^{-\mathrm{j}kr_0}}{4\pi r_0}\sum_{n=1}^{N}I_n\Delta\boldsymbol{l}_n\mathrm{e}^{\mathrm{j}\hat{k}\cdot\boldsymbol{r}_n} \tag{5-197}$$

对于 $\boldsymbol{E}$ 面有 $E_\theta=\boldsymbol{E}\cdot\hat{a}_\theta=-\mathrm{j}\omega\boldsymbol{A}\cdot\hat{a}_\theta$

对于 $\boldsymbol{H}$ 面有 $E_\varphi=\boldsymbol{E}\cdot\hat{a}_\varphi=-\mathrm{j}\omega\boldsymbol{A}\cdot\hat{a}_\varphi$

令 $\hat{a}_p=\hat{a}_\theta\&\hat{a}_\varphi$

$$E_p\approx-\mathrm{j}\omega\mu\frac{\mathrm{e}^{-\mathrm{j}kr_0}}{4\pi r_0}[\boldsymbol{V}_n^p]^{\mathrm{T}}[\boldsymbol{Y}_{mn}][\boldsymbol{V}_m] \tag{5-198}$$

于是 $\boldsymbol{V}_n^p$ 类似于平面波的激励电压矩阵

$$\boldsymbol{V}_n^p=\hat{\boldsymbol{a}}_p\cdot\Delta l_n\mathrm{e}^{\mathrm{j}\hat{k}\cdot\boldsymbol{r}_n} \tag{5-199}$$

3）输入功率

$$P_{in}=\mathrm{Re}\{[V_m]^{\mathrm{T}}[I_n]^*\}=\mathrm{Re}\{[\boldsymbol{V}_m]^{\mathrm{T}}[\boldsymbol{Y}_{mn}^*][\boldsymbol{V}_m^*]\} \tag{5-200}$$

4）方向性增益

平均功率流密度为

$$\frac{1}{\eta}|E_p(\theta,\varphi)|^2,\ \eta=\sqrt{\frac{\mu}{\varepsilon}} \tag{5-201}$$

4. 应用实例

曲线振子八木天线的最大方向性优化设计

讨论三单元曲线振子八木天线，三根振子的长度相等，均为波长的 1.5 倍，$L=1.5\lambda$。曲线方程为

$$y=A\left(1-\frac{1}{1+Bx^2}\right)+C \tag{5-202}$$

A,B,C 为确定振子形状的参数，且

$$\begin{aligned}
A&=0.5A_1(\varepsilon-2)(\varepsilon-3)-A_2(\varepsilon-1)(\varepsilon-3)+0.5A_3(\varepsilon-1)(\varepsilon-2)\\
B&=0.5B_1(\varepsilon-2)(\varepsilon-3)-B_2(\varepsilon-1)(\varepsilon-3)+0.5B_3(\varepsilon-1)(\varepsilon-2)\\
A&=0.5C_1(\varepsilon-2)(\varepsilon-3)-C_2(\varepsilon-1)(\varepsilon-3)+0.5C_3(\varepsilon-1)(\varepsilon-2)
\end{aligned} \tag{5-203}$$

$\varepsilon=1,2,3$，分别对应反射振子、激励振子和引向振子。

将原点固定在有源振子中心点上，相应有 $C_2=0$，故有八个独立参量。在前述积分-微分方程中，积分范围 l 应该包括三根振子，并对他们统一分段、编号，如 $3N+3$ 段，同样可得

$$[\boldsymbol{I}_n]=[\boldsymbol{Z}_{mn}]^{-1}[\boldsymbol{V}_m]=[\boldsymbol{Y}_{mn}][\boldsymbol{V}_m],\ n=1,\ 2,\ \cdots,\ 3N+3 \tag{5-204}$$

其中

$$\boldsymbol{I}_n:\begin{cases} n=1,\ 2,\ \cdots,\ N+1 & \rightarrow \text{反射振子}\\ n=N+2,\ N+3,\ \cdots,\ 2N+2 & \rightarrow \text{激励振子}\\ n=2N+3,\ 2N+4,\ \cdots,\ 3N+3 & \rightarrow \text{引向振子}\end{cases} \tag{5-205}$$

方向性系数是 A,B,C 的函数

$$D=\frac{\pi}{\lambda^2}\eta\frac{|[\boldsymbol{V}_n^p]^{\mathrm{T}}[\boldsymbol{Y}_{mn}][\boldsymbol{V}_m]|^2}{\mathrm{Re}\{[\boldsymbol{V}_m]^{\mathrm{T}}[\boldsymbol{Y}_{mn}^*][\boldsymbol{V}_m^*]\}} \tag{5-206}$$

通过改变这些系数，优化得到 $D_{\max}$，是一个多维参量的优化。每一次优化迭代、搜索，对应了一次矩量法的求解过程，工作量十分巨大。如每一根振子分为 31 段，对应两端各半段电流为 0，展开系数为 30 个，三根共 90 个。但是注意，振子形状关于 y 轴对称，故可以减少一半，每一次矩量法求解为[45×45]阶矩阵，优化方法也很重要，可以用可变多面体法或可变容差法，现在也可以用遗传算法。数值结果

$L=1.5\lambda$，$a=0.01\lambda$

$A_1=0.38$，$B_1=20.774$，$C_1=-0.162$

$A_2=0.395$，$B_2=53.014$，$C_2=0$

$A_3=0.364$，$B_3=204.532$，$C_3=0.151$

$D=15.103(11.8\ \text{dB})$

$Z_{in}=14.24+\mathrm{j}32.77(\Omega)$

3 dB Beamwidth：E－Plane 32°；H－Plane 62°

Maxium sidelobe：－19.35 dB －14.41 dB

The Ratio of front－end：－14.67 dB －14.67 dB

5.6 本章小结

本章主要介绍了矩量法的基本原理和矩量法求解的基本过程，梳理了基函数和权函数的选取原则和方法。还介绍了近似算子和扩展算子，并把矩量法用于二维散射场的求解和线天线的求解。

5.7 问题与讨论

1) 要求

(1) 查阅文献，搜索矩量法最新发展的 10 个新名词，并以 ppt 和 word 的形式进行汇报。

(2) 总结基函数的选取方式，尤其是近几年的最新研究成果。

(3) 用矩量法计算如下实例，并选一种新的数值计算方法计算实例，并对比计算结果。要求至少选做 2 道小习题和 1 道大习题并附上计算过程、程序以及结果。

2) 小习题

(1) 设正方形导电板，边长为 $2a$，位于 $Z=0$ 平面上，若导电平板电位 V_0，试求导电板上的电荷分布；若 $a=1$ m, $V_0=10$ V，试求解具体分布。

(2) 圆形平行板电容，间距为 h_d，直径为 d，试求电容 C；若 $h_d=20$ cm, $d=100$ cm，试求解具体分布。

(3) 计算一块正方形平板(金属)和一块平行的圆形金属板间的电容，正方形平板边长 $a=1$ m，圆形板直径 1 m，间距 30 cm。

(4) 计算平面缝隙被探针耦合激励后的周围场分布，并给出最强的探针方向，缝隙宽度 5 mm，耦合激励频率分别为 0 Hz，10 MHz～2 GHz。

(5) 计算一个 z 方向均匀且无限长的金属圆柱，半径为 1.5 m，金属圆柱中心和 z 轴重合，入射波为 z 方向极化，幅值为 1，从负 x 轴方向垂直 z 轴入射的 TM 平面波，工作频率为 100 MHz，波长 3 m。

(6) 细直导线电荷分布的计算：一长为 L 的直导线的垂直平分线上有一大小为 Q 的电荷，该点与细线的距离为 d，与直导线中心偏 ld，求直导线上的电荷密度分布。$L=2$ m, $Q=0.1$ C, $d=0.5$ m, $ld=0.4$ m。

(7) 用至少两种方法解方程

$$\begin{cases} -\dfrac{\mathrm{d}^2}{\mathrm{d}x^2}u(x)+\dfrac{\mathrm{d}}{\mathrm{d}x}u(x)=1-2x^2 \\ u(0)=u(5)=1 \end{cases}$$

3）大习题

(1) 某楼道长 100 m，宽和高均是 3 m，电磁散射计算，$f=500$ MHz。

(2) 均匀平面波照射杏仁体散射计算，最大尺寸 55 mm，$f=1.2$ GHz。

(3) 计算全波振子的辐射场分布，$f=400$ MHz。

注：

- 构建模型
- 写出计算步骤和流程
- 写出计算程序/画图程序(matlab)
- 程序可运行

第6章 有限元法

6.1 有限元法思想及特点

有限元法(finite element method, FEM)是针对偏微分方程边值问题近似求解的一种数值技术,尤其随着电子计算机的发展,有限元法迅速发展,成为一种现代计算方法。20世纪50年代首先在力学分析中被用于分析飞机结构静、动态特性,很快被推广用于计算分析热传导、渗流、流体力学、空气动力学、土壤力学、机械零件强度分析、电磁工程问题等。目前很多商业软件都是采用有限元方法进行计算,比如ANSYS, ANSOFT, COMSOL, CST的频域求解器等。

很多领域的物理表象虽然差异很大,但其数学本质的偏微分方程却几乎一样,这也使得有限元这种针对偏微分方程的边值问题的求解方法能在各领域广泛使用,而且可以轻易地实现多物理场的联合计算分析。

有限元是指集合在一起能表示连续域的离散单元。有限元的概念早在几百年前就已产生并得到了应用,例如用有限个单元来逼近连续光滑的几何形状。但有限元方法则是在20世纪中期才被提出。1943年Courant提出有限单元的思想,取分片连续函数,用最小位能原理研究扭转问题。1960年Clough在著作中首次采用有限元法这个名称。1965年冯康的论文"基于变分原理的差分格式"是国际学术界承认有限元方法在我国独立发展的重要依据[1]。1975年谢干权的论文"三维弹性问题的有限单元法"[2],在全世界率先得到了三维有限元的超收敛结果[2, 4, 5],标志着我国研究人员独立发展出真正能应用于三维实践的有限元方法和软件[3, 4]。后来,随着计算机的快速发展和普及,有限元方法也得到了很好地发展和应用。Winslow在1965年首次将有限元法应用于电气工程问题分析。此外,1969年Silvester将有限元方法应用于时谐电磁场问题的分析计算。

针对偏微分方程边值问题的求解,有限元方法对整个问题区域进行分解,每个子域都变成简单的部分,就称作有限元。它通过数学近似来模拟真实物理系统,用单元及其相互作用,即有限的未知量去逼近真实系统。

有限元方法是简单的模型代替复杂问题后再求解。假定每个单元有简单的近似解,然后对整个求解域的总的条件求解。求解过程中,通过变分原理和泛函驻定来控制误差函数及解的稳定性,虽然最终得到的是近似解,但精度很高,算法适应性好,非常有效。

根据变分原理,有限元方法将电磁边值问题对应的偏微分数学方程转化为对应的变分问题，即泛函驻定或泛函极值问题。然后通过剖分插值进行多元函数的极值求解。当然，有限元的关键在于剖分插值，选择简单的插值函数表示每个单元。基于变分原理的剖分插值，第二、三类及不同介质分界面上的边界条件被包含在泛函极值问题的要求中，无须单独列出，但强制边界条件（第一类边界条件）必须考虑，这就简化了算法的使用。

有限元的步骤：① 前处理，根据边值问题构建合适的泛函及等效的变分问题，定义求解模型；② 剖分场区域，并选择插值函数；③ 离散化，合成构建多元函数的极值问题，形成代数方程组；④ 求解代数方程得到近似解；⑤ 后处理，分析评价近似解[6]。

有限元方法特点如下。

(1) 离散化过程中物理意义明确。

(2) 优异的解题能力。

(3) 已有很多通用计算程序，便于模块化。

(4) 推动了泛函计算方法的发展。

6.2 有限元的变分原理

有限元法以变分原理为基础，涉及泛函、变分等概念，本节从数学入手，阐述有限元法的原理。

1. 泛函、变分问题简介

我们在中国很多古建筑和皇家园林的楼上都能看到飞檐，倾斜的房顶本来是用来挡雨的，下雨天便于雨水流下去，修成斜平面就可以了，为什么要修成飞檐？其实这里面隐藏着一个雨水以最快速度和最短时间从房顶流下去的问题，如图6-1所示，这是一个最速降线问题，即质点从 A 自由下滑至 B 点时，要使时间最短，那么轨道的函数 $y=y(x)$ 应该是什么？

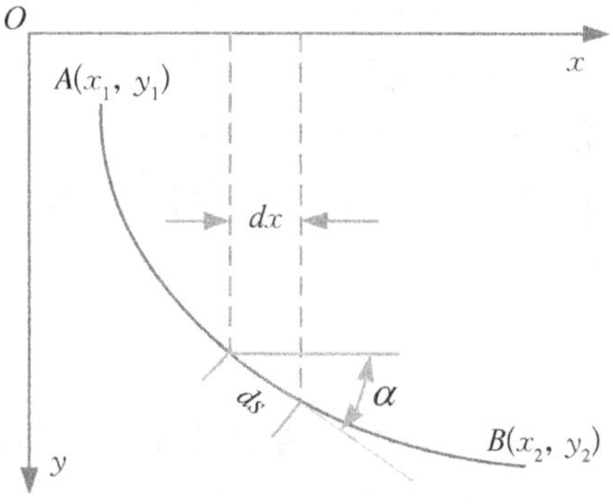

图6-1 最速降线问题

如图6-1所示，沿曲线 $y=y(x)$ 滑行弧线 ds 所需时间为

$$\mathrm{d}t=\frac{\mathrm{d}s}{v}=\frac{\sec\alpha\,\mathrm{d}x}{\sqrt{2gy}}=\frac{\sqrt{1+y^2}\,\mathrm{d}x}{\sqrt{2gy}} \tag{6-1}$$

因此滑行的总时间为

$$J[y(x)]=T[y(x)]=\int_0^T\mathrm{d}t=\int_{x_1}^{x_2}\frac{\sqrt{1+y^2}}{\sqrt{2gy}}\mathrm{d}x \tag{6-2}$$

由式(6-2)可见，积分值 $J=J[y(x)]$ 取决于定积分区域的两端点 x_1 和 x_2，而且还取

决于 $y=y(x)$ 函数的形式，因此 J 是函数 $y(x)$ 的函数，是更为广泛的函数，所以也称为函数 $y(x)$ 的泛函，记作 $J[y(x)]$。显然，这里说的最速下降线问题，本质上就是泛函 $J[y(x)]$ 的极值问题，即

$$\begin{cases} J[y(x)]=\int_{x_1}^{x_2}\dfrac{\sqrt{1+y^2}}{\sqrt{2gy}}\mathrm{d}x=\min \\ y(x_1)=y_1,\ y(x_2)=y_2 \end{cases} \tag{6-3}$$

泛函的极值问题就是变分问题。式(6-2)中滑行时间 $T(y)$ 的极值问题也是变分问题。一般来说，对应于一个自变量 x 的简单形式的泛函如下式

$$J[y]=\int_{x_1}^{x_2}F(x,\ y,\ y')\mathrm{d}x \tag{6-4}$$

式中 F 是自变量 x、函数 y 及其导数 y' 的已知函数。泛函 J 的自变量是一个或几个函数所属的函数族 $y(x)$。由式(6-3)可知，从端点 x_1 到 x_2 上分别等于给定值的无数个函数 $y(x)$ 之中，仅有一个函数能使式中的定积分达到最小值，这一函数 $\bar{y}(x)$ 被称为极值函数。所谓变分问题就在于寻求使泛函到达极值的该极值函数，即分析研究泛函的极值问题。

其实，分析力学中的哈密顿原理、最小作用原理，静电学中的汤姆逊定理，光学中的费尔马原理等，都是变分原理。

2. 有限元法的变分方法

典型的边值问题由求解区域 Ω 内的控制微分方程和该区域边界 Γ 上的边界条件组成。一般 Ω 内的控制方程有标量波动方程、矢量波动方程和泊松方程三种，边界 Γ 上的边界条件包含有 Dirichlet 条件、Neumann 条件和复杂的阻抗和辐射边界条件。控制微分方程表示为

$$\xi\phi=f \tag{6-5}$$

式(6-5)中，ξ 是微分算符，ϕ 是待求未知量，f 是激励函数。如果区域 Ω 为规则形状，可以通过解析方法得到精确解，但是在实际工程中，区域 Ω 往往为不规则图形，无法得到精确解。为了求解方程，常用里兹法和伽辽金法得到近似解[7]。

1) 里兹法

里兹法是一种应用比较广泛的变分方法，它通过变分来表示边值问题，泛函的极小值对应于所给定的边值条件下的控制微分方程，继而对泛函表达式求解其变量的极小值，得到近似解。

首先定义内积公式

$$\langle\Phi,\ \varphi\rangle=\int_{\Omega}\Phi\phi^{*}\,\mathrm{d}\Omega \tag{6-6}$$

式(6-6)中尖括号表示内积。

容易证明得到，微分算符既是自伴的又是正定的，即

$$\langle \xi\Phi,\ \phi \rangle = \langle \Phi,\ \xi\phi \rangle \qquad (自伴) \tag{6-7a}$$

$$\langle \xi\Phi,\ \Phi \rangle > 0 \quad \Phi \neq 0 \qquad (正定) \tag{6-7b}$$

$$\langle \xi\Phi,\ \Phi \rangle = 0 \quad \Phi = 0 \qquad (正定) \tag{6-7c}$$

因此式(6-5)的解可以通过下式求得

$$F(\tilde{\Phi}) = \frac{1}{2}\langle \xi\tilde{\Phi},\ \tilde{\Phi} \rangle - \frac{1}{2}\langle \tilde{\Phi},\ f \rangle - \frac{1}{2}\langle f,\ \tilde{\Phi} \rangle \tag{6-8}$$

在式(6-8)中，$\tilde{\Phi}$ 表示试探函数，可以展开为

$$\tilde{\Phi} = \sum_{i=1}^{n} c_i v_i = \{c\}^{\mathrm{T}}\{v\} = \{v\}^{\mathrm{T}}\{c\} \tag{6-9}$$

v_i 表示定义在全域的展开函数，c_i 表示定义在全局的待定展开函数。令 c_i 的偏导数为零，便可以得到式(6-8)的极小值

$$\frac{\partial F}{\partial c_i} = \frac{1}{2}\sum_{j=1}^{n} c_j \int_{\Omega} (v_i \xi v_j + v_j \xi v_i)\mathrm{d}\Omega - \int_{\Omega} v_i f \mathrm{d}\Omega = 0 \tag{6-10}$$

$$s_{ij} = \frac{1}{2}\int_{\Omega} (v_i \xi v_j + v_j \xi v_i)\mathrm{d}\Omega \tag{6-11a}$$

$$b_{ij} = \int_{\Omega} v_i f \mathrm{d}\Omega \tag{6-11b}$$

上式可以简化为

$$[\boldsymbol{S}]\{c\} = \{b\} \tag{6-12}$$

上式为控制微分方程(6-5)的近似解。

2) 伽辽金法

伽辽金法将微分方程的残数加权求和进而求其解。令其近似解为 $\tilde{\Phi}$，代入原微分方程，近似解和精确解的差值为

$$r = \xi\Phi - f \tag{6-13}$$

伽辽金法就是要求解 r 的最小值。令加权函数为 ω_i，残数在求解区域内的加权积分为 R_i

$$R_i = \int_{\Omega} \omega_i r \mathrm{d}\Omega = 0 \tag{6-14a}$$

$$R_i = \int_{\Omega} (v_i \xi \{v\}^{\mathrm{T}}\{c\} - v_i f)\mathrm{d}\Omega = 0 \qquad i = 1,\ 2,\ 3,\ \cdots,\ N \tag{6-14b}$$

6.3 有限元方法的基本步骤

1. 区域离散

有限元方法将求解区域 Ω 划分为若干有限个小区域，对于每一个小区域的未知场函数，求出其近似解，最终得到整个待求解区域的解析表达式。因此区域离散是有限元方法中至关重要的一步。

区域离散的方法有很多种，对于二维表面，一般采用三角形网格，对于三维有限元模型，一般采用四面体或六面体网格。在区域面不规则的情况下，四面体比六面体更好拟合，保证单元之间相互连续又不重合。单元越小，拟合情况越好，但是这会导致单元数增多，剖分网格数增加，计算时间增多。因此，对于不同的问题，要合理安排剖分网格的大小[8]。

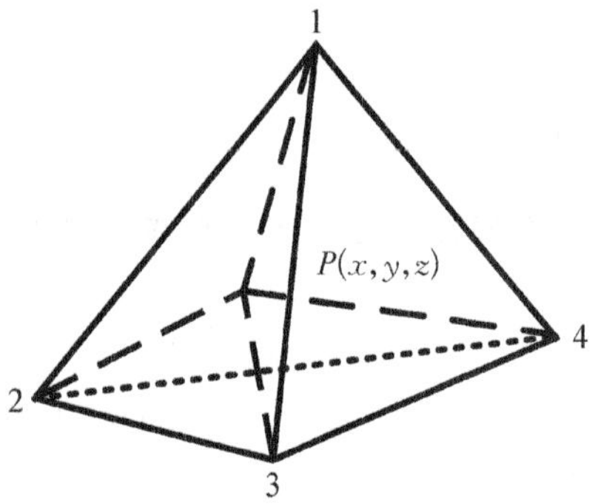

图 6-2 四面体单元

2. 插值基函数

如图 6-2 所示，本文采用四面体单元离散整体的三维待求解区域，假设点 $P(x, y, z)$ 在四面体内部，将点 P 和四面体单元的四个顶点连接，将四面体划分成四个子区域，构造子区域的基函数，待求解的电场用子区域的基函数 Φ 的线性组合表示(见表 6-1)。

表 6-1 四面体单元棱边的棱边定义

棱边 i	结点 i_1	结点 i_2
1	1	2
2	1	3
3	1	4
4	2	3
5	2	4
6	3	4

每个子区域的基函数的表达式为

$$\Phi^e(x, y, z) = a^e + b^e x + c^e y + d^e z \tag{6-15}$$

结合式(6-15)和四面体的四个结点，代入求得待定系数

$$\begin{aligned}\Phi_1^e &= a^e + b^e x_1^e + c^e y_1^e + d^e z_1^e \\ \Phi_2^e &= a^e + b^e x_2^e + c^e y_2^e + d^e z_2^e \\ \Phi_3^e &= a^e + b^e x_3^e + c^e y_3^e + d^e z_3^e \\ \Phi_4^e &= a^e + b^e x_4^e + c^e y_4^e + d^e z_4^e\end{aligned} \tag{6-16}$$

待定系数

$$a^e = \frac{1}{6V^e}\begin{vmatrix}\Phi_1^e & \Phi_2^e & \Phi_3^e & \Phi_4^e \\ x_1^e & x_2^e & x_3^e & x_4^e \\ y_1^e & y_2^e & y_3^e & y_4^e \\ z_1^e & z_2^e & z_3^e & z_4^e\end{vmatrix} = \frac{1}{6V^e}(a_1^e\Phi_1^e + a_2^e\Phi_2^e + a_3^e\Phi_3^e + a_4^e\Phi_4^e) \tag{6-17}$$

$$b^e = \frac{1}{6V^e}\begin{vmatrix}1 & 1 & 1 & 1 \\ \Phi_1^e & \Phi_2^e & \Phi_3^e & \Phi_4^e \\ y_1^e & y_2^e & y_3^e & y_4^e \\ z_1^e & z_2^e & z_3^e & z_4^e\end{vmatrix} = \frac{1}{6V^e}(b_1^e\Phi_1^e + b_2^e\Phi_2^e + b_3^e\Phi_3^e + b_4^e\Phi_4^e) \tag{6-18}$$

$$c^e = \frac{1}{6V^e}\begin{vmatrix}1 & 1 & 1 & 1 \\ x_1^e & x_2^e & x_3^e & x_4^e \\ \Phi_1^e & \Phi_2^e & \Phi_3^e & \Phi_4^e \\ z_1^e & z_2^e & z_3^e & z_4^e\end{vmatrix} = \frac{1}{6V^e}(c_1^e\Phi_1^e + c_2^e\Phi_2^e + c_3^e\Phi_3^e + c_4^e\Phi_4^e) \tag{6-19}$$

$$d^e = \frac{1}{6V^e}\begin{vmatrix}1 & 1 & 1 & 1 \\ x_1^e & x_2^e & x_3^e & x_4^e \\ y_1^e & y_2^e & y_3^e & y_4^e \\ \Phi_1^e & \Phi_2^e & \Phi_3^e & \Phi_4^e\end{vmatrix} = \frac{1}{6V^e}(d_1^e\Phi_1^e + d_2^e\Phi_2^e + d_3^e\Phi_3^e + d_4^e\Phi_4^e) \tag{6-20}$$

$$V^e = \frac{1}{2}\begin{vmatrix}1 & x_1^e & y_2^e & y_2^e \\ 1 & x_2^e & \Phi_3^e & \Phi_4^e \\ 1 & x_3^e & y_3^e & y_4^e \\ 1 & x_4^e & z_3^e & z_4^e\end{vmatrix} \tag{6-21}$$

将式(6-18)(6-19)(6-20)和(6-21)所求得的待定系数代入到式(6-15),可以得

$$\Phi^e(x, y, z) = \sum_{i=1}^{4} N_i^e(x, y, z)\Phi_i^e \tag{6-22}$$

$$N_i^e(x, y, z) = \frac{1}{6V^e}(a_i^e + b_i^e x + c_i^e y + d_i^e z) \tag{6-23}$$

分析基函数,可得该基函数具有以下5个性质。

(1) 观察点在单元的第 j 个结点时,四面体单元的插值基函数 $N_i^e(x_j^e, y_j^e, z_j^e)$ 满足下式

$$N_i^e(x_j^e,\ y_j^e,\ z_j^e)=\delta_{ij}=\begin{cases}1 & i=j\\ 0 & i\neq j\end{cases} \tag{6-24}$$

即当观察点位于与第 i 个结点不相邻点上，$N_i^e(x,\ y)$ 为零。这解释了四面体网格剖分具有空间的连续性。

(2) 观察点在单元的第 j 个结点的对面边时，$N_j^e(x,\ y,\ z)=0$，网格单元面上的 Φ^e 值由该面的三个端点的 Φ^e 值确定。

(3) 观察点在单元内部时，$N_j^e(x,\ y,\ z)\neq 0$，即四个顶点的 Φ^e 确定单元内部点的 Φ^e 值。

(4) 观察点在单元外部时，$N_j^e(x,\ y,\ z)=0$，即单元外部点的 Φ^e 值与该单元无关。

(5) 基函数由四面体单元的四个顶点坐标唯一确定。

由此得到四面体四个结点的插值基函数 (N_1^e，N_2^e，N_3^e，N_4^e)，它为标量基函数，所以 $\nabla^2 N_i^e=0$，由此构造矢量函数

$$W_{12}^e=N_1^e\ \nabla N_2^e-N_2^e\ \nabla N_1^e \tag{6-25}$$

其散度为

$$\begin{aligned}\nabla\cdot W_{12}^e&=\nabla\,(N_1^e\nabla N_2^e-N_2^e\nabla N_1^e)\\&=N_1^e\nabla^2 N_2^e+\nabla N_1^e\nabla N_2^e-N_2^e\nabla^2 N_1^e-\nabla N_2^e\nabla N_1^e\\&=N_1^e\nabla^2 N_2^e-N_2^e\nabla^2 N_1^e\\&=0\end{aligned} \tag{6-26}$$

其旋度为

$$\begin{aligned}\nabla\times W_{12}^e&=\nabla\times(N_1^e\nabla N_2^e-N_2^e\nabla N_1^e)\\&=N_1^e\nabla\times(\nabla N_2^e)+\nabla N_1^e\times\nabla N_2^e-N_2^e\nabla\times(\nabla N_1^e)-\nabla N_2^e\times\nabla N_1^e\\&=\nabla N_1^e\times\nabla N_2^e-\nabla N_2^e\times\nabla N_1^e\\&=2N_1^e\times\nabla N_2^e\end{aligned} \tag{6-27}$$

令 e_1 为结点 1 到结点 2 的单位矢量，n_1^e 为结点 1 到结点 2 的棱边的长度，则

$$\begin{cases}e_1\cdot\nabla N_1^e=-\dfrac{1}{n_1^e}\\[2ex] e_2\cdot\nabla N_2^e=\dfrac{1}{n_1^e}\end{cases} \tag{6-28}$$

上式表示矢量积函数 W_{12}^e 沿着棱边 n_1^e 有一个常数型切向分量，在其他棱边的切向分量为零。同理，矢量积函数 W_{12}^e 在非邻平面上的切向量也为零，即其切向量只存在于该棱边、包含该棱边的面和四面体内部，该矢量积函数具有场的特性，即

$$N_i^e=W_{i_1i_2}^e n_i^e=(N_{i_1}^e\ \nabla N_{i_2}^e-N_{i_2}^e\ \nabla N_{i_1}^e)n_{i_1}^e \tag{6-29}$$

3. 建立有限元方程组

考虑麦克斯韦方程组的偏微分形式

$$\begin{cases}\nabla\times\boldsymbol{E}=-\mathrm{j}\omega\boldsymbol{B}\\ \nabla\times\boldsymbol{H}=-\mathrm{j}\omega\boldsymbol{D}+\boldsymbol{J}\\ \nabla\cdot\boldsymbol{D}=\rho\\ \nabla\cdot\boldsymbol{B}=0\end{cases}\tag{6-30}$$

向量 J 为电流密度，ρ 为电荷密度。根据本构关系 $D=\varepsilon E$，$B=\mu H$ 以及 $J=\sigma E$，可以从式(6-30)中消去 E 或 H，其中 μ、ε 和 σ 分别表示介质的磁导率、介电常数和电导率，最终得到其电场和磁场的矢量波动方程分别为

$$\begin{aligned}&\nabla\times\left(\frac{1}{\mu_r}\nabla\times E(r)\right)-k_0^2\varepsilon_r E(r)=-\mathrm{j}k_0Z_0J\\ &\nabla\times\left(\frac{1}{\varepsilon_r}\nabla\times H(r)\right)-k_0^2\mu_r H(r)=\nabla\times\varepsilon_r^{-1}J\end{aligned}\tag{6-31}$$

式(6-31)是基于有限元法解决电磁场问题的控制方程。对于无源微波器件，$J=0$。

对于一般三维结构的散射问题，其显示边界条件为

$$n\times\left(\frac{1}{\mu_r}\nabla\times E\right)=-\mathrm{j}k_0 n\times H\tag{6-32}$$

式中 n 表示单位外法线分量，k_0 表示自由空间的波数，μ_r 为相对磁导率，ε_r 为相对介电常数。在导电面，等效的变分问题为

$$\begin{cases}\delta F(E)=0\\ n\times E=0\end{cases}\tag{6-33}$$

$$F(E)=\frac{1}{2}\iiint_V(\nabla\times E)\left(\frac{1}{\mu_r}\nabla\times E\right)-k_0^2\varepsilon_r E\cdot E\mathrm{d}V+\mathrm{j}k_0\iint_S(E\times H)\cdot n\mathrm{d}S\tag{6-34}$$

6.4 应用实例

1. 有限元法求解矩形谐振腔的本征值

求解过程流程图如图 6-3 所示。

选取 1 cm × 0.5 cm × 0.75 cm 的矩形谐振腔作为离散区域，确定插值基函数为式(6-29)，对于本题的矩形谐振腔，采用式(6-33)的变分形式，下面将应用有限元法建立方程求解。

任意网格内的电场近似表达为

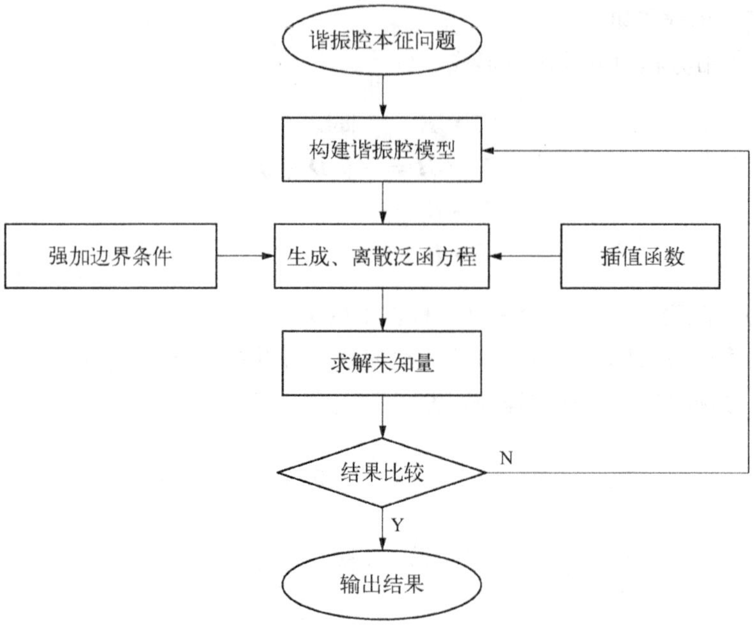

图 6-3　有限元求解谐振腔本征值的流程

$$E^e = \sum_{i=1}^{n} N_i^e E_i^e = \{\boldsymbol{E}^e\}^{\mathrm{T}}\{\boldsymbol{N}^e\} = \{\boldsymbol{N}^e\}^{\mathrm{T}}\{\boldsymbol{E}^e\} \tag{6-35}$$

式中 N_i^e 为矢量基函数，E_i^e 为基函数的展开系数。

将上式代入(6-34)，求得解为

$$\begin{cases} F = \dfrac{1}{2}\sum\limits_{e=1}^{M} \{E^e\}^{\mathrm{T}}[K^e]\{E^e\} \\ K_{ij}^e = \iiint_{V^e} \left[\dfrac{1}{\mu_r}(\nabla\times N_i^e)\cdot(\nabla\times N_j^e) - k_0^2\varepsilon_r N_i^e \cdot N_i^e\right]\mathrm{d}V \end{cases} \tag{6-36}$$

令

$$\begin{aligned} A_{ij} &= \iiint_{V^e} \frac{1}{\mu_r}(\nabla\times N_i^e)\cdot(\nabla\times N_j^e)\mathrm{d}V \\ &= \frac{n_i^e n_j^e}{324\mu_r^e\ (v^e)^3}[(c_{i1}^e d_{i2}^e - c_{i2}^e d_{i1}^e)(c_{j1}^e d_{j2}^e - c_{j2}^e d_{j1}^e) + \\ &\quad (b_{i2}^e d_{i1}^e - b_{i1}^e d_{i2}^e)(b_{j2}^e d_{j1}^e - b_{j1}^e d_{j2}^e) + \\ &\quad (b_{i1}^e c_{i2}^e - b_{i2}^e c_{i1}^e)(b_{j1}^e c_{j2}^e - b_{j2}^e c_{j1}^e)] \end{aligned} \tag{6-37}$$

$$\begin{aligned} B_{ij}^e = \frac{-k_0^2\varepsilon_r l_i^e l_j^e}{720V^e}\{ &(1+\delta_{i1j1})(b_{i2}^e b_{j2}^e + c_{i2}^e c_{j2}^e + d_{i2}^e d_{j2}^e) - \\ &(1+\delta_{i1j2})(b_{i2}^e b_{j1}^e + c_{i2}^e c_{j1}^e + d_{i2}^e d_{j1}^e) - \\ &(1+\delta_{i2j1})(b_{i1}^e b_{j2}^e + c_{i1}^e c_{j2}^e + d_{i1}^e d_{j2}^e) - \\ &(1+\delta_{i2j2})(b_{i1}^e b_{j1}^e + c_{i1}^e c_{j1}^e + d_{i1}^e d_{j1}^e)\} \end{aligned} \tag{6-38}$$

$$\delta_{ij}=\begin{cases}1, & (i=j)\\0, & (i\neq j)\end{cases} \tag{6-39}$$

将式(6-37)(6-38)和(6-39)代入到式(6-34)中,可以得到下式

$$F=\frac{1}{2}(\{\boldsymbol{E}\}^{\mathrm{T}}[\boldsymbol{A}]\{\boldsymbol{E}\}-k_0^2\{\boldsymbol{E}\}^{\mathrm{T}}[\boldsymbol{B}]\{\boldsymbol{E}\}) \tag{6-40}$$

对 F 中每个棱边求偏导数,并令偏导数为零,得到谐振腔的广义本征值方程组

$$[\boldsymbol{A}]\{\boldsymbol{E}\}=k_0^2[\boldsymbol{B}]\{\boldsymbol{E}\} \tag{6-41}$$

矩阵$[\boldsymbol{A}]$和$[\boldsymbol{B}]$均为自伴正定矩阵,只与结点坐标和剖分的网格内参数有关,是已知量。矩形腔体表面的边界条件为 Dirichlet 边界条件,求解时,直接令处于边界面上的棱边的电场为零。

式(6-41)左乘$[\boldsymbol{B}]^{-1}$

$$[\boldsymbol{B}]^{-1}[\boldsymbol{A}]\{\boldsymbol{E}\}=k_0^2\{\boldsymbol{E}\} \tag{6-42}$$

k_0 为谐振腔的本征值,k_0^2 为矩阵 $[\boldsymbol{B}]^{-1}[\boldsymbol{A}]$ 的特征值。因为 $[\boldsymbol{B}]^{-1}[\boldsymbol{A}]$ 为已知量,因此可以求解出 k_0,对应每一个 k_0,均可以求出一个特征列向量 $\{\boldsymbol{E}\}$,将特征列向量 $\{\boldsymbol{E}\}$ 代入式(6-35),即可求得整个待求解区域的电场的近似值 E。

最终得到矩形谐振腔波数的求解公式

$$k_c=\sqrt{\left(\frac{m\pi}{a}\right)^2+\left(\frac{n\pi}{b}\right)^2+\left(\frac{l\pi}{c}\right)^2} \tag{6-43}$$

其中 m, n, l 为非负整数。在本算例中,计算出矩形谐振腔的 8 个最低非零本征值的解析值(见表 6-2)。同时,通过上述有限元法求解其对应的计算值 (k_0, cm^{-1})。

表 6-2　有限元求解谐振腔本征值的流程图

模　式	解 析 值	计 算 值	误差(%)
TE_{101}	5.236	5.233	0.06
TM_{110}	7.025	7.001	0.34
TE_{011}	7.531	7.512	0.25
TE_{201}	7.531	7.536	0.07
TM_{111}	8.179	8.161	0.22
TE_{111}	8.179	8.182	0.04
TM_{210}	8.886	8.794	1.04
TE_{102}	8.947	8.916	0.35

将求得的矩形谐振腔的 8 个最低非零本征值和解析值进行对比,得到的对比图如图 6-4 和图 6-5 所示,纵坐标表示本征值大小,横坐标表示不同模式。根据有限元算法的

特点，我们知道，得到的计算值只是一种近似值，和解析值存在误差是不可避免的。计算误差取决于网格剖分密度，剖分密度越大，误差越小。

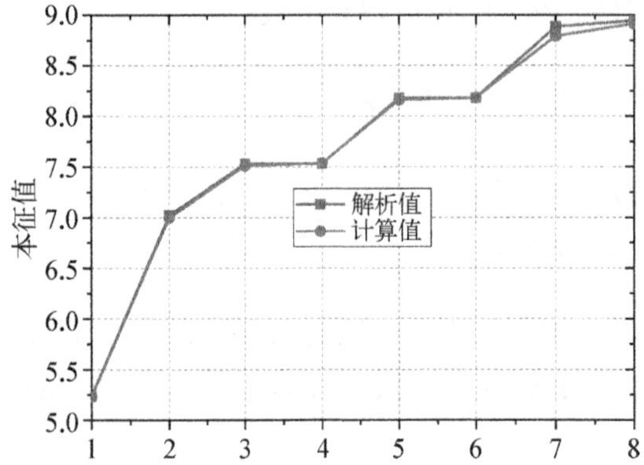

图 6-4 谐振腔计算值和解析值的对比

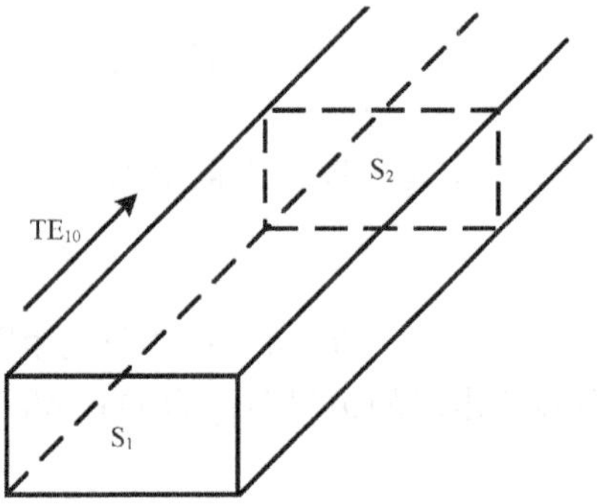

图 6-5 矩形波导结构

2. 有限元法分析矩形波导

中空的矩形波导其本身的金属边界条件，决定了它只能传输 TE 模和 TM 模，不能传输 TEM 模。有限元法只能分析有限长度的矩形波导，所以图 6-5 中截取了一段矩形波导，只考虑主模 TE_{10} 无衰减传输。

考虑边界条件。在 S_1 上，令 E_0 为入射波幅度，R 为反射系数，k_{z10} 为传播系数，a 为宽边波导长度。

$$e_{10}(x,\ y)=y\sin\frac{\pi x}{a} \tag{6-44}$$

$$k_{z10}=\sqrt{k_0^2-\left(\frac{\pi}{a}\right)^2} \tag{6-45}$$

S_1 处的总电场为

$$\begin{aligned} E(x,\ y,\ z)&=E^{inc}(x,\ y,\ z)+E^{ref}(x,\ y,\ z)\\ &=E_0 e_{10}(x,\ y)e^{-jk_{z10}z}+RE_0 e_{10}(x,\ y)e^{jk_{z10}z} \end{aligned} \tag{6-46}$$

$$\begin{aligned} n\times(\nabla\times E)&=-z\times(\nabla\times E)=-jk_{z10}E^{inc}+jk_{z10}E^{ref}\\ &=jk_{z10}E-2jk_{z10}E^{inc} \end{aligned} \tag{6-47}$$

令 $\gamma=jk_{z10}$，$U^{inc}=-2jk_{z10}E^{inc}$，有

$$n\times(\nabla\times E)+\gamma n\times(\nabla\times E)=U^{inc} \tag{6-48}$$

同理，S_2 处的总电场满足

$$E(x,\ y,\ z)=E^{trans}(x,\ y,\ z)=TEe_{10}(x,\ y)e^{-jk_{z10}z} \tag{6-49}$$

$$n\times(\nabla\times E)+\gamma n\times(\nabla\times E)=0 \tag{6-50}$$

式(6-49)中,T 表示穿透系数。

公式(6-48)和(6-49)统称为吸收边界条件。根据边界条件和微分方程,可以求得唯一解。采用里兹变分原理,令 S_0 表示电壁面,可将问题等效为

$$\begin{cases}\delta F(E)=0\\ n\times E\,|_{s0}=0\end{cases} \tag{6-51}$$

$$\begin{aligned}F(E)=&\frac{1}{2}\iiint_V\left[\frac{1}{\mu_r}(\nabla\times E)\cdot(\nabla\times E)-k_0^2\varepsilon_r E\cdot E\right]\mathrm{d}V+\\&\iint_{S1}\left[\frac{\gamma}{2}(n\times E)\cdot(n\times E)+E\cdot U^{inc}\right]\mathrm{d}S+\\&\iint_{S2}\left[\frac{\gamma}{2}(n\times E)\cdot(n\times E)\right]\mathrm{d}S\end{aligned} \tag{6-52}$$

式(6-51)的数值离散和谐振腔的本征值问题类似,采用四面体单元进行离散。场的近似展开为

$$n\times E^S=\sum_{i=1}^{n_S}S_i^S E_i^S=\{E^S\}^{\mathrm{T}}\{S^S\}=\{S^S\}^{\mathrm{T}}\{E^S\} \tag{6-53}$$

其中上标 S 表示离散后的四面体单元面数,n_S 为面单元的棱边数,S_i^S 表示矢量棱边基函数。$S_i^S=n\times N_i^S$,N_i^S 是棱边 i 上具有单位切向量的矢量棱边基函数。将上面的基函数代入到公式(6-56)中有

$$F=\frac{1}{2}\sum_{e=1}^{M}\{E^e\}^{\mathrm{T}}[\boldsymbol{K}^e]\{E^e\}+\frac{1}{2}\sum_{S=1}^{M_S}\{E^S\}^{\mathrm{T}}[\boldsymbol{B}^S]\{E^S\}-\sum_{S=1}^{M_{S1}}\{E^S\}^{\mathrm{T}}[\boldsymbol{b}^S] \tag{6-54}$$

M 表示离散后四面体单元的总数,M_{S1} 和 M_{S2} 分别是 S_1 和 S_2 面上的三角形单元数。

$$\begin{cases}[K^e]=\iiint_{Ve}\left[\frac{1}{\mu_r^e}\{\nabla\times N^e\}\cdot\{\nabla\times N^e\}^{\mathrm{T}}-k_0^2\varepsilon_r^e\{N^e\}\cdot\{E^e\}^{\mathrm{T}}\right]\mathrm{d}V\\ [B^S]=\iint_{S^S}\gamma S^S\cdot S^S\mathrm{d}S\\ \{b^S\}=\iint_{S^S}S^S\cdot(U^{inc}\times n)\mathrm{d}S\end{cases} \tag{6-55}$$

式(6-55)可以简化为

$$[\boldsymbol{K}]\{E\}=\{b\} \tag{6-56}$$

$[\boldsymbol{K}]$ 由 $[\boldsymbol{K}^e]$ 和 $[\boldsymbol{B}^S]$ 集成,$\{b\}$ 由 $\{b^S\}$ 集成。结合边界条件,可以求得波导中四面体单元棱边上场的大小。

6.5 本章小结

本章主要介绍了有限元方法的基本思想及变分原理,并对电磁问题的有限元求解方法

和计算流程分别给予说明。

6.6 问题与讨论

(1) 用有限元方法计算平面波照射下的球、正方体和杏仁体的散射特性，并比较异同，说明尺寸变化的影响。

(2) 用有限元方法计算平面波从不同方向照射圆柱体时的散射特性。

第7章 时域有限差分法

7.1 时域有限差分法研究进展的相关名词

1. 蛙跳式交替时域有限差分(Leapfrog ADI-FDTD)方法

FDTD的改进方法,迭代方程更为简单,在保持无条件稳定优点的基础上提高了算法效率,具有很好的应用前景。

2. 伪谱时域差分(PSTD)方法

引入高阶均匀化采样消除了低阶时间离散对传统FDTD算法精度的限制,并消除了数值近似引起的数值波相速度各向异性和波前失真。

3. 时域多分辨率小波(MRTD)方法

将具有强稳定特性的高阶龙格库塔方法和小波多分辨分析理论相结合,用于电磁场数值分析计算,真正实现了电磁目标的多分辨率分析。

7.2 时域有限差分法概述

自20世纪60年代以来,随着计算机技术的发展,一些电磁场的数值计算方法逐步发展起来,并得到广泛应用,其中主要有:属于频域技术的有限元法(FEM)、矩量法(MM)和单矩法等;属于时域技术的时域有限差分法(FDTD)、传输线矩阵法(TLM)和时域积分方程法等。此外,还有属于高频技术的几何衍射理论(GTD)和衍射物理理论(PLD)等。各种方法都具有自己的特点和局限性,在实际中经常把它们相互组合而形成各种混合方法[1,2]。其中FDTD是一种已经获得广泛应用并且有很大发展前景的时域数值计算方法。时域有限差分(FDTD)方法于1966年由K. S. Yee[3]提出并迅速发展,且获得广泛应用。K. S. Yee用后来被称作Yee氏网格的空间离散方式,把含时间变量的Maxwell旋度方程转化为差分方程,并成功地模拟了电磁脉冲与理想导体作用的时域响应。但是由于当时理论的不成熟和计算机软硬件条件的限制,该方法并未得到相应的发展。20世纪80年代中期以后,随着上述两个条件限制的逐步解除,FDTD便凭借其特有的优势得以迅速发展。它能方便、精确地预测实际工程中大量复杂的电磁问题,应用范围几乎涉及所有电磁领域,成为电磁工程界和理论界研究的一个热点。目前,FDTD日趋成熟,并成为分析大部分实际电磁问题的首选方法。

另外，利用矩量法求解电磁场问题时，要用到并矢 Green 函数。对于某些问题，可以找到其解析形式的并矢 Green 函数；而对于复杂的问题，很难找到其解析形式的并矢 Green 函数，这样就使得问题无法解决。作为时域分析中的一个重要数值方法，FDTD 不存在这样的问题。

FDTD 求解电磁问题非常有效。其算法表达简洁灵活，已被广泛用于很多电磁分析中。经过了多年发展和积累，已解决了许多关键技术的“瓶颈”制约，比如吸收边界条件，散射场技术，回路积分法和变形网格，亚网格技术，广义正交曲线坐标系中的差分格式和非正交变形网格等[2]。

FDTD 方法之所以能快速发展和广泛应用，是因为[2]如下原因。

(1) FDTD 算法是完全显式计算，不使用线性代数，不限制未知电磁量。

(2) FDTD 算法计算精确。FDTD 计算中的误差来源已很明确，可以在算法中限制误差。

(3) FDTD 算法能处理暂态信号传输，能直接计算一个时域脉冲响应，对应很宽的频带。

(4) FDTD 算法能处理电磁系统的非线性响应。

(5) FDTD 算法不用求基于结构的格林函数，无须复杂的积分。

(6) 随着计算机硬件的升级，更利于 FDTD 发挥优势，适合展示场的动态变化。

7.3 时域有限差分法的发展与应用

从 20 世纪 60 年代 K. S. Yee[3] 提出时域有限差分(FDTD)方法到现在，FDTD 已解决了数值稳定性、计算精度、数值色散、激励源技术以及开域电磁问题的吸收边界条件等一系列重要问题，已成为一种非常有效的数值计算方法。

在 FDTD 的发展过程中，A. Taylor 和 M. E. Brodwin[4] 在直角坐标系给出了 FDTD 的空间步长与时间步长之间的关系。X. Min 等[5] 在边界条件约束下探究了 FDTD 计算的稳定性和收敛性。FDTD 算法因为在时间和空间都进行迭代，存在数值色散，这主要是由于差分近似处理造成的，而且这种误差会随着计算迭代而累积，甚至引起计算的电磁波畸变[6,7]。K. L. Shlager 等[8] 已对这种色散误差进行了深入探究。网格的取法不同，尤其是变形网格、非正交网格、不均匀的六面体网格等，都会对算法稳定性和色散特性造成影响，需要具体问题具体分析[9~12]。

FDTD 不可能计算无限大区域，一般通过引入吸收边界等效理想的无穷大空间，吸收边界的设置已有好几种方法，已日趋成熟。另外，也通过引入连接边界，利用 Huygens 原理，在连接边界处引入入射场，如图 7-1 所示。当然 FDTD 计算的主要是近场区域，如果想要得到远场的分布，比如天线的远场方向图，就需要从近场结果外推远场，这个基本原理可以参考电流元的近场和远场之间满足的傅里叶变换关系，当然远场外推方面也有很多人已做了很多工作[23~26]，目前大多数的商业软件也大都采用这种外推的方法来

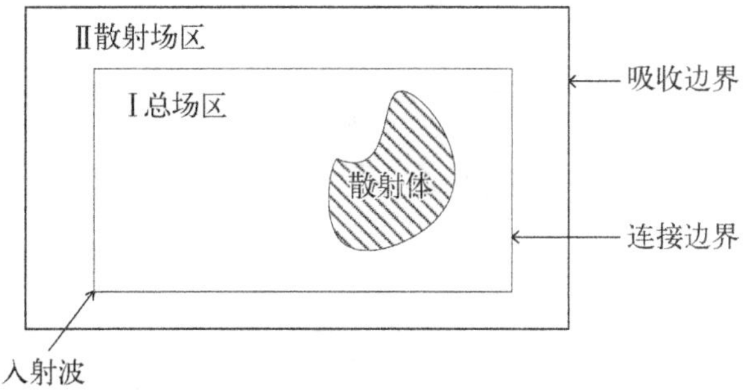

图 7-1　区域划分，在连接处引入入射场

得到远场。

20 世纪 90 年代，FDTD 算法开始用于天线的仿真计算，发展飞快，目前几乎各种天线，如振子天线、微带天线、喇叭天线、反射面天线等都可以用 FDTD 计算。

从 Reineix 和 Jecko[2] 在 1989 年用 FDTD 仿真计算微带天线开始，Sheen 等人[3] 1990 年也用 FDTD 分析了矩形贴片天线。Leveque 等[4] 于 1992 年用 FDTD 建立了微带天线中的介质模型。同时，Wu 等人[5] 用 FDTD 准确地计算了各种形状微带贴片的反射系数。Uehara 和 Kagoshima[6] 分析了两个微带天线之间的互耦。1994 年，Qian 等[7] 用 FDTD 设计了双缝天线。Reineix 和其合作者[8-10] 扩充了 FDTD 在微带天线中的应用范围，完成了带缝的微带天线输入阻抗计算、微带贴片天线的 RCS 计算、含有铁氧体的基片材料的微带天线的辐射特性分析。

7.4　时域有限差分法的基本原理

麦克斯韦方程是描述宏观电磁现象的一组基本方程。这组方程既可以写成微分形式，又可以写成积分形式。FDTD 方法由麦克斯韦旋度方程的微分形式出发，利用二阶精度的中心差分近似，直接将微分运算转换为差分运算，这样达到了在一定体积内和一段时间上对连续电磁场数据的抽样压缩。

1. *麦克斯韦方程和 Yee 氏算法*

对于各向同性、线性和均匀介质的无源空间，限定性的麦克斯韦旋度方程可写成

$$\nabla\times\boldsymbol{E}=-\frac{\partial\boldsymbol{B}}{\partial t}-\sigma_m\boldsymbol{H}\tag{7-1a}$$

$$\nabla\times\boldsymbol{H}=-\frac{\partial\boldsymbol{D}}{\partial t}+\sigma_e\boldsymbol{E}\tag{7-1b}$$

式中，$\boldsymbol{E}$ 是电场强度，单位为 V/m；$\boldsymbol{H}$ 是磁场强度，单位为 A/m；ε 表示介质介电系数，单位为 F/m；μ 表示磁导系数，单位为 H/m；σ 表示介质电导率，单位为 S/m；σ_m 表示磁导率，单位为 Ω/m。

式(7-1)在直角坐标系中可分解为如下六个标量方程

$$\frac{\partial H_z}{\partial y}-\frac{\partial H_y}{\partial z}=\varepsilon\frac{\partial E_x}{\partial t}+\sigma E_x \tag{7-2a}$$

$$\frac{\partial H_x}{\partial z}-\frac{\partial H_z}{\partial x}=\varepsilon\frac{\partial E_y}{\partial t}+\sigma E_y \tag{7-2b}$$

$$\frac{\partial H_y}{\partial x}-\frac{\partial H_x}{\partial y}=\varepsilon\frac{\partial E_z}{\partial t}+\sigma E_z \tag{7-2c}$$

$$\frac{\partial E_z}{\partial y}-\frac{\partial E_y}{\partial z}=-\mu\frac{\partial H_x}{\partial t}-\sigma_m H_x \tag{7-2d}$$

$$\frac{\partial E_x}{\partial z}-\frac{\partial E_z}{\partial x}=-\mu\frac{\partial H_y}{\partial t}-\sigma_m H_y \tag{7-2e}$$

$$\frac{\partial E_y}{\partial x}-\frac{\partial E_x}{\partial y}=-\mu\frac{\partial H_z}{\partial t}-\sigma_m H_z \tag{7-2f}$$

如果将计算的空间沿三个坐标轴向分成很多网格单元，Δx，Δy，Δz 分别表示在 x，y，z 坐标方向的网格空间步长，Δt 表示时间步长，任意一个空间和时间的函数可表示为（i，j，k，n 为整数）

$$F^n(i, j, k)=F(i\Delta x, j\Delta y, k\Delta z, n\Delta t) \tag{7-3}$$

然后用中心差分方式来表示函数对空间和时间的偏导数，这种差分实质上是一种蛙跳法，具有二阶精度。

基本网格单元上 6 个场分量的位置如图 7-2 所示，此种网络成 Yee 氏网格。电磁场的这种空间设置方法不仅允许作空间差分计算，也自然满足了 Maxwell 方程的积分形式，能恰当模拟电磁场的传播。

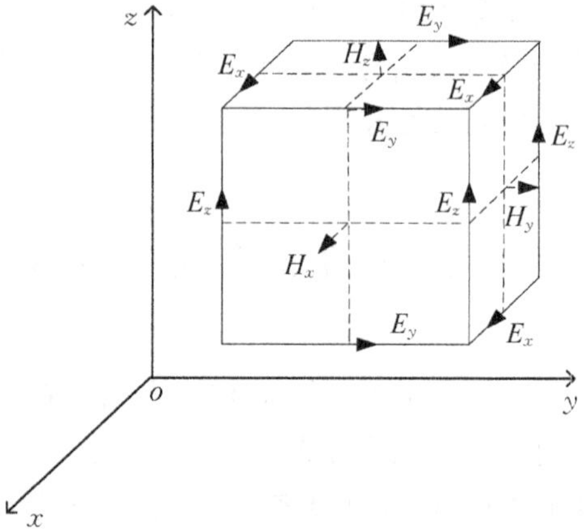

图 7-2　Yee 氏网格及其电磁场分量分布

标量方程的差分形式为

$$\frac{E_x^n(i+1/2, j, k)-E_x^{n-1}(i+1/2, j, k)}{\Delta t}=\frac{1}{\varepsilon(i+1/2, j, k)}\times$$
$$\begin{Bmatrix} [H_z^{n-1/2}(i+1/2, j+1/2, k)-H_z^{n-1/2}(i+1/2, j-1/2, k)]/\Delta y \\ -[H_y^{n-1/2}](i+1/2, j, k+1/2)-H_y^{n-1/2}(i+1/2, j, k-1/2)/\Delta z \\ -\sigma_e E_x^{n-1/2}(i+1/2, j, k) \end{Bmatrix} \tag{7-4}$$

式(7-4)中包含相互间隔半个时间步的三个 E_x 值，为了克服因此带来的编程计算上的不便，可采用如下的近似

$$E_x^{n-1/2}(i+1/2, j, k)=\frac{1}{2}[E_x^{n-1}(i+1/2, j, k)+E_x^n(i+1/2, j, k)] \tag{7-5}$$

则改进后的标量方程的差分形式为

$$E_x^n(i+1/2, j, k)=\frac{1-\frac{\sigma_e(i+1/2, j, k)\Delta t}{2\varepsilon(i+1/2, j, k)}}{1+\frac{\sigma_e(i+1/2, j, k)\Delta t}{2\varepsilon(i+1/2, j, k)}}E_x^{n-1}(i+1/2, j, k)+$$

$$\frac{\Delta t}{\varepsilon(i+1/2, j, k)}\cdot\frac{1}{\frac{\sigma_e(i+1/2, j, k)\Delta t}{2\varepsilon(i+1/2, j, k)}}\cdot$$

$$\begin{Bmatrix}[H_z^{n-1/2}(i+1/2, j+1/2, k)-H_z^{n-1/2}(i+1/2, j-1/2, k)]/\Delta y \\ -[H_y^{n-1/2}(i+1/2, j, k+1/2)-H_y^{n-1/2}(i+1/2, j, k-1/2)]/\Delta z\end{Bmatrix} \tag{7-6}$$

用完全类似的方法可以得到其他电场分量满足的差分方程。关于磁场各分量满足的差分方程，很容易从对比中求得。上边方程中磁场各分量取在 $n+1/2$ 时间步，故磁场值应取在 $n+1/2$ 时间步，以保证磁场取值的时间步差为一整个时间步。任一网格点上的电场分量只与它上一个时间步的值及四周环绕它的磁场分量有关；任一网格点上的磁场分量只与它上一个时间步的值及四周环绕它的电场分量有关。

这种迭代形式，正是安培环路定律和法拉第电磁感应定律积分形式的具体体现。差分方程中的 ε, μ, σ_e, σ_m 都表示成了空间坐标的函数，这说明这些参数可以设置为非均匀的或各向异性的。因此，这种算法在处理介质的非均匀性和各向异性方面不仅有效，而且很方便。在初始时刻，整个问题空间中电磁场值处处为零，从开始时刻引入激励源，随着时间的推进，一步步迭代，最后得到整个空间的场值分布。

由于此迭代格式完全是显式的，因此没有类似矩量法的矩阵求逆，大大节约了计算时间。

电场分量的归一化

$$\hat{E}=\sqrt{\frac{\varepsilon_0}{\mu_0}}E \tag{7-7}$$

假设所仿真的材料都是非磁性的。通过引入电通量密度，可以简化对复杂介质的处理。归一化电场和电通量密度为

$$\frac{\partial \boldsymbol{D}}{\partial t}=\frac{1}{\sqrt{\varepsilon_0\mu_0}}\nabla\times\boldsymbol{H} \tag{7-8}$$

$$\frac{\partial \boldsymbol{H}}{\partial t}=-\frac{1}{\sqrt{\varepsilon_0\mu_0}}\nabla\times\boldsymbol{E} \tag{7-9}$$

$$\boldsymbol{D}(\omega)=\varepsilon_r^*(\omega)\cdot\boldsymbol{E}(\omega) \tag{7-10}$$

其中

$$\varepsilon_r^*(\omega)=\varepsilon_r+\frac{\sigma}{j\omega\varepsilon_0} \tag{7-11}$$

作傅里叶反变换后得到

$$D(t)=\varepsilon_r\cdot E(t)+\frac{\sigma}{\varepsilon_0}\int_0^t E(t')\cdot \mathrm{d}t' \tag{7-12a}$$

离散化处理得

$$D^n=\varepsilon_r\cdot E^n+\frac{\sigma\cdot\Delta t}{\varepsilon_0}E^n+\frac{\sigma\cdot\Delta t}{\varepsilon_0}\sum_{i=0}^{n-1}E^i \tag{7-12b}$$

于是可以通过 n 时刻的 D 以及 n 时刻之前的 E 来求得 n 时刻 E 的值

$$\boldsymbol{D}^n=\boldsymbol{D}^{n-1}+\frac{\Delta t}{\sqrt{\varepsilon_0\mu_0}}\cdot\nabla\times\boldsymbol{H} \tag{7-13}$$

$$\boldsymbol{H}^n=\boldsymbol{H}^{n-1}+\frac{\Delta t}{\sqrt{\varepsilon_0\mu_0}}\cdot\nabla\times\boldsymbol{E} \tag{7-14}$$

$$\boldsymbol{E}^n=\frac{\boldsymbol{D}^n-\boldsymbol{I}^{n-1}}{\varepsilon_r+\dfrac{\sigma\cdot\Delta t}{\varepsilon_0}} \tag{7-15}$$

$$\boldsymbol{I}^n=\boldsymbol{I}^{n-1}+\frac{\sigma\cdot\Delta t}{\varepsilon_0}\boldsymbol{E}^n \tag{7-16}$$

于是所有关于材料的信息都集中到了上面的方程式中，对于各种不同的介质，其所改变的只是 ε_r^* 的形式，从而改变上面方程的相关形式，但对于主要的 FDTD 迭代公式没有任何影响。

通过在方程中引入归一化和电通量密度参量，可以简化方程的表达形式，并且为处理各种复杂的非磁性介质提供了一种比较便利的途径。

2. 数值色散问题

由于 FDTD 方程只是原麦克斯韦旋度方程的一种近似，在计算中存在误差。同时，由于 FDTD 方法是一个迭代过程，因此它的数值稳定性至关重要。由于采用差分方程来近似微分方程，因此即使是在非色散介质中，FDTD 计算过程中也会出现色散现象，且波的相速度随波长、方向及空间步长的不同而发生变化。

这种非物理的色散现象称为数值色散，它将影响计算精度。

三维空间中任一单色平面波的 ξ_r 分量可以表示为

$$\xi_r^n(I,J,K)=\xi_{r0}\exp[j(k_xI\Delta x+k_yJ\Delta y+k_zK\Delta z-\omega n\Delta t)];\ \xi=E,H;\ r=x,y,z \tag{7-17}$$

把单色平面波的一般形式代入差分方程，导出频率与时间和空间步长之间的关系，也就是数值色散关系。均匀无耗各向同性介质空间的差分方程数值色散关系和用解析方法得到

的理想色散关系分别为

$$\frac{1}{(v\Delta t)^2}\sin^2\left(\frac{\omega\Delta t}{2}\right)=\frac{1}{(\Delta x)^2}\sin^2\left(\frac{k_x\Delta x}{2}\right)+\frac{1}{(\Delta y)^2}\sin^2\left(\frac{k_y\Delta y}{2}\right)+\frac{1}{(\Delta z)^2}\sin^2\left(\frac{k_z\Delta z}{2}\right) \tag{7-18a}$$

$$\frac{\omega^2}{v^2}=k_x^2+k_y^2+k_z^2 \tag{7-18b}$$

当 Δt，Δx，Δy，Δz 趋向于零时，式(7-18a)的极限就是式(7-18b)。说明数值色散是由于用近似差商计算代替连续微商而引起的。这种色散可以通过减少时间和空间步长而减小，但这种减小就意味着总网格数和时间步的增加。步长不可能无限减小，因此数值色散是不可避免的。在实际中总是根据问题的性质和实际条件来适当地选取时间和空间步长。选取空间步长的一般要求是

$$\max(\Delta x,\ \Delta y,\ \Delta z)\leqslant\lambda_{\min}/10 \tag{7-19}$$

$\lambda_{\min}$ 指计算频带内整个计算空间各种介质中的最小波长。在这种情况下，不论波在网格中的传播方向如何，主要频谱成分的数值相速与真实物理相速的差值均小于1%。

一旦差分格式和空间网格的尺寸确定了，最大时间步长由 Courant 条件确定。

Courant 条件的物理意义：FDTD 的算法和迭代决定了在一个时间步长 Δt 内，某场分量最远只能传播一个空间步长的距离，其最大速度为 $\Delta u/\Delta t$，如果在 FDTD 网格中传播的物理波使得场量在网格点之间传播的速度超过这一速度，就破坏了因果条件，使计算不收敛。对于一个给定的初值问题，一个与它相容的差分方程的收敛性与稳定性互为充要条件。

也就是说，Maxwell 方程的收敛性与稳定性是等价的，不收敛也就意味着不稳定，因此一般都只用稳定性一词来表述两个概念。

在一维情况下，唯一的传播方向就是网格点所在的直线方向，因此要求

$$v\Delta t\leqslant\Delta u \tag{7-20}$$

在二维情况下，假设 $\Delta x=\Delta y=\Delta u$，使场量传播最快的波矢量方向是网格对角线方向，因此要求

$$\sqrt{2}\,v\leqslant\frac{\Delta u}{\Delta t} \tag{7-21}$$

三维情况可以类推，使场量传播最快的波矢量方向是立方体网格的对顶角方向，因此要求

$$\sqrt{3}\,v<\frac{\Delta u}{\Delta t} \tag{7-22}$$

因此，对于 d 维网格 $(d=1,\ 2,\ 3)$，假设网格尺寸均等于 Δu，由因果关系对 Δt 的限制条件是

$$\Delta t \leqslant \frac{\Delta u}{v_{\max}\sqrt{d}} \tag{7-23}$$

而更一般地，在各方向空间步长不相等的网格中，Δt 的限制条件为(以三维矩形网格为例)

$$\Delta t \leqslant \frac{1}{v_{\max}\sqrt{\left(\frac{1}{\Delta x}\right)^2+\left(\frac{1}{\Delta y}\right)^2+\left(\frac{1}{\Delta z}\right)^2}} \tag{7-24}$$

$v_{\max}$ 为计算空间中电磁波的最大速度。实验证明，上式取等号时确定的 Δt 就可以得到准确的结果。大多数情况下，更小的 Δt 并不一定能使结果更准确。

3. 吸收边界条件

FDTD 算法的重要特点是，在需要计算电磁场的全部区域建立 Yee 氏网格，为了能够模拟开区域的电磁辐射和散射问题，必须把无限的网格空间截断。为了消除在截断处出现的非物理的电磁波的反射，必须设置良好的无反射边界条件，称吸收边界条件(absorbing boundary conditions, ABC)。

(1) 吸收边界条件大体上分为两大类：非材料吸收边界条件(Non-Material ABC's)；材料吸收边界条件(material ABC's)。

(2) 比较流行的吸收边界方法：Mur 吸收边界；PML 吸收边界。

1) 非材料吸收边界条件

非材料吸收边界条件又有辐射边界条件、单向波近似吸收边界条件、超吸收边界条件等。研究应用得最广泛的是单向波近似吸收边界条件，它是基于差分方程的。将波方程算子

$$L=\partial^2 x+\partial^2 y+\partial^2 z-\frac{\partial^2 t}{c^2} \tag{7-25}$$

因式分解，例如对 x 分解为

$$L=L^+L^-=(\partial x+\partial t\sqrt{1-s^2}/c)(\partial x-\partial t\sqrt{1-s^2}/c) \tag{7-26a}$$

$$s=\sqrt{\left(\frac{\partial y}{\partial t/c}\right)^2+\left(\frac{\partial z}{\partial t/c}\right)^2} \tag{7-26b}$$

类似的可以对 y, z 分解。在某边界上，取因式中其解在该边界上为外行波的一项作用于波函数，作为吸收边界条件的方程，如，在 $x=0$ 的网格边界，$L^-\psi=0$ 的解为外行波，故吸收边界条件为 $L^-\psi=0$。

同理，在 $x=x_0$ 边界，吸收边界条件为 $L^+\psi=0$。L^+、L^- 称为准微分算子，难以直接进行数值计算，可将其中根式$\sqrt{1-s^2}$ 按不同方法展开，取其中重要的几项作为近似值，一般

$$\sqrt{1-s^2}=p_m(s)/q_n(s) \tag{7-27}$$

$p_m(s)$表示 s 的 m 阶多项式。因此可以将吸收边界条件按 m、n 的取值来分类。

熟知的 Mur 一阶吸收边界条件($\sqrt{1-s^2}\approx 1$) 属于(0, 0)类型，Mur 二阶吸收边界条件($\sqrt{1-s^2}\approx 1-s^2/2$) 属于(2, 0)类型。非材料吸收边界条件对波的吸收性能不是一贯的好，通常在平面波情况下，在某些角度才能良好的吸收，同时要求边界面远离散射体以避免不稳定情况。

2) 材料吸收边界条件

材料吸收边界条件的原理是用损耗性材料将计算域包围，使外行波衰减。此“材料”并不是物理上的，而是由算法模拟的。目前，应用最广、效果最好的是 Berenger 提出的理想匹配层吸收边界条件(perfectly matched layer，PML)。

它在计算区域边界面附近引入虚拟的各向异性有耗介质，并使得在一定条件下，计算区域空间与虚拟有耗介质层完全匹配，计算空间中的外行电磁波可以无反射地进入虚拟有耗介质，并逐渐衰减，从而有效吸收外行波。

它的吸收性能理论上与外行波入射角和频率无关，可以在宽频带、大入射角范围内有效吸收外行波，并使反射误差与色散误差可比拟，甚至更小；而且 PML 层的计算公式与麦克斯韦方程类似，很方便与计算区域衔接。

设任意极化的时谐平面波

$$\boldsymbol{H}^{inc}=\boldsymbol{H}_0\mathrm{e}^{-\mathrm{j}\beta_x^i x-\mathrm{j}\beta_z^i z} \tag{7-28}$$

在各向同性介质中传播，并射向占据半无限大空间的单轴各向异性介质。设两种介质的分界面为 $z=0$ 平面。在单轴各向异性介质空间中激励起的场是平面波，满足麦克斯韦方程，传播常数为 $\beta^a=\hat{x}\beta_x^i+\hat{z}\beta_z^i$，以保证分界面处相位匹配。将平面波的解代入麦克斯韦旋度方程，得到

$$\beta^a\times\boldsymbol{E}=\omega\mu_0\mu_r\overline{\overline{\boldsymbol{\mu}}}\boldsymbol{H} \tag{7-29a}$$

$$\beta^a\times\boldsymbol{H}=-\omega\varepsilon_0\varepsilon_r\overline{\overline{\boldsymbol{\varepsilon}}}\boldsymbol{E} \tag{7-29b}$$

其中，$\boldsymbol{\varepsilon}_r$，$\boldsymbol{\mu}_r$ 分别是各向同性介质中的相对介电常数和相对磁导率

$$\overline{\overline{\boldsymbol{\varepsilon}}}=\begin{bmatrix}a&0&0\\0&a&0\\0&0&a\end{bmatrix} \tag{7-30a}$$

$$\overline{\overline{\boldsymbol{\mu}}}=\begin{bmatrix}c&0&0\\0&c&0\\0&0&d\end{bmatrix} \tag{7-30b}$$

假设该各向异性介质是关于 z 轴旋转对称的，因此在上述两式中 $\varepsilon_{xx}=\varepsilon_{yy}$，$\mu_{xx}=\mu_{yy}$。由上述耦合旋度方程可以导出波动方程

$$\boldsymbol{\beta}^a\times\overline{\overline{\boldsymbol{\varepsilon}}}\boldsymbol{\beta}^a\times\boldsymbol{H}+k^2\overline{\overline{\boldsymbol{\mu}}}\boldsymbol{H}=0 \tag{7-31}$$

其中，$k^2=\omega^2\mu_0\mu_r\varepsilon_0\varepsilon_r$，该波动方程可以表示为如下的矩阵形式

$$\begin{bmatrix} k^2c-a^{-1}\beta_z^{a2} & 0 & \beta_x^i\beta_z^a a^{-1} \\ 0 & k^2c-a^{-1}\beta_z^{a2}-b^{-1}\beta_x^{i2} & 0 \\ \beta_x^i\beta_z^a a^{-1} & 0 & k^2d-a^{-1}\beta_x^{i2} \end{bmatrix} \begin{bmatrix} H_x \\ H_y \\ H_z \end{bmatrix}=0 \tag{7-32}$$

由上述方程的系数行列式为零可得到该单轴介质的色散关系。解出 β_z^a，共有 4 个本征模解。它们可以去耦分解为前传和后传的 TE_y 模和 TM_y 模，分别满足下列色散关系

$$\begin{cases} k^2c-a^{-1}\beta_z^{a2}-b^{-1}\beta_x^{i2}=0;\ TE_y \\ k^2a-c^{-1}\beta_z^{a2}-d^{-1}\beta_x^{i2}=0;\ TM_y \end{cases} \tag{7-33}$$

下面计算分界面的反射系数，先考查 TE_y 模入射。上半部各向同性介质中的场可以表示成入射波和反射波的叠加

$$\boldsymbol{H}_1=\hat{\boldsymbol{y}}H_0(1+\Gamma e^{2j\beta_z^i z})e^{-j\beta_x^i x-j\beta_x^i z} \tag{7-34}$$

$$\boldsymbol{E}_1=\left\{\hat{\boldsymbol{x}}\frac{\beta_z^i}{\omega\varepsilon}[1-\Gamma e^{2j\beta_z^i z}]-\hat{\boldsymbol{z}}\frac{\beta_x^i}{\omega\varepsilon}[1+\Gamma e^{2j\beta_z^i z}]\right\}\times H_0 e^{-j\beta_x^i x-j\beta_z^i z} \tag{7-35}$$

透射进入各向异性介质半空间的波也是 TE_y 模，满足色散关系，可表示为

$$\boldsymbol{H}_2=\hat{\boldsymbol{y}}H_0\tau e^{-j\beta_x^i x-j\beta_z^a z} \tag{7-36}$$

$$\boldsymbol{E}_2=\left\{\hat{\boldsymbol{x}}\frac{\beta_z^a a^{-1}}{\omega\varepsilon}-\hat{\boldsymbol{z}}\frac{\beta_x^i b^{-1}}{\omega\varepsilon}\right\}H_0\tau e^{-j\beta_x^i x-j\beta_z^a z} \tag{7-37}$$

其中，Γ，τ 分别是反射系数和透射系数。利用边界切向场分量连续条件，可以求得

$$\Gamma=\frac{\beta_z^i-\beta_z^a a^{-1}}{\beta_z^i+\beta_z^a a^{-1}} \tag{7-38}$$

$$\tau=1+\Gamma=\frac{2\beta_z^i}{\beta_z^i+\beta_z^a a^{-1}} \tag{7-39}$$

为了寻找适当的介质参数，假设对所有的入射角都有 $\Gamma=0$，也就是找到在什么介质参数条件下 $\beta_z^i=\beta_z^a a^{-1}$。则由色散关系，可将此关系进一步表示为

$$\beta_z^{i2}=k^2ca^{-1}-\beta_x^{i2}b^{-1}a^{-1} \tag{7-40}$$

其中，$\beta_z^{i2}=k^2-\beta_x^{i2}$。显然当 $c=a$，$b=a^{-1}$ 时，$\beta_z^i=\beta_z^a a^{-1}$ 成立。对 TM_y 模，可相似地推导出无反射条件为 $c=a$，$d=a^{-1}$。

由此得出结论：当一平面波入射单轴各向异性介质时，如果 $a=c=b^{-1}=d^{-1}$，则平面波将无反射地透射进入该单轴各向异性介质。这一条件不随入射波的入射角、极化、频率变化而改变。并且，由色散关系可知，此时，TE_y 模和 TM_y 模的传播特性变得相同。

如果这一单轴介质是高损耗的，它在 FDTD 应用中就非常有用。电磁波无反射地进入该介质并且迅速地衰竭，由于损耗巨大，即使在该介质后方用理想导体截断，所产生的反射场也微乎其微。

4. 激励源设置

1) 源的类型

FDTD 方法将电磁场按初值问题来解。一般假设各场分量的初始值为零，从 0 时刻起，源所在的网格点将被赋予源的场值。激励源的类型从空间分布来看，有面源、线源、点源。从频谱特性来看，有连续波源、脉冲源。从源的场性质来看，有 E 型源和 H 型源。一般常用 E 型源，在源面上仅赋予电场值。源的空间分布状态和时间分布状态是不相关的，任一种空间分布都可以采用不同时变特性的源。

FDTD 方法的一个重要特点是它能一次性处理宽频带问题，因此激励源一般是对时间呈冲击函数形式的宽频带波源，如 Gauss 脉冲、升余弦脉冲、截断三余弦脉冲、截断三正弦脉冲等。

应根据具体问题的要求来合理设置波源的频谱范围。

例如，采用一种具有带通特性的激励源，它的频谱函数是矩形窗形，其中心频率和带宽可以根据需求随意设计，这种激励源可以滤去一切不想要的频率分量，使主要频谱分量远离网格的截止频率。

高斯脉冲的时域公式为

$$E_i(t)=\mathrm{e}^{-\frac{4\pi(t-t_0)^2}{\tau^2}} \tag{7-41}$$

式(7 - 41)的 Fourier 变换为

$$E_i(f)=\frac{\tau}{2}\mathrm{e}^{-\mathrm{j}2\pi f t_0-\frac{\pi f^2\tau^2}{4}} \tag{7-42}$$

2) 源的设置

对于散射问题计算一般在总场和散射场的连接边界面上设置入射波源。

而天线问题计算激励源的设置方法有强迫源激励、附加源激励、透明源激励、总场/反射场连接边界加入等。

强迫源激励是将传输线的原网格处 FDTD 用源的时间函数代替，以电场的 z 分量为例，其形式为

$$E_z^n(i,j,k)=f(i\Delta x,j\Delta y,k\Delta z,n\Delta t)=f^n(i\Delta x,j\Delta y,k\Delta z) \tag{7-43}$$

由于电场分量的迭代式被替代，上述的源是电压源，源函数也可以替代磁场分量，这时的源为电流源。

强迫源激励由于是简单的替代，这种源的加入不需要付出内存或计算时间的额外代价。

由于源平面的替代是强制的，由天线反射到强迫源平面的波又被全反射回去。

对于较宽频带、低 Q 值的天线系统，强迫脉冲源激励是适用的，如振子天线；喇叭天线；缝天线等。

对于高 Q 值、窄带的天线，如微带天线，由于强迫源平面全反射作用，使得计算网格的电磁能量能维持很长时间，计算时间加长，甚至不可能收敛。

这时，一般的处理方法是将强迫源放在离主要计算区域很远的地方，使得强迫源消失时，由天线来的反射波才到达源平面，此时将源平面网格处的时间函数换成常规 FDTD 迭代方程，使反射波顺利通过源平面，如果在源平面附近采样，入射波和反射波在时间轴上是不重叠的。

对于有限时间长度 Gauss 脉冲，源平面网格处的时间函数换成常规 FDTD 迭代方程。但对于正弦波激励，由于激励源始终存在，源平面就无法换成常规 FDTD 迭代方程。

附加源是在源网格处的 FDTD 迭代式上加上源的时间函数，仍以电场的 z 分量为例，其形式为

$$E_z^n(i,j,k)=E_z^n(i,j,k)+\frac{\Delta t}{\varepsilon}\left\{\begin{array}{c}\dfrac{H_y^{n-1/2}(i,j,k)-H_y^{n-1/2}(i-1,j,k)}{\Delta x}\\ \dfrac{H_y^{n-1/2}(i,j,k)-H_y^{n-1/2}(i-1,j,k)}{\Delta y}\end{array}\right\}+ f^n(i\Delta x, j\Delta y, k\Delta z, n\Delta t) \tag{7-44}$$

对于反射波来说，源平面是正常的迭代式，因此，反射波可以顺利通过源平面，但由于迭代式不断将已辐射出去的场耦合回到源网格，源网格的实际值已不同于原来设置的时间函数，这时的源相当于电流源。

用附加源引入的入射场虽然与原来设置的时间函数不同，但作为天线阻抗计算来说，我们只需要知道天线输入端的电压和电流就可计算输入阻抗，而在总电压或总电流中入射波的时间函数是否就是原来引入的函数我们并不关心。

同样对方向图计算来说，由于比较的是各个方向天线辐射的功率密度的相对值，因此与入射波函数形式关系不大。作为一种比较简单的天线激励源引入方式，附加源激励在多数天线问题的计算场合中是可以用的。

5. 近场远场变换

1）远区场的外推

FDTD 本质上是一种近场计算技术，它能够准确计算包围天线的计算域内所有场分量随时间变化的关系。

如果为了得到远场而把计算区域扩大到天线的远场区显然不现实。

因此，我们直接获得的是辐射近场，如果要计算区域扩大到天线远场的特性，如方向图、增益等，就需要辐射近场变换为辐射远场。

由于标准 FDTD 网格的计算区域是基于直角坐标系的矩形域，由等效原理确定的封闭面也是矩形面，等效面应位于天线的外部和吸收边界的起始处，其位置与 Yee 网格一致。

在 FDTD 天线分析中，远近场变换主要有两类：时域近远场变换（TD.NFFF）；频域近远场变换（FD.NFFF）。

时域近远场主要用于计算天线在特定方向的瞬时辐射响应，通过 FFT，也可计算天线的宽频带增益及方向图。

频域近远场用于计算天线在指定频率完整的辐射特性。

2）等效原理

如图 7 - 3 所示，A 面处存在的等效面电流 $\boldsymbol{J}$ 与面磁流 $\boldsymbol{J}_m$ 分别为

$$\boldsymbol{J}=\mathbf{e}_n\times\boldsymbol{H} \tag{7-45a}$$

$$\boldsymbol{J}_m=-\mathbf{e}_n\times\boldsymbol{E} \tag{7-45b}$$

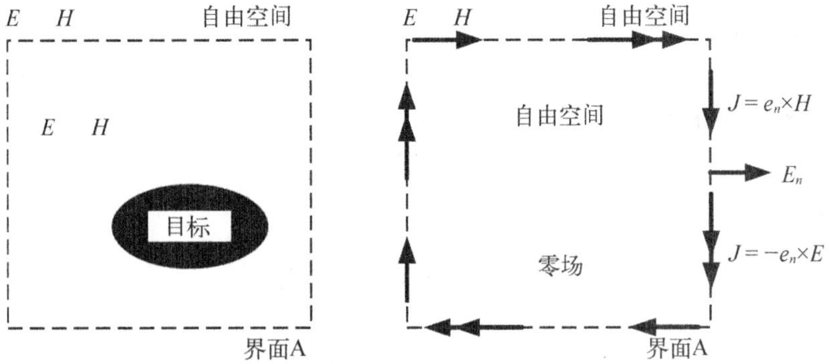

图 7 - 3　界面场等效为电流源和磁流源

均匀介质中存在电流与磁流时的麦克斯韦方程

$$\nabla\times\boldsymbol{E}=-\mathrm{j}\omega\mu\boldsymbol{H}-\boldsymbol{J}_m \tag{7-46a}$$

$$\nabla\times\boldsymbol{H}=\mathrm{j}\omega\varepsilon\boldsymbol{E}+\boldsymbol{J} \tag{7-46b}$$

电流与磁流的辐射场

$$\boldsymbol{E}=-\nabla\times\boldsymbol{F}+\frac{1}{\mathrm{j}\omega\varepsilon}\nabla\times\nabla\times\boldsymbol{A}=-\nabla\times\boldsymbol{F}-\mathrm{j}\omega\mu\boldsymbol{A}+\frac{1}{\mathrm{j}\omega\varepsilon}\nabla(\nabla\cdot\boldsymbol{A}) \tag{7-47a}$$

$$\boldsymbol{H}=\nabla\times\boldsymbol{A}+\frac{1}{\mathrm{j}\omega\mu}\nabla\times\nabla\times\boldsymbol{F}=\nabla\times\boldsymbol{A}-\mathrm{j}\omega\varepsilon\boldsymbol{F}+\frac{1}{\mathrm{j}\omega\mu}\nabla(\nabla\cdot\boldsymbol{F}) \tag{7-47b}$$

矢量势为

$$\boldsymbol{A}(\boldsymbol{r})=\int\boldsymbol{J}(\boldsymbol{r}')G(\boldsymbol{r},\boldsymbol{r}')\mathrm{d}V' \tag{7-48a}$$

$$\boldsymbol{F}(\boldsymbol{r})=\int\boldsymbol{J}_m(\boldsymbol{r}')G(\boldsymbol{r},\boldsymbol{r}')\mathrm{d}V' \tag{7-48b}$$

3）频域外推远场

$$\boldsymbol{A}(\boldsymbol{r})=\frac{\mathrm{e}^{-\mathrm{j}kr}}{4\pi r}\int_A\boldsymbol{J}(\boldsymbol{r}')\mathrm{e}^{\mathrm{j}k\boldsymbol{r}'\cdot\boldsymbol{e}_r}\mathrm{d}s' \tag{7-49a}$$

$$\boldsymbol{F}(\boldsymbol{r})=\frac{\mathrm{e}^{-\mathrm{j}kr}}{4\pi r}\int_A\boldsymbol{J}_m(\boldsymbol{r}')\mathrm{e}^{\mathrm{j}k\boldsymbol{r}'\cdot\boldsymbol{e}_r}\mathrm{d}s' \tag{7-49b}$$

远区场可以分离出球面波因子(参见图 7 - 4)

$$f(\theta,\varphi)=\int_A\boldsymbol{J}(\boldsymbol{r}')\mathrm{e}^{\mathrm{j}\boldsymbol{k}\cdot\boldsymbol{r}'}\mathrm{d}s' \tag{7-50a}$$

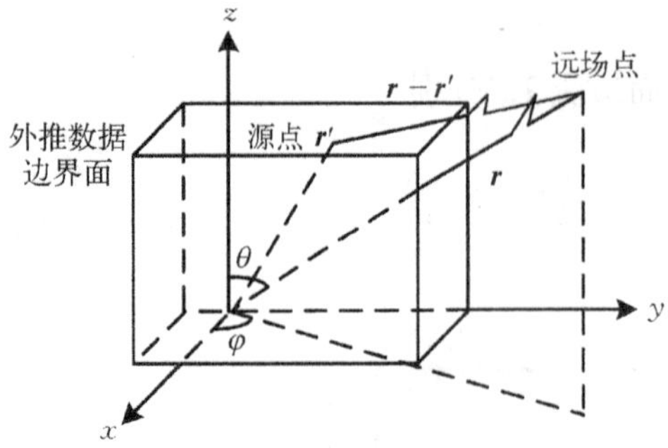

图 7-4　近场外推远场

$$f_m(\theta,\ \varphi)=\int_A \boldsymbol{J}_m(\boldsymbol{r}')\mathrm{e}^{\mathrm{j}\boldsymbol{k}\cdot\boldsymbol{r}'}\mathrm{d}s' \tag{7-50b}$$

远区场

$$\boldsymbol{E}=\mathrm{j}\boldsymbol{k}\times\boldsymbol{F}-\mathrm{j}\omega\mu\boldsymbol{A}-\frac{\boldsymbol{k}}{\mathrm{j}\omega\varepsilon}(\boldsymbol{k}\cdot\boldsymbol{A}) \tag{7-51a}$$

$$\boldsymbol{H}=-\mathrm{j}\boldsymbol{k}\times\boldsymbol{A}-\mathrm{j}\omega\varepsilon\boldsymbol{F}-\frac{\boldsymbol{k}}{\mathrm{j}\omega\mu}(\boldsymbol{k}\cdot\boldsymbol{F}) \tag{7-51b}$$

球面坐标分量

$$E_\theta=\frac{\mathrm{e}^{-\mathrm{j}kr}}{4\pi r}(-\mathrm{j}k)(Zf_\theta+f_{m\varphi}) \tag{7-52a}$$

$$E_\varphi=\frac{\mathrm{e}^{-\mathrm{j}kr}}{4\pi r}(\mathrm{j}k)(-Zf_\varphi+f_{m\theta}) \tag{7-52b}$$

$$H_\theta=\frac{\mathrm{e}^{-\mathrm{j}kr}}{4\pi r}(\mathrm{j}k)\left(-\frac{1}{Z}f_{m\theta}+f_\varphi\right) \tag{7-52c}$$

$$H_\varphi=\frac{\mathrm{e}^{-\mathrm{j}kr}}{4\pi r}(-\mathrm{j}k)\left(f_\theta+\frac{1}{Z}f_{m\varphi}\right) \tag{7-52d}$$

在直角坐标系下，设观察点方向为 $(\theta,\ \varphi)$，有

$$\boldsymbol{k}\cdot\boldsymbol{r}'=kx'\sin\theta\cos\varphi+ky'\sin\theta\sin\varphi+kz'\cos\varphi \tag{7-53}$$

则前一式中 f_i，f_m 可以写为

$$f_i=\int_a J_i(\boldsymbol{r}')\exp(\mathrm{j}kx'\sin\theta\cos\varphi+\mathrm{j}ky'\sin\theta\sin\varphi+\mathrm{j}kz'\cos\varphi)\mathrm{d}s' \tag{7-54a}$$

$$f_{mi}=\int_a J_{mi}(\boldsymbol{r}')\exp(\mathrm{j}kx'\sin\theta\cos\varphi+\mathrm{j}ky'\sin\theta\sin\varphi+\mathrm{j}kz'\cos\varphi)\mathrm{d}s' \tag{7-54b}$$

其中 $i=x,\ y,\ z$ 表示直角坐标的三个分量。而 J_i，J_{mi} 可以由输出面上的切向电磁场得到。这一部分需要特殊处理，由于 Yee 网格中电磁场各分量节点分别处于不同位置，在外推计算时要将它们(输出面上的切向电场和磁场)都换算到外推数据面上各个网格中点，并且还需要将计算时间相差 $\Delta t/2$ 时间步的电场和磁场分量换算到相同时刻。

以“前”等效面(平行于 y，z 平面，x 值最大的等效面)为例，单元网格位置为 $(i_{from},\ j,\ k)$ 的中心点的切向电场为

$$E_y\left(i_{from},\ j+\frac{1}{2},\ k+\frac{1}{2}\right)=0.5\cdot\left(E_y\left(i_{from},\ j+\frac{1}{2},\ k\right)+E_y\left(i_{from},\ j+\frac{1}{2},\ k+1\right)\right) \tag{7-55a}$$

$$E_x\left(i_{from},\ j+\frac{1}{2},\ k+\frac{1}{2}\right)=0.5\cdot\left(E_x\left(i_{from},\ j,\ k+\frac{1}{2}\right)+E_x\left(i_{from},\ j+1,\ k+\frac{1}{2}\right)\right) \tag{7-55b}$$

切向磁场分量并不在整网格位置，而在半网格位置，如图 7-5 所示，因此单元网格中心点的切向磁场是相邻的 4 个切向磁场的平均值

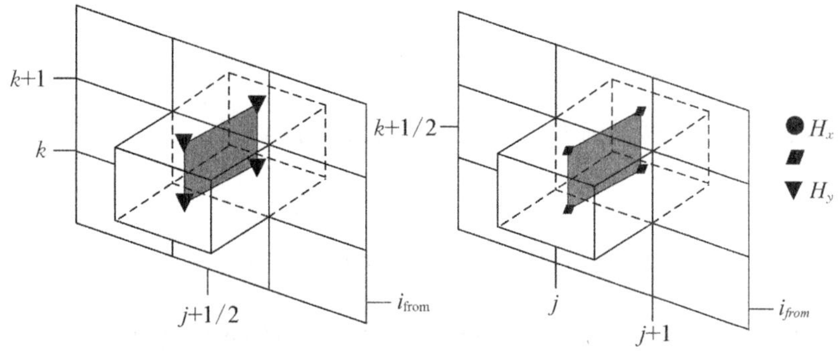

图 7-5　网格上的电场和磁场

$$H_y\left(i_{from},\ j+\frac{1}{2},\ k+\frac{1}{2}\right)$$
$$=0.25\cdot\left[\begin{aligned}&H_y\left(i_{from}+\frac{1}{2},\ j+1,\ k+\frac{1}{2}\right)+H_y\left(i_{from}+\frac{1}{2},\ j,\ k+\frac{1}{2}\right)\\&+H_y\left(i_{from}-\frac{1}{2},\ j+1,\ k+\frac{1}{2}\right)+H_y\left(i_{from}-\frac{1}{2},\ j,\ k+\frac{1}{2}\right)\end{aligned}\right] \tag{7-56a}$$

$$H_z\left(i_{from},\ j+\frac{1}{2},\ k+\frac{1}{2}\right)$$
$$=0.25\cdot\left[\begin{aligned}&H_z\left(i_{from}+\frac{1}{2},\ j+\frac{1}{2},\ k+1\right)+H_z\left(i_{from}+\frac{1}{2},\ j+\frac{1}{2},\ k\right)\\&+H_z\left(i_{from}-\frac{1}{2},\ j+\frac{1}{2},\ k+1\right)+H_z\left(i_{from}-\frac{1}{2},\ j+\frac{1}{2},\ k\right)\end{aligned}\right] \tag{7-56b}$$

其余 5 个等效面上的切向电场和磁场也有类似的表达式，根据边界条件由等效面上的切向电流和磁流：

$$\boldsymbol{J}_s=\hat{n}\times\boldsymbol{H} \tag{7-57a}$$
$$\boldsymbol{M}_s=-\hat{n}\times\boldsymbol{E} \tag{7-57b}$$

利用直角坐标与球坐标之间的变换关系，有

$$f_\theta=f_x\cos\theta\cos\varphi+f_y\cos\theta\sin\varphi-f_z\sin\theta \tag{7-58a}$$
$$f_\varphi=-f_x\sin\varphi+f_y\cos\varphi \tag{7-58b}$$
$$f_{m\theta}=f_{mx}\cos\theta\cos\varphi+f_{my}\cos\theta\sin\varphi-f_{mz}\sin\theta \tag{7-59a}$$
$$f_{m\varphi}=-f_{mx}\sin\varphi+f_{my}\cos\varphi \tag{7-59b}$$

从而得到远区电场的基本计算公式。

由于采用了脉冲源-时域瞬态场，所以要得到某一个频率的远场方向图，需要采用 Fourier 变换将瞬态场变换到时谐场，利用下式

$$\boldsymbol{E}(f,\ \boldsymbol{r})=\int_{-\infty}^{+\infty}\boldsymbol{E}(t,\ \boldsymbol{r})\exp(-\mathrm{j}2\pi ft)\mathrm{d}t \tag{7-60}$$

FDTD 方法中已经计算得到 $\boldsymbol{E}(t,\ \boldsymbol{r})$ 间隔为 Δt 的样本点，将上式右端积分用求和代替，即

$$\boldsymbol{E}(f,\ \boldsymbol{r})=\Delta t\sum_{n=0}^{N}\boldsymbol{E}(n\Delta t,\ \boldsymbol{r})\exp(-\mathrm{j}\pi f\Delta t) \tag{7-61}$$

式中 n 为时间步，N 为入射脉冲激励下 FDTD 计算区域得到完整响应所需的总时间步。对磁场采用相同的处理方法。将电磁场的频域值代入，利用上述公式便可最终得到我们要计算的频域方向图。

7.5 天线问题的 FDTD 计算

天线是电磁应用的一个重要方面，尤其是天线形状变化多，边界天线复杂，对快速的 FDTD 计算有迫切的需求。

1. 天线的激励

FDTD 算法可以选用连续波激励，也可以用时域脉冲激励，通常选用时域高斯脉冲作为激励源的波形。时域高斯脉冲电压源的表达式可写为

$$V^{\mathrm{src}}=V_0\exp\left[-0.5\left(\frac{t-t_0}{\tau}\right)^2\right] \tag{7-62}$$

式中 t_0 表示激励脉冲最高点的时刻，τ 表示幅度为峰值的 $\mathrm{e}^{-0.5}$ 倍对应的两个时刻之间的时长。实际上时域的高斯脉冲变换到频域上也是一个高斯脉冲，所以，改变 t_0 和 τ，就可以使脉冲信号对应频域的不同带宽，从而使 FDTD 仿真后得到所需频段上的数据，如频域的回波损耗参数。

2. 三维空间中的完全匹配层设置

天线辐射问题往往对应无限大的空间，采用辐射边界条件。在 FDTD 计算中不可能计算无限大空间，但在计算区域的边界，希望设置吸收边界条件，能模拟无限大自由空间。在本节的天线仿真中，采用各向异性介质材料的完全匹配层(PML)作为吸收边界，下面给出 PML 的算法具体实现。

采用各向异性完全匹配层，可把 Maxwell 方程组写成

$$\nabla\times\boldsymbol{E}=-\mathrm{j}\omega\mu_o\,\bar{\bar{\mu}}\boldsymbol{H} \tag{7-63}$$

$$\nabla\times\boldsymbol{H}=\mathrm{j}\omega\varepsilon\,\bar{\bar{\varepsilon}}\boldsymbol{E} \tag{7-64}$$

其中 $\overline{\overline{\mu}}=\overline{\overline{\varepsilon}}=\begin{vmatrix} \frac{s_y s_z}{s_x} & 0 & 0 \\ 0 & \frac{s_z s_x}{s_y} & 0 \\ 0 & 0 & \frac{s_x s_y}{s_z} \end{vmatrix}$，$s_x=1+\frac{\sigma_x}{\mathrm{j}\omega\varepsilon}$，$s_y=1+\frac{\sigma_y}{\mathrm{j}\omega\varepsilon}$，$s_z=1+\frac{\sigma_z}{\mathrm{j}\omega\varepsilon}$

式(7-63)和(7-64)展开为如下标量方程

$$\frac{\partial E_z}{\partial y}-\frac{\partial E_y}{\partial z}=-\mathrm{j}\omega\mu_o\frac{s_y s_z}{s_x}H_x \tag{7-65}$$

$$-\frac{\partial E_z}{\partial x}+\frac{\partial E_x}{\partial z}=-\mathrm{j}\omega\mu_o\frac{s_z s_x}{s_y}H_y \tag{7-66}$$

$$\frac{\partial E_y}{\partial x}-\frac{\partial E_x}{\partial y}=-\mathrm{j}\omega\mu_o\frac{s_x s_y}{s_z}H_z \tag{7-67}$$

$$\frac{\partial H_z}{\partial y}-\frac{\partial H_y}{\partial z}=\mathrm{j}\omega\varepsilon_o\varepsilon_r\frac{s_y s_z}{s_x}E_x \tag{7-68}$$

$$-\frac{\partial H_z}{\partial x}+\frac{\partial H_x}{\partial z}=\mathrm{j}\omega\varepsilon_o\varepsilon_r\frac{s_z s_x}{s_y}E_y \tag{7-69}$$

$$\frac{\partial H_y}{\partial x}-\frac{\partial H_x}{\partial y}=\mathrm{j}\omega\varepsilon_o\varepsilon_r\frac{s_x s_y}{s_z}E_z \tag{7-70}$$

注意：s_x，s_y 和 s_z 是复数，上述方程的中心差分需两次迭代。

比如式(7-65) $\frac{\partial E_z}{\partial y}-\frac{\partial E_y}{\partial z}=-\mathrm{j}\omega\mu_o\frac{s_y s_z}{s_x}H_x$ 左边的中心差分格式与一般 FDTD 格式一样。在等式右边，令 $b_x=\frac{s_y}{s_x}H_x$，则

$$\frac{\partial E_z}{\partial y}-\frac{\partial E_y}{\partial z}=-\mathrm{j}\omega\mu_o s_z b_x \tag{7-71}$$

对式(7-71)做中心差分

$$\frac{E_z\Big|^{n}_{(i,\,j+1,\,k+\frac{1}{2})}-E_z\Big|^{n}_{(i,\,j,\,k+\frac{1}{2})}}{\Delta y}-\frac{E_y\Big|^{n}_{(i,\,j+\frac{1}{2},\,k+1)}-E_y\Big|^{n}_{(i,\,j+\frac{1}{2},\,k)}}{\Delta z}$$
$$=-\mu_o\frac{b_x\Big|^{n+\frac{1}{2}}_{(i,\,j+\frac{1}{2},\,k+\frac{1}{2})}-b_x\Big|^{n-\frac{1}{2}}_{(i,\,j+\frac{1}{2},\,k+\frac{1}{2})}}{\Delta t}-\mu_o\frac{\sigma_z}{\varepsilon}\frac{b_x\Big|^{n+\frac{1}{2}}_{(i,\,j+\frac{1}{2},\,k+\frac{1}{2})}+b_x\Big|^{n-\frac{1}{2}}_{(i,\,j+\frac{1}{2},\,k+\frac{1}{2})}}{2} \tag{7-72}$$

整理后得 b_x 的迭代表达式

$$b_x\Big|_{(i,\,j+\frac{1}{2},\,k+\frac{1}{2})}^{n+\frac{1}{2}}=\frac{1-\dfrac{\sigma_z\Delta t}{2\varepsilon}}{1+\dfrac{\sigma_z\Delta t}{2\varepsilon}}b_x\Big|_{(i,\,j+\frac{1}{2},\,k+\frac{1}{2})}^{n-\frac{1}{2}}+$$

$$\frac{\Delta t}{-\mu_o\left(1+\dfrac{\sigma_z\Delta t}{2\varepsilon}\right)}\left(\frac{E_z\Big|_{(i,\,j+1,\,k+\frac{1}{2})}^{n}-E_z\Big|_{(i,\,j,\,k+\frac{1}{2})}^{n}}{\Delta y}-\frac{E_y\Big|_{(i,\,j+\frac{1}{2},\,k+1)}^{n}-E_y\Big|_{(i,\,j+\frac{1}{2},\,k)}^{n}}{\Delta z}\right)$$

(7 - 73)

由于 $b_x=\frac{s_y}{s_x}H_x$，两边同乘 $j\omega s_x$ 为 $\left(j\omega+\frac{\sigma_x}{\varepsilon}\right)b_x=\left(j\omega+\frac{\sigma_y}{\varepsilon}\right)H_x$，再做中心差分

$$\frac{b_x\Big|_{(i,\,j+\frac{1}{2},\,k+\frac{1}{2})}^{n+\frac{1}{2}}-b_x\Big|_{(i,\,j+\frac{1}{2},\,k+\frac{1}{2})}^{n-\frac{1}{2}}}{\Delta t}+\frac{\sigma_x}{\varepsilon}\,\frac{b_x\Big|_{(i,\,j+\frac{1}{2},\,k+\frac{1}{2})}^{n+\frac{1}{2}}+b_x\Big|_{(i,\,j+\frac{1}{2},\,k+\frac{1}{2})}^{n-\frac{1}{2}}}{2}$$

$$=\frac{H_x\Big|_{(i,\,j+\frac{1}{2},\,k+\frac{1}{2})}^{n+\frac{1}{2}}-H_x\Big|_{(i,\,j+\frac{1}{2},\,k+\frac{1}{2})}^{n-\frac{1}{2}}}{\Delta t}+\frac{\sigma_y}{\varepsilon}\,\frac{H_x\Big|_{(i,\,j+\frac{1}{2},\,k+\frac{1}{2})}^{n+\frac{1}{2}}+H_x\Big|_{(i,\,j+\frac{1}{2},\,k+\frac{1}{2})}^{n-\frac{1}{2}}}{2}$$

(7 - 74)

则 H_x 的迭代式为

$$H_x\Big|_{(i,\,j+\frac{1}{2},\,k+\frac{1}{2})}^{n+\frac{1}{2}}=\frac{1-\dfrac{\sigma_y\Delta t}{2\varepsilon}}{1+\dfrac{\sigma_y\Delta t}{2\varepsilon}}H_x\Big|_{(i,\,j+\frac{1}{2},\,k+\frac{1}{2})}^{n-\frac{1}{2}}+$$

$$\frac{1}{1+\dfrac{\sigma_y\Delta t}{2\varepsilon}}\left[\left(1+\frac{\sigma_x\Delta t}{\varepsilon_o}\right)b_x\Big|_{(i,\,j+\frac{1}{2},\,k+\frac{1}{2})}^{n+\frac{1}{2}}-\left(1-\frac{\sigma_x\Delta t}{2\varepsilon}\right)b_x\Big|_{(i,\,j+\frac{1}{2},\,k+\frac{1}{2})}^{n-\frac{1}{2}}\right]$$

(7 - 75)

在计算中，按式(3 - 10)和式(3 - 12)进行两次迭代即可得到 H_x 的更新值。类似的，式(7 - 66)～(7 - 71)的中心差分格式也可通过类似迭代得到。
设

$$b_y=\frac{s_z}{s_y}H_x,\ b_z=\frac{s_x}{s_z}H_z\ \text{以及}\ a_x=\varepsilon_r\frac{s_y}{s_x}E_x,\ a_y=\varepsilon_r\frac{s_z}{s_y}E_x,\ a_z=\varepsilon_r\frac{s_x}{s_z}E_z。$$

H_y 的迭代如下两式

$$b_y\Big|_{(i+\frac{1}{2},\,j,\,k+\frac{1}{2})}^{n+\frac{1}{2}}=\frac{1-\dfrac{\sigma_x\Delta t}{2\varepsilon}}{1+\dfrac{\sigma_x\Delta t}{2\varepsilon}}b_x\Big|_{(i+\frac{1}{2},\,j,\,k+\frac{1}{2})}^{n-\frac{1}{2}}+$$

$$\frac{\Delta t}{-\mu_o\left(1+\frac{\sigma_x \Delta t}{2\varepsilon}\right)}\left(\frac{E_x\Big|^{n}_{(i,\,j+\frac{1}{2},\,k+1)}-E_x\Big|^{n}_{(i,\,j+\frac{1}{2},\,k)}}{\Delta z}-\frac{E_z\Big|^{n}_{(i+1,\,j,\,k+\frac{1}{2})}-E_z\Big|^{n}_{(i,\,j,\,k+\frac{1}{2})}}{\Delta x}\right) \tag{7-76}$$

$$H_y\Big|^{n+\frac{1}{2}}_{(i+\frac{1}{2},\,j,\,k+\frac{1}{2})}=\frac{1-\frac{\sigma_z \Delta t}{2\varepsilon}}{1+\frac{\sigma_z \Delta t}{2\varepsilon}}H_y\Big|^{n-\frac{1}{2}}_{(i+\frac{1}{2},\,j,\,k+\frac{1}{2})}+$$
$$\frac{1}{1+\frac{\sigma_z \Delta t}{2\varepsilon}}\left[\left(1+\frac{\sigma_y \Delta t}{\varepsilon}\right)b_y\Big|^{n+\frac{1}{2}}_{(i+\frac{1}{2},\,j,\,k+\frac{1}{2})}-\left(1-\frac{\sigma_y \Delta t}{2\varepsilon}\right)b_y\Big|^{n1\frac{1}{2}}_{(i+\frac{1}{2},\,j,\,k+\frac{1}{2})}\right] \tag{7-77}$$

H_z 的迭代如下两式

$$b_z\Big|^{n+\frac{1}{2}}_{(i+\frac{1}{2},\,j+\frac{1}{2},\,k)}=\frac{1-\frac{\sigma_y \Delta t}{2\varepsilon}}{1+\frac{\sigma_y \Delta t}{2\varepsilon}}b_z\Big|^{n-\frac{1}{2}}_{(i+\frac{1}{2},\,j+\frac{1}{2},\,k)}+$$
$$\frac{\Delta t}{-\mu_o\left(1+\frac{\sigma_y \Delta t}{2\varepsilon}\right)}\left(\frac{E_y\Big|^{n}_{(i+1,\,j+\frac{1}{2},\,k)}-E_y\Big|^{n}_{(i,\,j+\frac{1}{2},\,k)}}{\Delta x}-\frac{E_x\Big|^{n}_{(i+\frac{1}{2},\,j+1,\,k)}-E_x\Big|^{n}_{(i+\frac{1}{2},\,j,\,k)}}{\Delta y}\right) \tag{7-78}$$

$$H_z\Big|^{n+\frac{1}{2}}_{(i+\frac{1}{2},\,j+\frac{1}{2},\,k)}=\frac{1-\frac{\sigma_x \Delta t}{2\varepsilon}}{1+\frac{\sigma_x \Delta t}{2\varepsilon}}H_x\Big|^{n-\frac{1}{2}}_{(i+\frac{1}{2},\,j+\frac{1}{2},\,k)}+$$
$$\frac{1}{1+\frac{\sigma_x \Delta t}{2\varepsilon}}\left[\left(1+\frac{\sigma_z \Delta t}{\varepsilon}\right)b_z\Big|^{n+\frac{1}{2}}_{(i+\frac{1}{2},\,j+\frac{1}{2},\,k)}-\left(1-\frac{\sigma_z \Delta t}{2\varepsilon}\right)b_x\Big|^{n-\frac{1}{2}}_{(i+\frac{1}{2},\,j+\frac{1}{2},\,k)}\right] \tag{7-79}$$

E_x 的迭代如下两式

$$a_x\Big|^{n+1}_{(i+\frac{1}{2},\,j,\,k)}=\frac{1-\frac{\sigma_z \Delta t}{2\varepsilon}}{1+\frac{\sigma_z \Delta t}{2\varepsilon}}a_x\Big|^{n}_{(i+\frac{1}{2},\,j,\,k)}+$$
$$\frac{\Delta t}{\varepsilon\left(1+\frac{\sigma_z \Delta t}{2\varepsilon}\right)}\left(\frac{H_z\Big|^{n+\frac{1}{2}}_{(i+\frac{1}{2},\,j+\frac{1}{2},\,k)}-H_z\Big|^{n+\frac{1}{2}}_{(i+\frac{1}{2},\,j-\frac{1}{2},\,k)}}{\Delta y}-\frac{H_y\Big|^{n+\frac{1}{2}}_{(i+\frac{1}{2},\,j,\,k)}-H_y\Big|^{n+\frac{1}{2}}_{(i+\frac{1}{2},\,j,\,k-\frac{1}{2})}}{\Delta z}\right) \tag{7-80}$$

$$E_x\Big|_{(i+\frac{1}{2},\,j,\,k)}^{n+1}=\frac{1-\frac{\sigma_y\Delta t}{2\varepsilon}}{1+\frac{\sigma_y\Delta t}{2\varepsilon}}E_x\Big|_{(i+\frac{1}{2},\,j,\,k)}^{n+1}+$$

$$\frac{1}{1+\frac{\sigma_y\Delta t}{2\varepsilon}}\left[\left(1+\frac{\sigma_x\Delta t}{2\varepsilon}\right)a_x\Big|_{(i+\frac{1}{2},\,j,\,k)}^{n+1}-\left(1-\frac{\sigma_x\Delta t}{2\varepsilon}\right)a_x\Big|_{(i+\frac{1}{2},\,j,\,k)}^{n}\right]\tag{7-81}$$

E_y 的迭代如下两式

$$a_y\Big|_{(i,\,j+\frac{1}{2},\,k)}^{n+1}=\frac{1-\frac{\sigma_x\Delta t}{2\varepsilon}}{1+\frac{\sigma_x\Delta t}{2\varepsilon}}a_y\Big|_{(i,\,j+\frac{1}{2},\,k)}^{n}+$$

$$\frac{\Delta t}{\varepsilon\left(1+\frac{\sigma_x\Delta t}{2\varepsilon}\right)}\left(\frac{H_x\Big|_{(i,\,j+\frac{1}{2},\,k+\frac{1}{2})}^{n+\frac{1}{2}}-H_x\Big|_{(i,\,j+\frac{1}{2},\,k-\frac{1}{2})}^{n+\frac{1}{2}}}{\Delta z}-\frac{H_z\Big|_{(i+\frac{1}{2},\,j+\frac{1}{2},\,k)}^{n+\frac{1}{2}}-H_z\Big|_{(i-\frac{1}{2},\,j+\frac{1}{2},\,k)}^{n+\frac{1}{2}}}{\Delta x}\right)\tag{7-82}$$

$$E_y\Big|_{(i,\,j+\frac{1}{2},\,k)}^{n+1}=\frac{1-\frac{\sigma_z\Delta t}{2\varepsilon}}{1+\frac{\sigma_z\Delta t}{2\varepsilon}}E_y\Big|_{(i,\,j+\frac{1}{2},\,k)}^{n}+$$

$$\frac{1}{1+\frac{\sigma_z\Delta t}{2\varepsilon}}\left[\left(1+\frac{\sigma_y\Delta t}{2\varepsilon}\right)a_y\Big|_{(i,\,j+\frac{1}{2},\,k)}^{n+1}-\left(1-\frac{\sigma_y\Delta t}{2\varepsilon}\right)a_y\Big|_{(i,\,j+\frac{1}{2},\,k)}^{n}\right]\tag{7-83}$$

E_z 的迭代如下两式

$$a_z\Big|_{(i,\,j,\,k+\frac{1}{2})}^{n+1}=\frac{1-\frac{\sigma_y\Delta t}{2\varepsilon}}{1+\frac{\sigma_y\Delta t}{2\varepsilon}}a_z\Big|_{(i,\,j,\,k+\frac{1}{2})}^{n}+$$

$$\frac{\Delta t}{\varepsilon\left(1+\frac{\sigma_y\Delta t}{2\varepsilon}\right)}\left(\frac{H_y\Big|_{(i+\frac{1}{2},\,j,\,k+\frac{1}{2})}^{n+\frac{1}{2}}-H_y\Big|_{(i-\frac{1}{2},\,j+\frac{1}{2},\,k)}^{n+\frac{1}{2}}}{\Delta x}-\frac{H_x\Big|_{(i,\,j+\frac{1}{2},\,k+\frac{1}{2})}^{n+\frac{1}{2}}-H_x\Big|_{(i,\,j-\frac{1}{2},\,k+\frac{1}{2})}^{n+\frac{1}{2}}}{\Delta y}\right)\tag{7-84}$$

$$E_z\Big|_{(i,\,j,\,k+\frac{1}{2})}^{n+1}=\frac{1-\frac{\sigma_x\Delta t}{2\varepsilon}}{1+\frac{\sigma_x\Delta t}{2\varepsilon}}E_z\Big|_{(i,\,j,\,k+\frac{1}{2})}^{n+1}+$$

$$\frac{1}{1+\frac{\sigma_x\Delta t}{2\varepsilon}}\left[\left(1+\frac{\sigma_z\Delta t}{2\varepsilon}\right)a_z\Big|_{(i,j,k+\frac{1}{2})}^{n+1}-\left(1-\frac{\sigma_k\Delta t}{2\varepsilon}\right)a_z\Big|_{(i,j,k+\frac{1}{2})}^{n}\right] \tag{7-85}$$

3. 同轴馈电模型的 FDTD 算法描述

1）细线模型

FDTD 算法中对细导线的电场和磁场用细线模型[2]迭代处理。

细线模型假设如下。

（1）在与细线垂直的任一水平截面上，离线最近的磁场分量按 $1/r$ 变化（r 是指该截面上磁场分量到细线中心的距离）。对于其他磁场分量，按正常的 FDTD 算法更新。

（2）在与细线垂直的任一水平截面上，离线最近的电场分量按 $1/r$ 变化（r 是指该截面上电场分量到细线中心的距离）。对于其他电场分量，按正常的 FDTD 算法更新。

（3）在与细线平行的方向，电场或磁场分量表示所在网格中的平均值。

（4）细线的半径 r_0 要小于步长的一半，即 $\frac{\Delta}{2}$。

由此，可得到

$$H_y(x, z)=H_y\big|_{\Delta/2, z_0}\cdot\frac{(\Delta/2)}{x} \tag{7-86}$$

$$E_x(x, z_0\pm\Delta/2)=E_x\big|_{\Delta/2, z_0\pm\Delta/2}\cdot\frac{(\Delta/2)}{x} \tag{7-87}$$

$$E_z(0, z)=0 \tag{7-88}$$

$$E_z(\Delta, z)=E_z\big|_{\Delta, z_0} \tag{7-89}$$

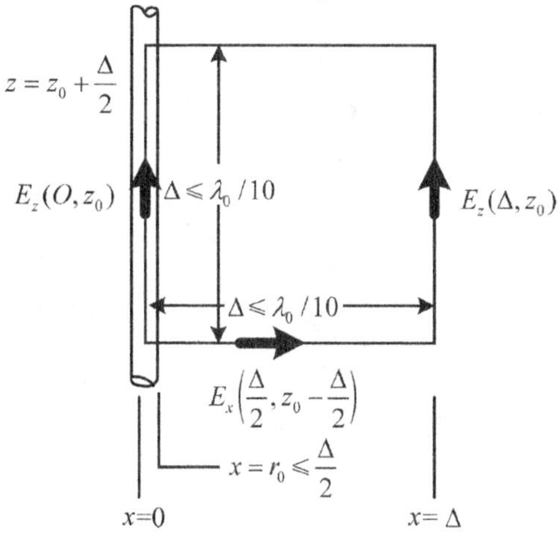

图 7-6　细线模型的 Faraday 积分曲线[2]

用图 7-6 中的环路 C 和它包围的平面 S 进行法拉第电磁感应定律的积分，$\frac{\partial}{\partial t}\int_S\mu\boldsymbol{H}\cdot\mathrm{d}\boldsymbol{S}=-\oint_{\partial S}\boldsymbol{E}\cdot\mathrm{d}\boldsymbol{l}$，并进行离散化的差分求和处理，得到细线附近的磁场的 FDTD 迭代形式。

$$\frac{H_y\big|_{\Delta/2, z_0}^{n+1/2}-H_y\big|_{\Delta/2, z_0}^{n-1/2}}{\Delta t}=\frac{\left(E_x\big|_{\Delta/2, z_0-\Delta/2}^{n}-E_x\big|_{\Delta/2, z_0+\Delta/2}^{n}\right)\cdot\frac{1}{2}\ln\left(\frac{\Delta}{r_0}\right)+E_z\big|_{\Delta, z_0}^{n}}{\mu_0\frac{\Delta}{2}\ln\left(\frac{\Delta}{r_0}\right)} \tag{7-90}$$

类似的，可以得到，细线周围 Faraday 环路中其他的磁场分量的迭代形式。

对于包围细线的区域的磁场 z 向分量，通过 Faraday 定律的积分形式也可得到迭代格式。取 xOy 平面 $k=k_0$，则

$$H_z\big|^{n-1/2}_{(1/2,\,1/2,\,k_0)}+\frac{\Delta t}{\mu_0\left(\Delta-\dfrac{\pi r_0^2}{4\Delta}\right)}\cdot$$

$$\left[(E_y\big|^{n}_{(0,\,1/2,\,k_0)}-E_x\big|^{n}_{(1/2,\,0,\,k_0)})\cdot\frac{1}{2}\ln\left(\frac{\Delta}{r_0}\right)+E_x\big|^{n}_{(1/2,\,1,\,k_0)}-E_y\big|^{n}_{(1,\,1/2,\,k_0)}\right] \quad (7-91)$$

对于其他点上的磁场分量 H_z 也可以通过类似的方法推导。

2) 同轴馈电模型

天线模型也遵循麦克斯韦方程和边界条件,金属部分表面切向电场为 0,相应的在 FDTD 的每次迭代中都要设置

$$\boldsymbol{E}^n_{\text{tangential}}=0 \quad (7-92)$$

下面以同轴线馈电的单极子天线模型为例来说明边界条件及馈电的算法设置。

参照 Taflove 的 Computetional Electromagnetics FDTD[2] 中单极子天线,如图 7-7 所示。同轴线馈电的单极子天线的直径为 $2a$,长度为 h,接地面为 IMAGE PLANE,同轴线本征阻抗为 Z_c,用来给单极子天线馈电。

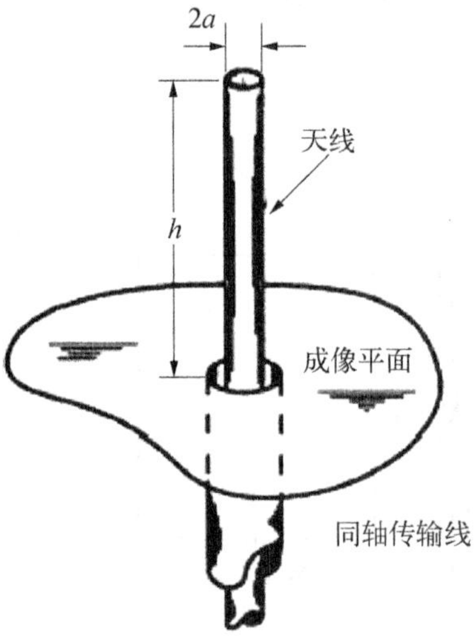

图 7-7 同轴线馈电的单极子模型[2]

单极子天线可以看作是同轴线的内芯延伸出来的。同轴线半径远小于网格步长,可看作无限细的导线。比如,沿着 z 方向的长为 10 个网格步长的无限细导线,把它放置在与网格的边重合的位置,比如从 (i_0, j_0, k_0) 延伸到 (i_0, j_0, k_0+10)。这样,在 $\left(i_0, j_0, k_0+k+\frac{1}{2}\right)$ 上的电场 z 向分量就是导线的表面切向电场。依据导体表面的边界条件,在每个时间步的迭代中设定 $E_z\big|^{n+1}_{(i_0,\,j_0,\,k_0+k+\frac{1}{2})}=0$, $k=0, 1, 2, \cdots, 9$,这条导线就这样在 FDTD 计算空间中被表示出来了。

图 7-7 中的金属接地面同样也要放置在网格面上,比如 (i, j, k_0), $i=i_0, i_0+1, \cdots, i_1$; $j=j_0, j_0+1, \cdots, j_1$。在点 $\left(i+\frac{1}{2}, j, k_0\right)$ 上的电场 E_x 分量就是金属接地面的切向电场。类似的,电场 E_y 分量也是金属接地面的切向电场。按照金属表面的边界条件,在每个时间步的迭代中设定 $E_x\big|^{n+1}_{(i+\frac{1}{2},\,j,\,k_0)}=0$, $i=i_0, i_0+1, \cdots, i_1-1$; $j=j_0, j_0+1, \cdots, j_1$ 以及 $E_y\big|^{n+1}_{(i,\,j+\frac{1}{2},\,k_0)}=0$, $i=i_0, i_0+1, \cdots, i_1$; $j=j_0, j_0+1, \cdots, j_1-1$。

在 FDTD 网格中同轴线馈电部分的模型参考了 Taflove 的 Improved Simple Feed Model[2] 的模型。如图 7-8 所示,这个模型采用独立于天线部分的一维 FDTD 网格。

同轴线中是 TEM 模传输,所以图 7-8 中的模型采用传输线模型迭代。在一维 FDTD 网格中的是传输线中的电压和电流,他们的迭代更新方程是[2]

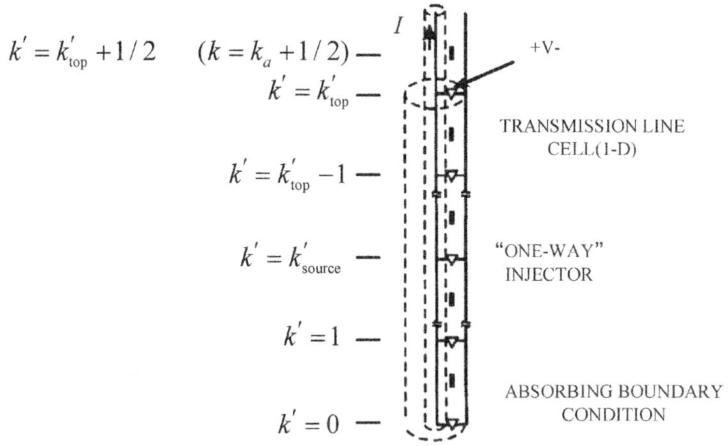

图 7-8　同轴线的传输线近似模型[2]

$$I\mid_{k'+1/2}^{n+1/2}=I\mid_{k'+1/2}^{n-1/2}-\left(\frac{1}{Z_0}\right)\left(\frac{v\Delta t}{\Delta z}\right)\left[V\mid_{k'+1}^{n}-V\mid_{k'}^{n}\right] \tag{7-93}$$

$$V\mid_{k'}^{n+1}=V\mid_{k'}^{n}-Z_0\left(\frac{v\Delta t}{\Delta z}\right)\left[I\mid_{k'+1/2}^{n+1/2}-V\mid_{k'-1/2}^{n+1/2}\right] \tag{7-94}$$

式中，v 是传输线中 TEM 波的相速。传输线的本征阻抗为 $Z_0=50\ \Omega$。

此处只需要 $+z$ 方向传播的波，所以传输线中的波源是用 one-way injector[2] 输入。相当于设置一个全场/散射场的分界面在波源处。

$$I\mid_{k'_{source}+1/2}^{n+1/2}=I\mid_{k'_{source}+1/2}^{n-1/2}-\left(\frac{1}{Z_0}\right)\left(\frac{v\Delta t}{\Delta z}\right)\left[V\mid_{k'_{source}+1}^{n}-V\mid_{k_{source}'}^{n}\right]+\left(\frac{1}{Z_0}\right)\left(\frac{v\Delta t}{\Delta z}\right)V_{inc}\mid_{k'_{source}+1}^{n} \tag{7-95}$$

$$V\mid_{k'_{source}}^{n+1}=V\mid_{k'_{source}}^{n}-Z_0\left(\frac{v\Delta t}{\Delta z}\right)\left[I\mid_{k'_{source}+1/2}^{n+1/2}-V\mid_{k'_{source}-1/2}^{n+1/2}\right]-\left(\frac{v\Delta t}{\Delta z}\right)V_{inc}\mid_{k'_{source}+1/2}^{n+1/2} \tag{7-96}$$

波源位于 $k'=k'_{source}$ 处，$k'>k'_{source}$ 的网格中存储的都是全场数据，$k'\leqslant k'_{source}$ 的网格中存储散射场数据，相当于有一个只向 $+z$ 方向传播的波。正向波和反向波仿真结果分别如图 7-9 中的(a) 和(b)所示。

在图 7-8 中，$k'=0$ 是一维网格的边界，用 ABC 边界作为吸收边界，避免非物理的反射。时间步长与网格步长满足关系 $\Delta t=\dfrac{\Delta}{2c}$。因此，在边界 $k'=0$ 上的电压设置边界条件 $V^n(0)=V^{n-2}(1)$。

$k'=k'_{top}$ 是馈电同轴线与天线的连接点，与天线的三维网格中的点 (i_a, j_a, k_a) 重合，如图 7-10 所示。在同轴线的一维网格中，只有在 $k'=k'_{top}+\dfrac{1}{2}$ 上的电流属于 $k'>k'_{top}$ 的部分，才在单极子天线上。

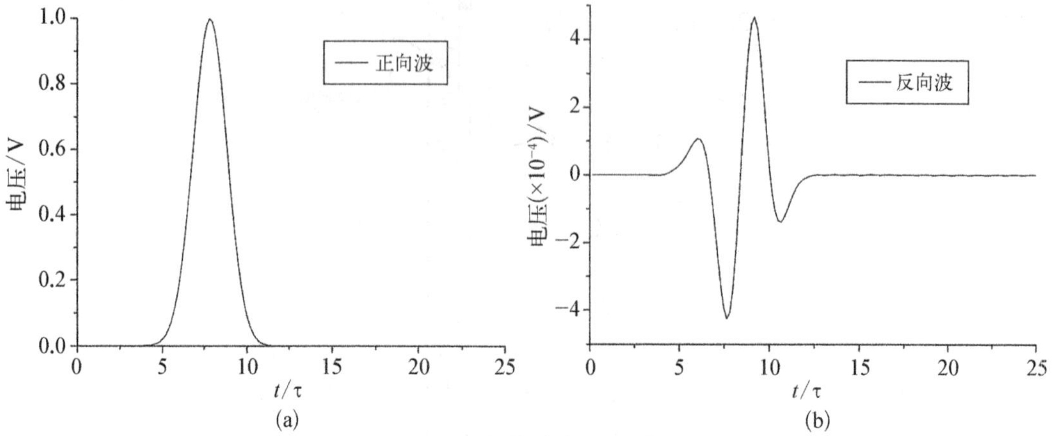

图 7 - 9　沿波缘正向和反向传播的电磁波

(a) 正向波仿真；(b) 反向波仿真

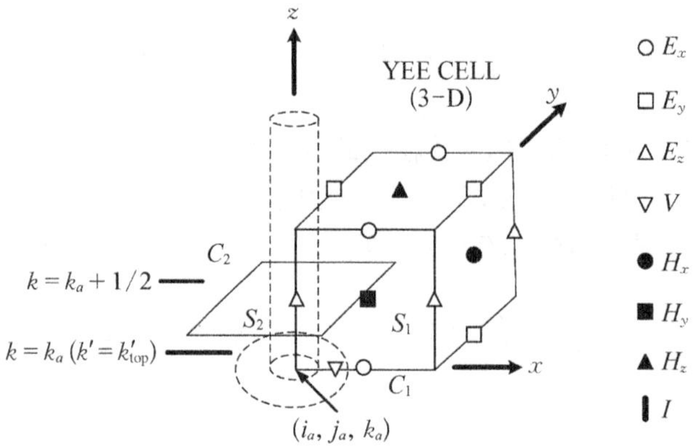

图 7 - 10　同轴线与单极子天线连接处的网格[2]

在这个边界上，要把同轴线一维网格中的能量传递到天线的三维网格中，并把天线对输入电压的反射波从三维网格传递到同轴线的一维网格中。

通过法拉第电磁感应定律可得积分形式

$$\frac{\partial}{\partial t}\int_{S_1}\mu \boldsymbol{H}\cdot \mathrm{d}\boldsymbol{S}=-\oint_{C_1}\boldsymbol{E}\cdot \mathrm{d}\boldsymbol{l} \tag{7-97}$$

其中积分线 C_1 和积分面 S_1 如图 7 - 10 所示，则导线上的点 $k=k_a+1/2$ 周围的磁场分量 H_x 和 H_y 可写为，

$$H_y\big|_{i_a+1/2,\,j_a,\,k_a+1/2}^{n+1/2}=H_y\big|_{i_a+1/2,\,j_a,\,k_a+1/2}^{n-1/2}-\frac{\Delta t}{\mu_0\Delta z}\cdot\left[E_x\big|_{i_a+1/2,\,j_a,\,k_a+1}^{n}-\frac{2}{\ln(\Delta x/a)}\cdot\frac{V\big|_{k'_{top}}^{n}}{\Delta x}\right]+\frac{\Delta t}{\mu_0\Delta x}\cdot\frac{2}{\ln(\Delta x/a)}\cdot E_z\big|_{i_a+1,\,j_a,\,k_a+1/2}^{n} \tag{7-98}$$

$$H_x\Big|_{i_a,\,j_a-1/2,\,k_a+1/2}^{n+1/2}=H_x\Big|_{i_a,\,j_a-1/2,\,k_a+1/2}^{n-1/2}+$$
$$\frac{\Delta t}{\mu_0\Delta}\cdot\left[E_y\Big|_{i_a,\,j_a-1/2,\,k+1}^{n}+\frac{2}{\ln(\Delta/a)}\cdot\frac{V\big|_{k'_{\mathrm{top}}}^{n}}{\Delta}\right]+\frac{\Delta t}{\mu_0\Delta}\cdot\frac{2}{\ln(\Delta/a)}\cdot E_z\Big|_{i_a,\,j_a-1,\,k_a+1/2}^{n} \tag{7-99}$$

$$H_y\Big|_{i_a-1/2,\,j_a,\,k_a+1/2}^{n+1/2}=H_y\Big|_{i_a-1/2,\,j_a,\,k_a+1/2}^{n-1/2}-$$
$$\frac{\Delta t}{\mu_0\Delta}\cdot\left[E_x\Big|_{i_a-1/2,\,j_a,\,k_a+1}^{n}+\frac{2}{\ln(\Delta/a)}\cdot\frac{V\big|_{k'_{\mathrm{top}}}^{n}}{\Delta}\right]-\frac{\Delta t}{\mu_0\Delta}\cdot\frac{2}{\ln(\Delta/a)}\cdot E_z\Big|_{i_a-1,\,j_a,\,k_a+1/2}^{n} \tag{7-100}$$

$$H_x\Big|_{i_a,\,j_a+1/2,\,k_a+1/2}^{n+1/2}=H_x\Big|_{i_a,\,j_a+1/2,\,k_a+1/2}^{n-1/2}+$$
$$\frac{\Delta t}{\mu_0\Delta}\cdot\left[E_y\Big|_{i_a,\,j_a+1/2,\,k+1}^{n}-\frac{2}{\ln(\Delta/a)}\cdot\frac{V\big|_{k'_{\mathrm{top}}}^{n}}{\Delta}\right]-\frac{\Delta t}{\mu_0\Delta}\cdot\frac{2}{\ln(\Delta/a)}\cdot E_z\Big|_{i_a,\,j_a+1,\,k_a+1/2}^{n} \tag{7-101}$$

这也就说，同轴线中的能量通过其中的电压 $V\big|_{k'_{\mathrm{top}}}^{n}$ 传到了天线的三维网格中。

然后，对图 7 - 10 中的环路 C_2 应用安培定律写成积分形式

$$\int_{S_2}\boldsymbol{J}\cdot\mathrm{d}\boldsymbol{S}=\oint_{C_2}\boldsymbol{H}\cdot\mathrm{d}\boldsymbol{l} \tag{7-102}$$

通过离散得到

$$I\Big|_{k'_{\mathrm{top}}+1/2}^{n+1/2}=\Delta\Big(H_x\Big|_{i_a,\,j_a-1/2,\,k_a+1/2}^{n+1/2}-H_x\Big|_{i_a,\,j_a+1/2,\,k_a+1/2}^{n+1/2}+$$
$$H_y\Big|_{i_a+1/2,\,j_a,\,k_a+1/2}^{n+1/2}-H_y\Big|_{i_a-1/2,\,j_a,\,k_a+1/2}^{n+1/2}\Big) \tag{7-103}$$

这也就说，天线的三维网格中对同轴线反射的能量传回同轴线的一维网格中。

对于三维网格中的天线，利用细线模型对周围的 H_x，H_y 和 H_z 进行处理

$$H_y\Big|_{i_a+1/2,\,j_a,\,k+1/2}^{n+1/2}=H_y\Big|_{i_a+1/2,\,j_a,\,k+1/2}^{n-1/2}-$$
$$\frac{\Delta t}{\mu_0\Delta z}\cdot\left[E_x\Big|_{i_a+1/2,\,j_a,\,k+1}^{n}-E_x\Big|_{i_a+1/2,\,j_a,\,k}^{n}\right]+\frac{\Delta t}{\mu_0\Delta x}\cdot\frac{2}{\ln(\Delta x/a)}\cdot E_z\Big|_{i_a+1,\,j_a,\,k+1/2}^{n} \tag{7-104}$$

$$H_x\Big|_{i_a,\,j_a-1/2,\,k+1/2}^{n+1/2}=H_x\Big|_{i_a,\,j_a-1/2,\,k+1/2}^{n-1/2}+$$
$$\frac{\Delta t}{\mu_0\Delta z}\cdot\left[E_y\Big|_{i_a,\,j_a-1/2,\,k+1}^{n}-E_y\Big|_{i_a,\,j_a-1/2,\,k+1}^{n}\right]+\frac{\Delta t}{\mu_0\Delta}\cdot\frac{2}{\ln(\Delta/a)}\cdot E_z\Big|_{i_a,\,j_a-1,\,k+1/2}^{n} \tag{7-105}$$

$$H_y\big|_{i_a-1/2,\,j_a,\,k+1/2}^{n+1/2}=H_y\big|_{i_a-1/2,\,j_a,\,k+1/2}^{n-1/2}-\frac{\Delta t}{\mu_0\Delta}\cdot\left[E_x\big|_{i_a-1/2,\,j_a,\,k+1}^{n}-E_x\big|_{i_a-1/2,\,j_a,\,k}^{n}\right]-\frac{\Delta t}{\mu_0\Delta}\cdot\frac{2}{\ln(\Delta/a)}\cdot E_z\big|_{i_a-1,\,j_a,\,k+1/2}^{n} \tag{7-106}$$

$$H_x\big|_{i_a,\,j_a+1/2,\,k+1/2}^{n+1/2}=H_x\big|_{i_a,\,j_a+1/2,\,k+1/2}^{n-1/2}+\frac{\Delta t}{\mu_0\Delta}\cdot\left[E_y\big|_{i_a,\,j_a+1/2,\,k+1}^{n}-E_y\big|_{i_a,\,j_a+1/2,\,k+1}^{n}\right]-\frac{\Delta t}{\mu_0\Delta}\cdot\frac{2}{\ln(\Delta/a)}\cdot E_z\big|_{i_a,\,j_a+1,\,k+1/2}^{n} \tag{7-107}$$

$$H_z\big|_{(i_a+1/2,\,j_a+1/2,\,k)}^{n+1/2}=H_z\big|_{(i_a+1/2,\,j_a+1/2,\,k)}^{n-1/2}+\frac{\Delta t}{\mu_0\left(\Delta-\dfrac{\pi a^2}{4\Delta}\right)}\cdot\left[\frac{1}{2}\ln\left(\frac{\Delta}{a}\right)\cdot\left(E_y\big|_{(i_a,\,j_a+1/2,\,k)}^{n}-E_x\big|_{(i_a+1/2,\,j_a,\,k)}^{n}\right)+E_x\big|_{(i_a+1/2,\,j_a+1,\,k)}^{n}-E_y\big|_{(i_a+1,\,j_a+1/2,\,k)}^{n}\right] \tag{7-108}$$

$$H_z\big|_{(i_a-1/2,\,j_a+1/2,\,k)}^{n+1/2}=H_z\big|_{(i_a-1/2,\,j_a+1/2,\,k)}^{n-1/2}+\frac{\Delta t}{\mu_0\left(\Delta-\dfrac{\pi a^2}{4\Delta}\right)}\cdot\left[-\frac{1}{2}\ln\left(\frac{\Delta}{a}\right)\cdot\left(E_y\big|_{(i_a,\,j_a+1/2,\,k)}^{n}+E_x\big|_{(i_a-1/2,\,j_a,\,k)}^{n}\right)+E_y\big|_{(i_a-1,\,j_a+1/2,\,k)}^{n}+E_x\big|_{(i_a-1/2,\,j_a+1,\,k)}^{n}\right] \tag{7-109}$$

$$H_z\big|_{(i_a-1/2,\,j_a-1/2,\,k)}^{n+1/2}=H_z\big|_{(i_a-1/2,\,j_a-1/2,\,k)}^{n-1/2}+\frac{\Delta t}{\mu_0\left(\Delta-\dfrac{\pi a^2}{4\Delta}\right)}\cdot\left[-\frac{1}{2}\ln\left(\frac{\Delta}{a}\right)\cdot\left(E_y\big|_{(i_a,\,j_a-1/2,\,k)}^{n}-E_x\big|_{(i_a-1/2,\,j_a,\,k)}^{n}\right)+E_y\big|_{(i_a-1,\,j_a-1/2,\,k)}^{n}-E_x\big|_{(i_a-1/2,\,j_a-1,\,k)}^{n}\right] \tag{7-110}$$

$$H_z\big|_{(i_a+1/2,\,j_a-1/2,\,k)}^{n+1/2}=H_z\big|_{(i_a+1/2,\,j_a-1/2,\,k)}^{n-1/2}+\frac{\Delta t}{\mu_0\left(\Delta-\dfrac{\pi a^2}{4\Delta}\right)}\cdot\left[\frac{1}{2}\ln\left(\frac{\Delta}{a}\right)\cdot\left(E_y\big|_{(i_a,\,j_a-1/2,\,k)}^{n}+E_x\big|_{(i_a+1/2,\,j_a,\,k)}^{n}\right)-E_y\big|_{(i_a+1,\,j_a-1/2,\,k)}^{n}-E_x\big|_{(i_a+1/2,\,j_a-1,\,k)}^{n}\right] \tag{7-111}$$

4. FDTD 算法对几种典型天线结构的计算

1）单极子天线

单极子天线的几何参数：$L_1=7.5$ mm，$L_2=L_3=10$ mm，从地板中心同轴馈电，馈电同轴线特性阻抗 50 Ω。如图 7－11 所示，用 FDTD 算法对单极子天线的电磁特性进行计算。入射信号是从 0～20 GHz 的超带宽高斯脉冲。计算的相关参数如表 7－1 所示。

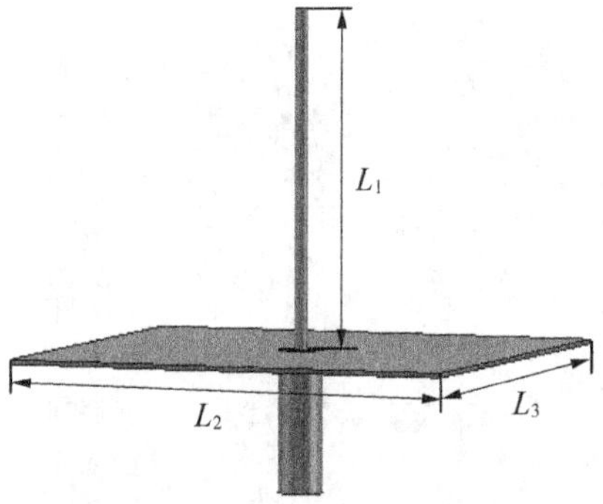

图 7－11　单极子天线几何结构

表 7－1　FDTD 算法的参数设置

空间步长	0.5 mm
时间步长	8.33×10^{-4} ns
时间步	2 500
频率范围	0～20 GHz
计算区域大小	80×80×60 个网格
完全匹配层数	x，y，z 方向各 10 层

端口的入射电压信号和反射电压信号如图 7－12 所示。可以看出在 1 000 步以后，反射电压信号趋向于 0，说明程序是稳定的。端口的反射电压和入射电压的比值就是反射系数 S_{11}，如图 7－12 所示，计算得到的 S_{11} 参数和电磁软件 CST 仿真的结果对比如图 7－13 所示，两者非常接近，说明 FDTD 程序正确。

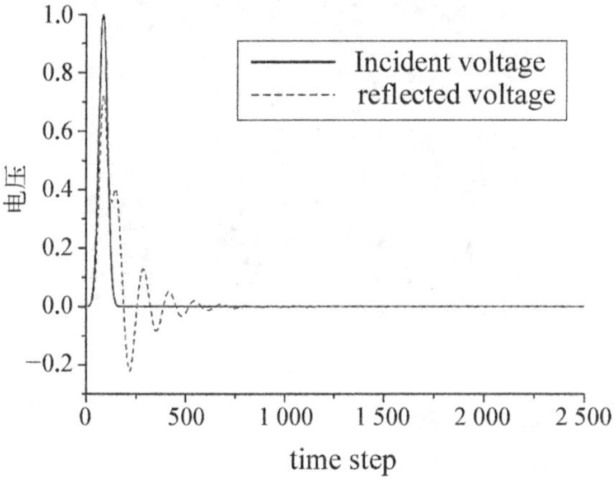

图 7－12　天线端口的入射和反射电压

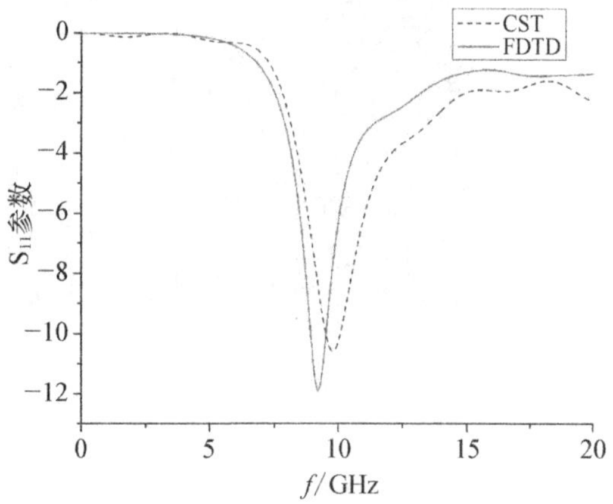

图 7－13　经 FDTD 算法和 CST 软件仿真的天线 S_{11} 参数对比

$$S_{11}(f)=20\times\lg\left(\frac{V_{\text{ref}}(f)}{V_{\text{inc}}(f)}\right)=20\times\lg\left(\int_{-\infty}^{+\infty}V_{\text{ref}}(Z_0,\ t)\mathrm{e}^{-\mathrm{j}\omega t}\,\mathrm{d}t\Big/\int_{-\infty}^{+\infty}V_{\text{inc}}(Z_0,\ t)\mathrm{e}^{-\mathrm{j}\omega t}\,\mathrm{d}t\right) \tag{7-112}$$

FDTD 算法计算得到的该单极子天线的电场分布如图 7－14 和图 7－15 所示。图 7－14 显示的是在距离地板 10 个网格的 xy 平面上的电场分布。天线位于平面正中心。图 7－15 描绘了 $y=JE/2$ 处 xz 平面上的电场分布。位于 x 轴中点，z 方向延伸 15 个网格长度的是天线。通过 4 个时间点的分布我们可以看到电场的辐射趋势。CST 仿真的 xy 平面和 xz 平面上的电场分布仿真见图 7－16 和图 7－17。FDTD 的计算结果和 CST 软件的仿真结果非常一致。

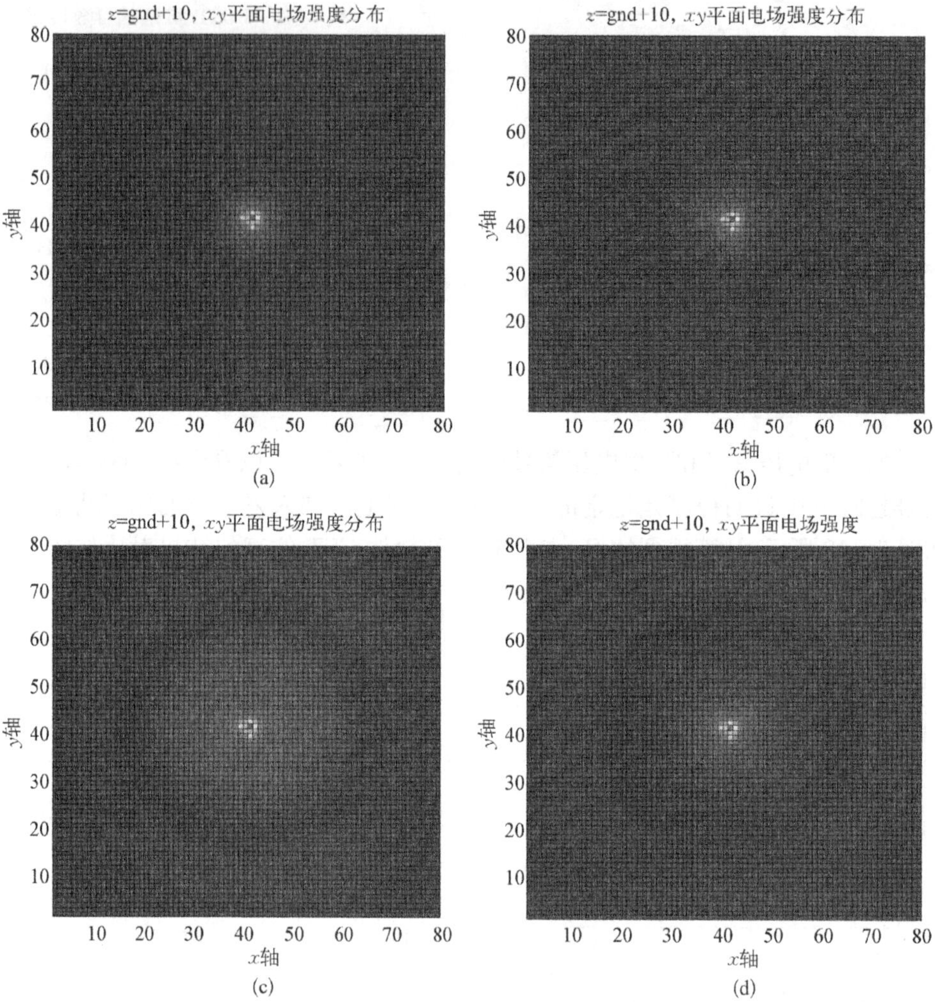

图 7-14 xy 平面电场强度分布

(a) time step=50;(b) time step=100;(c) time step=150;(d) time step=200

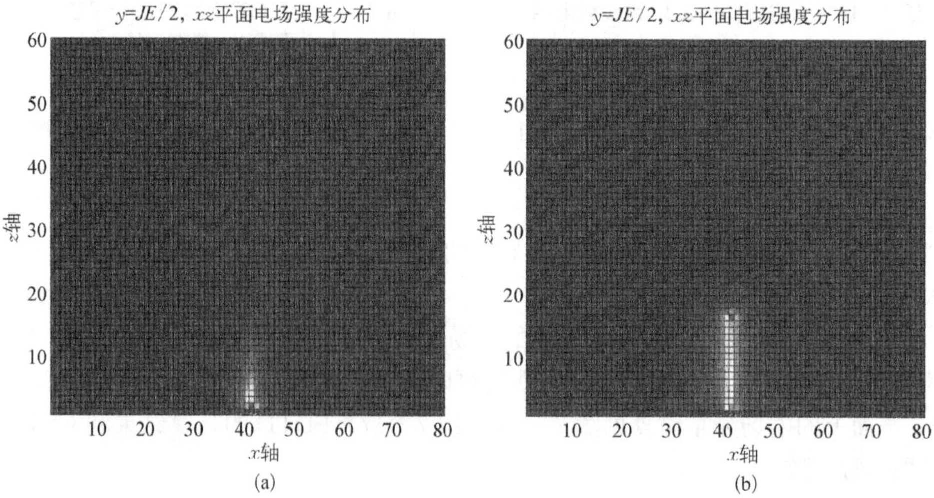

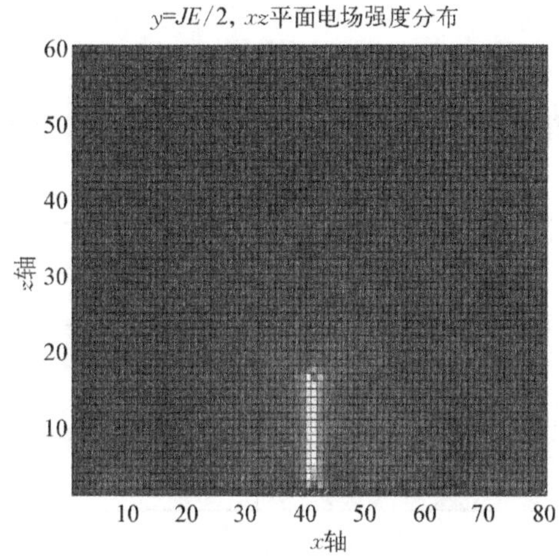

(c)

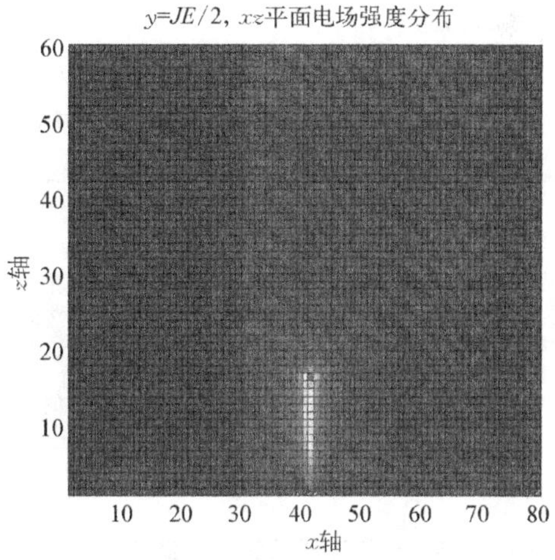

(d)

图 7－15　*xz* 平面电场强度分布

(a) time step=50;(b) time step=100;(c) time step=150;(d) time step=200

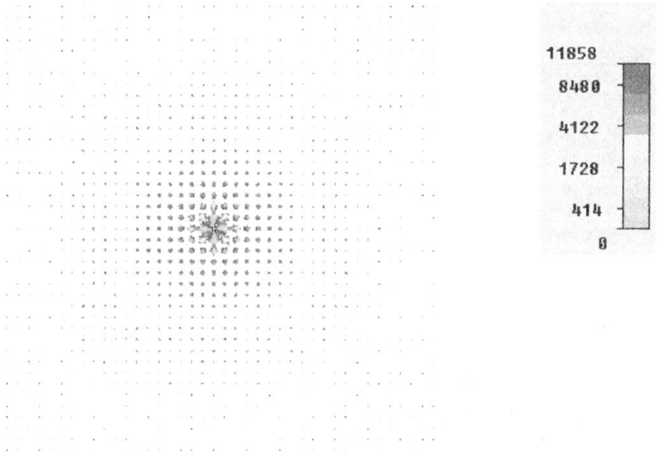

图 7－16　CST 仿真的 *xy* 平面电场强度分布(f=10 GHz)

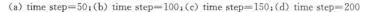

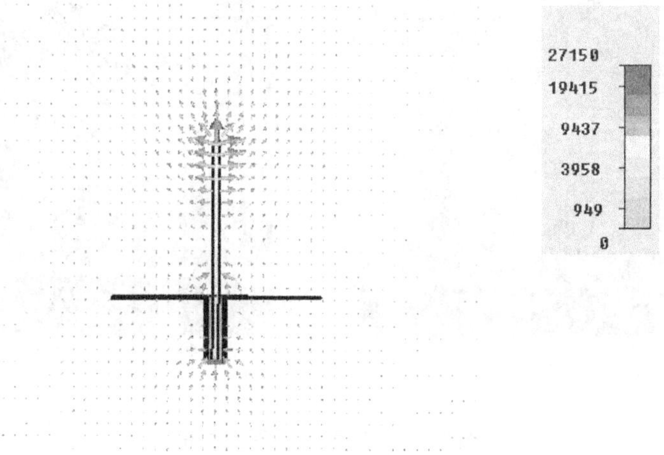

图 7－17　CST 仿真的 *xz* 平面电场强度分布(f=10 GHz)

2）喇叭天线

图 7 - 18 是 E 面喇叭天线。天线的参数为 $L_1 = 8$ mm, $L_2 = 15$ mm, $L_3 = 20$ mm, $L_4 = 40$ mm, $L_5 = 10$ mm；平面波导馈电，馈电面是 L_1 和 L_3 组成的平面。算法的相关参数如表 7 - 2 所示。

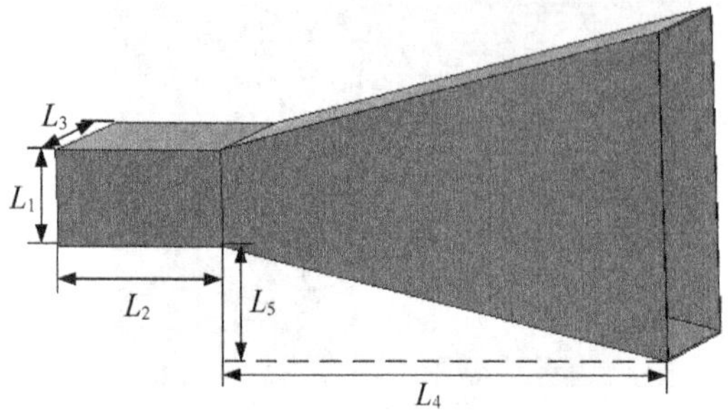

图 7 - 18　*E* 面喇叭天线几何结构

表 7 - 2　FDTD 算法的参数设置

空间步长	1 mm
时间步长	1.66×10^{-3} ns
计算区域大小	110×60×100 个网格
完全匹配层数	x，y，z 方向各 8 层

FDTD 算法对斜面的建模如图 7 - 19(a)所示，连续的阶梯形的矩形拼接等效成斜面，如图 7 - 19(b)所示。

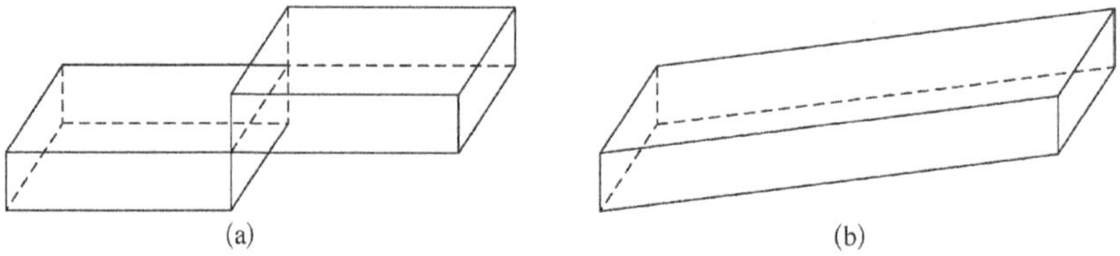

图 7 - 19　FDTD 算法对斜面的建模

FDTD 计算得到该喇叭天线的电场分布如图 7 - 20 和图 7 - 21 所示。图 7 - 20 是喇叭天线中央的 xz 平面(即 E 面)上的电场分布。图 7 - 21 是喇叭天线中央的 xy 平面(即 H 面)上的电场分布。CST 仿真得到的 E 面和 H 面上的电场分布如图 7 - 22 和图 7 - 23 所示。FDTD 的计算结果和 CST 软件的仿真结果非常一致。

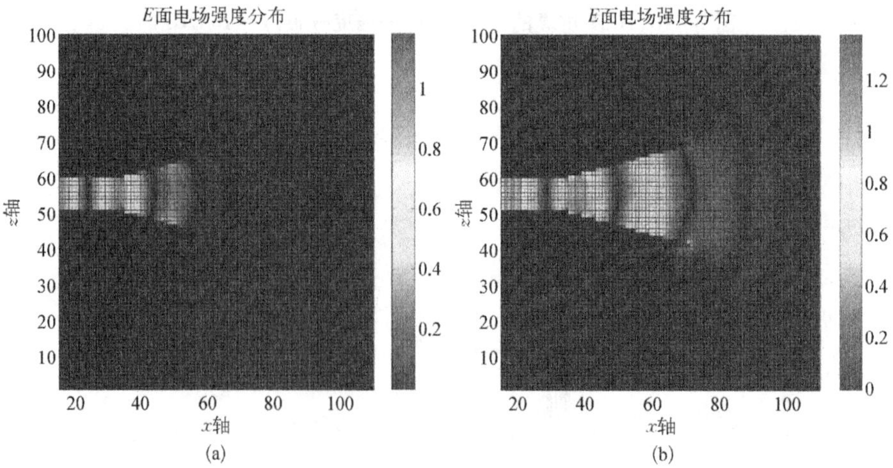

图 7 - 20　*E* 面电场强度分布

(a) time step=100；(b) time step=200

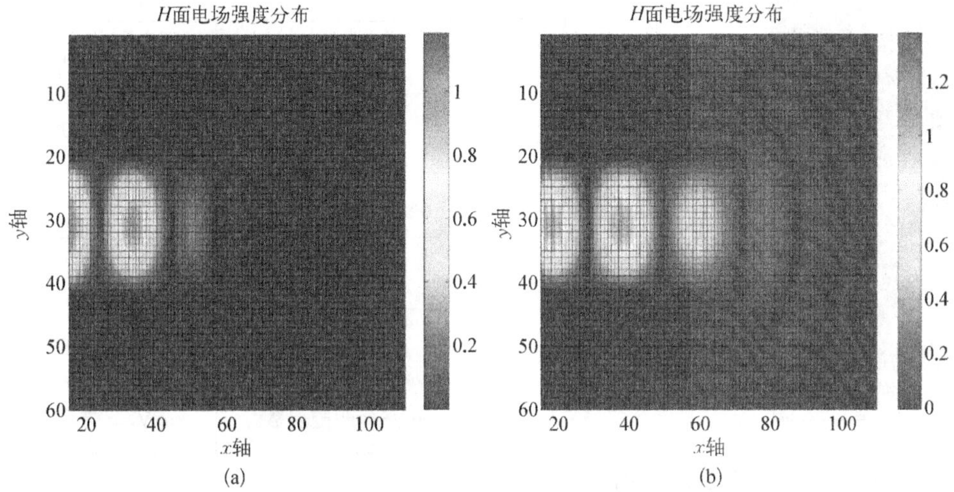

图 7－21　*H* 面电场强度分布

(a) time step＝100；(b) time step＝200

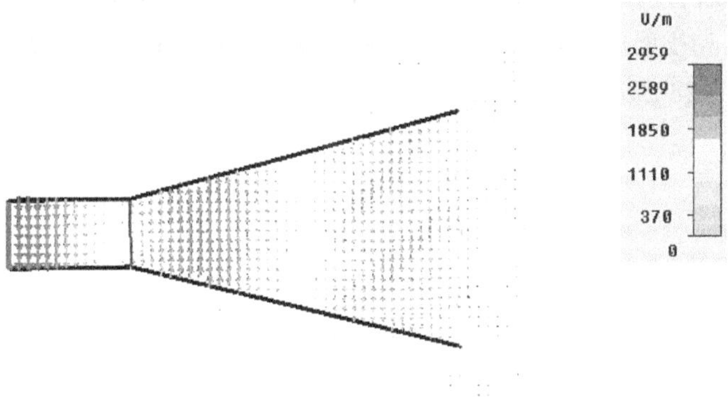

图 7－22　CST 仿真的 *E* 面电场强度分布(f＝10 GHz)

图 7－23　CST 仿真的 *H* 面电场强度分布(f＝10 GHz)

3）微带天线

微带天线如图 7－24 所示。天线的参数：L_1＝24 mm，L_2＝40 mm，W＝20 mm，h＝2 mm，特氟龙填充，介电常数为 ε＝2.2。采用特征阻抗 50 Ω 的同轴背馈，馈电点位于地板的中心。FDTD 算法的参数如表 7－3 所示。

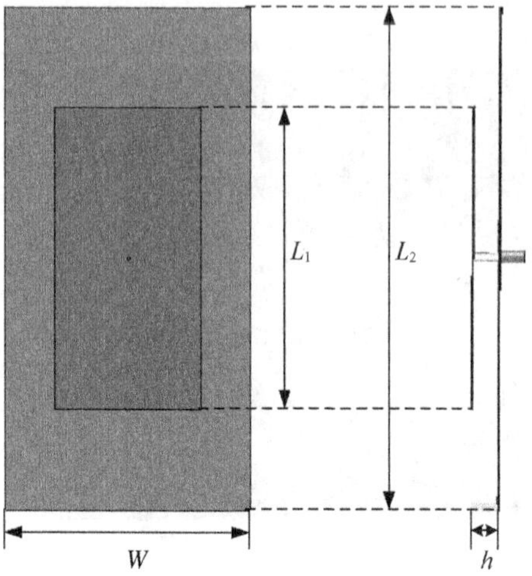

图 7-24　微带天线几何结构

表 7-3　FDTD 算法的参数设置

空间步长	0.25 mm
时间步长	4.16×10^{-4} ns
时间步	10 000
频率范围	0~15 GHz
计算区域大小	140×250×80 个网格
完全匹配层数	x，y，z 方向各 10 层

FDTD 计算中将时间步设为 10 000 步。端口的入射电压信号和反射电压信号如图 7-25 所示。可以看出，程序有很好的收敛性，也证明了此 FDTD 计算程序的稳定性。通过端口的入射电压和反射电压可得到端口反射系数 S_{11}，FDTD 计算的 S_{11} 参数和 CST 仿真的结果对比如图 7-26 所示，两者有很好的一致性。

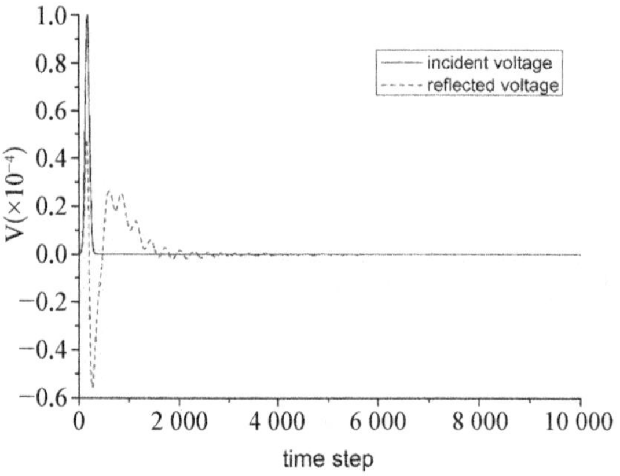

图 7-25　天线端口的入射和反射电压

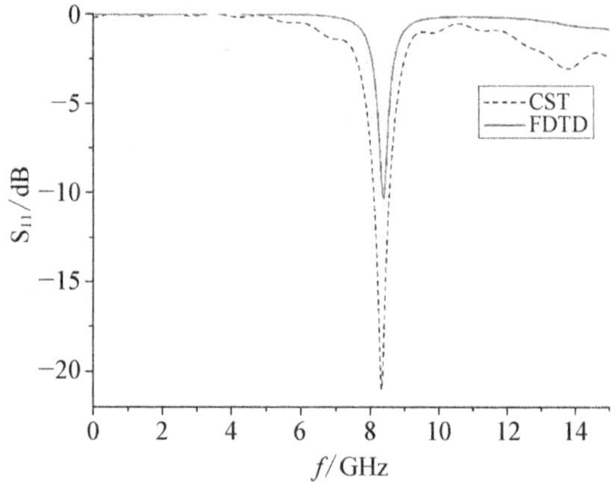

图 7-26　经 FDTD 算法和 CST 软件仿真的天线 S_{11} 参数对比

7.6　亚网格在电磁散射问题中的应用

网格加密是增加计算精度的一般途径，但相应带来的问题是网格数量增加，计算成本增加。相反，如果采用亚网格技术，局部网格加密，不仅可以提高计算精度，还不会增加网格数量太多。

下面用亚网格技术分析一个金属圆柱体的散射，计算其 RCS。FDTD 计算区域如图 7-27 所示。圆柱体的截面直径为 $D=6$ cm，计算区域大小为 $L=30$ cm，$W=15$ cm。网

格步长为 $\Delta=3$ mm，时间步长 $\Delta t=\Delta/(2c)$，c 为光速。在计算区域外面加 10 层完全匹配层，高斯调制脉冲作为信号源位于 A 点。

其次，再用较密的网格对此问题进行建模，网格步长 $\Delta=1.5$ mm，时间步长也变为一半，$\Delta t=\Delta/(2c)$，其他条件不变。网格划分如图 7－28 所示。

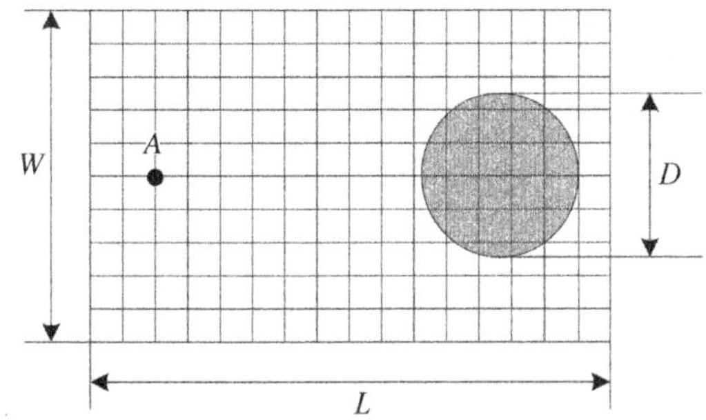

图 7－27　金属圆柱体散射问题建模示意图

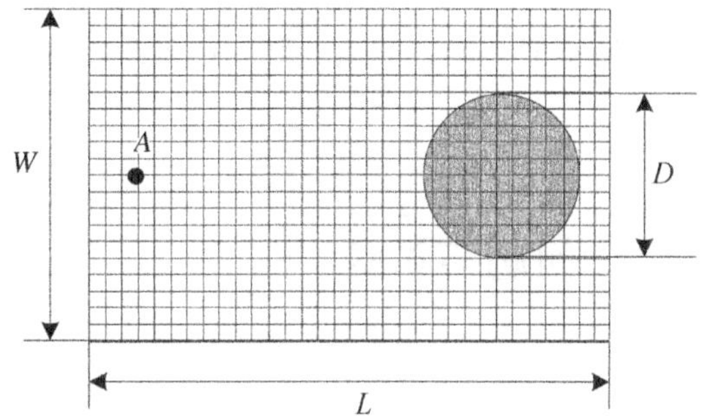

图 7－28　金属圆柱体散射问题细网格建模示意图

最后，用局部亚网格对这个问题再次建模，如图 7－29 所示。亚网格的长和宽均为 9 cm，包含金属圆柱体所在的区域。粗网格区域的空间和时间步长设置和图 7－27 所示的粗网格模型一致，细网格区域的空间和时间步长设置和图 7－28 所示的细网格模型一致。

对以上三个模型进行仿真，分别求出散射的 RCS，如图 7－30 所示。可以看出，用局部亚网格得到的结果和细网格得到的结果基本一致，但用粗网格仿真得到的结果相差比较大。用三种模型仿真的时间对比如表 7－4 所示。细网格仿真时间约是粗网格仿真时间的 8.2 倍，空间网格数是粗网格空间网格数的 4 倍，也就是占用的内存为 4 倍。仿真时间和内存增加非常明显。

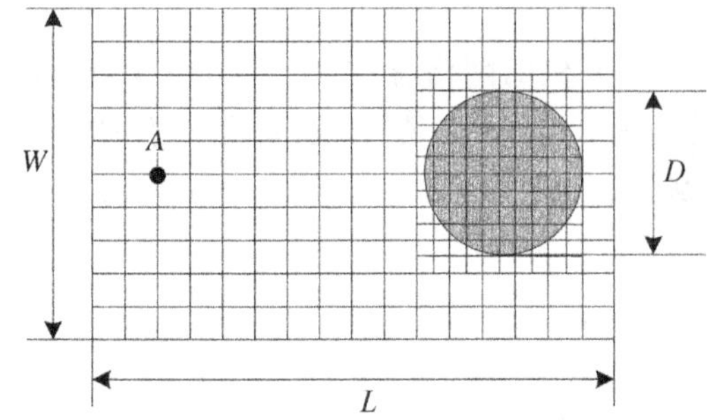

图 7－29　金属圆柱体散射问题亚网格建模示意图

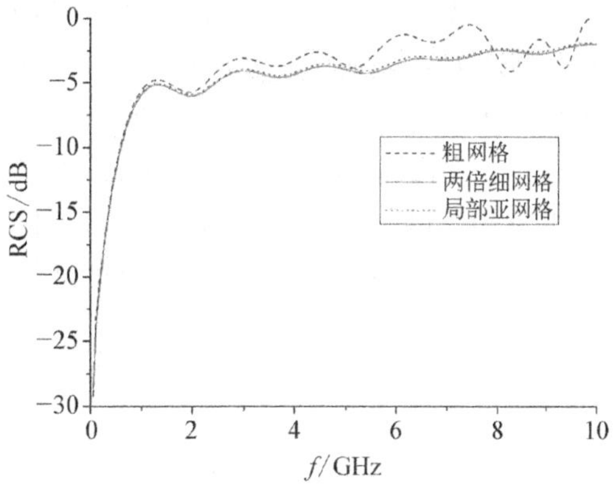

图 7－30　三种网格划分模型的仿真结果

表 7－4　三种网格划分模型运行的时间对比

	粗网格模型	细网格模型	局部亚网格模型
仿真时间/s	1.127	9.255	1.964
空间网格数	5 000	20 000	7 700

7.7 本章小结

本章主要介绍了 FDTD 的基本原理和具体的算法流程，尤其是针对天线问题的 FDTD 计算的模型和典型的边界和馈电处理方法，最后也分析了亚网格技术对 FDTD 计算的性能提升。

7.8 问题与讨论

1) 要求

(1) 查阅文献，搜索 FDTD 最新发展的 10 个新名词，并以 ppt 和 word 的形式进行汇报。

(2) 查阅 FDTD 的最新进展，尤其是近几年的最新成果。

(3) 用 FDTD 计算如下实例，并选一种新的数值计算方法计算该实例，并对比计算结果。要求至少选做 2 道题并附上计算过程、程序以及结果。

2) 习题

(1) 计算脉冲激励后的三维空间场分布，和连续波激励后的空间场分布，中心频点 1 850 MHz；另外，再以会议室长宽高分别为 8 m×8 m×3 m 为边界条件，计算空间场分布，并进行对比。

(2) 计算总长为 0.6 波长、0.9 波长和 1.1 波长的细线天线上的电流分布、近场、远场、方向性系数、输入阻抗、辐射电阻，并与矩量法、仿真软件的结果进行对比，频率 1 550～1 650 MHz。

(3) 计算一个方柱的散射的波形，并求其 RCS。方柱的网格总数是 $N=500$ 个，时间步为 1 200 步。网格尺寸为 lamda/18，时间间隔是 ddx/2 * c，c 为光速。脉冲源位于中心。方柱边长为 7 * lamda。并与相同尺度的球的散射场进行对比。

第8章 几何绕射理论

8.1 理论背景

几何绕射理论(geometrical theory of diffraction, GTD)是几何光学的推广。几何绕射理论是以尖劈这个典型绕射问题的精确解为基础的,绕射场通过绕射系数和入射场线性相关,它对多种散射问题可给出相当好的回答。由于几何绕射理论沿用了几何光学中射线的概念,其物理图像清晰,计算相对简单。在阴影边界和反射边界,几何光学的绕射系数结合过渡函数能消除奇异性,这通常也叫做一致绕射理论。GTD 能为一些无法求得严格解的问题提供有效的高频近似解。例如,飞机、导弹和舰艇上天线这一类复杂辐射系统可以用由一些简单几何形状构成的数学模型来模拟,然后用 GTD 求得其电磁场。

随着计算机技术的发展,计算机辅助设计和计算机辅助制造已经在工业电子产品的设计和生产过程中起着举足轻重的作用。计算机辅助设计和计算机辅助制造系统的出现大大缩短了产品的设计和生产周期,提高了产品设计和生产的效率。从 20 世纪 60 年代开始,随着计算电磁学的出现,各种电磁计算方法被应用到工业产品的电磁性能仿真中,今天,采用计算电磁学的方法对电磁兼容性问题进行数值分析已经成为研究电磁兼容性问题的主要手段之一。计算电磁学通过建立尽量接近实际的电磁环境来计算电磁辐射或者散射,在工业产品的设计和生产阶段替代了昂贵和费时的实验测试,有效节约了电磁实验成本,通过计算机计算电磁辐射和电磁散射为工程设计人员减少电磁干扰以及优化电磁性能提供参考,进而为解决电磁兼容问题提供参考。

现实中的电磁环境一般包括建筑、船舶、飞行器、卫星以及各种运输工具等,这些电磁环境本身的几何结构就比较复杂,其上还要有各种各样的电磁设备存在,因此工业产品的电磁性能除了与电子设备本身的性能相关外,还需要考虑产品以及所处环境的几何形态。这样,计算电磁学需要在建立产品的几何模型的基础上进行分析,而电磁仿真也就相应需要解决几何建模以及电磁计算两个方面。在近几十年中,各种电磁计算方法得到了长足的发展和进步。在电磁兼容数值仿真算法方面,低频方法,如矩量法、时域有限元方法和有限时域差分法是比较精确的计算方法,但当所要计算的目标电尺寸变得很大时,计算中将占用大量的计算资源,同时也将花费大量的计算时间。目前许多新的矩阵求解技术、并行计算技术包括快速算法都可以在一定程度上解决计算的损耗问题,然而这些技术仍然不能有效解决电大尺寸目标诸如飞机、舰艇等平台中的电磁兼容分析与优化。对于电大尺寸目标的分析,高频方法，如一致性几何绕射理论（UTD）方法、物理光学方法（PO）等虽然属于高频的近似方法但是效率要高很多。

8.2 几何绕射理论的基本概念

1. 高频的几何光学近似

几何光学法（geometrical optics，GO）是一种射线追踪方法，波长被认为是无限小，能量沿着细长管（射线管）传播。在高频，波长很短时，若：① 波长远小于所讨论物体的几何尺寸；② 介质的空间变化相对于波长而言是慢变化；则可假设局部区域的电磁波的性质与在均匀介质相同，即局部可把 EM 波的波阵面看作与平面波的波阵面一样[1]，即

$$\boldsymbol{E}=\boldsymbol{E}_0\mathrm{e}^{-\mathrm{j}k_0\varphi} \tag{8-1a}$$

$$\boldsymbol{H}=\boldsymbol{H}_0\mathrm{e}^{-\mathrm{j}k_0\varphi} \tag{8-1b}$$

其中 k_0 是自由空间中波数。$\phi=\phi(x, y, z)$ 称为程函或波程函数，是实函数。此时无源区域的 Maxwell 方程为

$$\nabla\varphi\times\boldsymbol{H}_0+c\varepsilon\boldsymbol{E}_0=\frac{1}{\mathrm{j}k_0}(\nabla\times\boldsymbol{H}_0) \tag{8-2a}$$

$$\nabla\varphi\times\boldsymbol{E}_0-c\mu\boldsymbol{H}_0=\frac{1}{\mathrm{j}k_0}(\nabla\times\boldsymbol{E}_0) \tag{8-2b}$$

$$\boldsymbol{E}_0\cdot\nabla\varphi=\frac{1}{\mathrm{j}k_0}\left(\frac{\nabla\varepsilon}{\varepsilon}\cdot\boldsymbol{E}_0+\nabla\cdot\boldsymbol{E}_0\right) \tag{8-2c}$$

$$\boldsymbol{H}_0\cdot\nabla\varphi=\frac{1}{\mathrm{j}k_0}\left(\frac{\nabla\mu}{\mu}\cdot\boldsymbol{H}_0+\nabla\cdot\boldsymbol{H}_0\right) \tag{8-2d}$$

几何光学近似为 $\lambda_0\to 0$，$k_0\to\infty$ 再由慢变化假设。$\nabla\times\boldsymbol{E}_0$，$\nabla\times\boldsymbol{H}_0$，$\nabla\cdot\boldsymbol{E}_0$，$\nabla\cdot\boldsymbol{H}_0$ 均为有限值，介质变化慢说明 ε，μ 在一个波长内变化很小，即

$$\frac{1}{\varepsilon}\mid\nabla\varepsilon\mid\lambda_0\ll 1,\ \frac{1}{\mu}\mid\nabla\mu\mid\lambda_0\ll 1 \tag{8-3}$$

故式(8-2)右边均为零，所以几何光学近似下的场方程为

$$\begin{cases}\nabla\phi\times\boldsymbol{H}_0+c\varepsilon\,\boldsymbol{E}_0=0\\ \nabla\phi\times\boldsymbol{E}_0-c\mu\,\boldsymbol{H}_0=0\\ \boldsymbol{E}_0\cdot\nabla\phi=0\\ \boldsymbol{H}_0\cdot\nabla\phi=0\end{cases} \tag{8-4}$$

对于非铁磁介质 ($\mu=\mu_0$) 则式(8-4)中前二式可化为

$$\left.\begin{aligned} \boldsymbol{E}_0 &= z_0 \boldsymbol{H}_0 \times \frac{\nabla \phi}{n} \\ z_0 \boldsymbol{H}_0 &= \frac{\nabla \phi}{n} \times \boldsymbol{E}_0 \end{aligned}\right\} \tag{8-5}$$

其中 n 是介质的折射率 (refraction index),可见 $\boldsymbol{E}_0$, $\boldsymbol{H}_0$ 和 $\nabla\phi$ 是互相正交的矢量,即几何光学场在局部是一平面波。

式(8-5)中第二式代入第一式可得

$$\nabla \phi \times (\nabla \phi \times \boldsymbol{E}_0) + n^2 \boldsymbol{E}_0 = 0 \tag{8-6}$$

注意到

$$\nabla \phi \times (\nabla \phi \times \boldsymbol{E}_0) = (\boldsymbol{E}_0 \cdot \nabla \phi) \nabla \phi - (\nabla \phi)^2 \boldsymbol{E}_0 \tag{8-7}$$

则上式化为

$$[n^2 - (\nabla \phi)^2] \boldsymbol{E}_0 = 0 \tag{8-8}$$

欲使 $\boldsymbol{E}_0$ 有非零解,则

$$(\nabla \phi)^2 = n^2 \tag{8-9}$$

或

$$\left(\frac{\partial \phi}{\partial x}\right)^2 + \left(\frac{\partial \phi}{\partial y}\right)^2 + \left(\frac{\partial \phi}{\partial z}\right)^2 = n^2(x, y, z) \tag{8-10}$$

式(8-10)称为程函方程 (the wave route function's equation)。程函 ϕ 包含了介质电参数的变化,是确定等相位面的特征函数。程函方程是几何光学的一个基础方程。

2. *几何光学的强度定律*

平均坡印亭矢量

$$\begin{aligned} \langle \boldsymbol{s} \rangle &= \frac{1}{2} R_e (\boldsymbol{E}_0 \times \boldsymbol{H}_0{}^*) \\ &= \frac{1}{2} R_e \left[\boldsymbol{E}_0 \times \left(\frac{1}{c\mu} \nabla \phi \times \boldsymbol{E}_0 \right)^* \right] \\ &= \frac{1}{2c\mu} R_e (\boldsymbol{E}_0 \cdot \boldsymbol{E}_0{}^*) \nabla \phi \\ &= \frac{2}{c\mu\epsilon} \langle w_e \rangle \nabla \phi = \frac{c}{n^2} \langle w \rangle \nabla \phi \end{aligned} \tag{8-11}$$

令 $\hat{t}$ 为 $\nabla\phi$ 的单位矢量,则

$$\hat{t} = \nabla \phi / |\nabla \phi| = \nabla \phi / n \tag{8-12}$$

则

$$\langle \boldsymbol{s} \rangle = \frac{c}{n}\langle w \rangle \hat{t} = \upsilon \langle w \rangle \hat{t} \tag{8-13}$$

式(8-13)说明，场沿射线运动，射线方向即为垂直波前的方向。能量以速度 $\upsilon = c/n$ 沿射线方向传播，$\hat{t}$ 与等相位面垂直。

综合以上各点，在几何光学条件下，电磁能量、波速与能流之间的关系都与均匀介质中的平面波(TEM)相似，能量传播的速度为 υ。结合前面的结论，可以认为，在几何光学条件下，各点的电磁波在局部是平面电磁波。

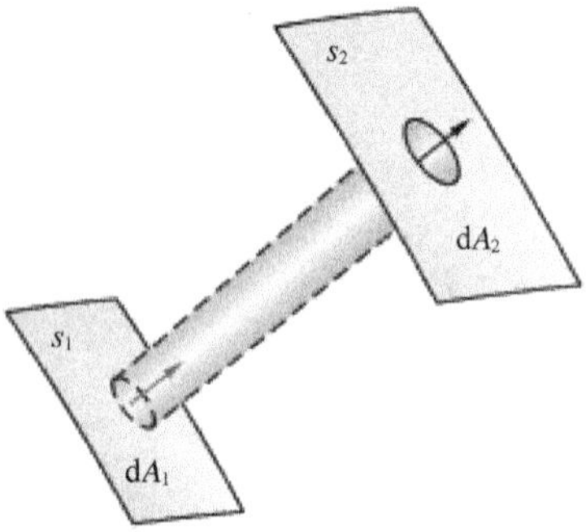

图 8-1　射线管

由能量守恒定律，在非导电介质及无外界功率的区域

$$\frac{\partial w}{\partial t} + \nabla \cdot \boldsymbol{s} = 0 \tag{8-14}$$

对于时谐场，后面项时间平均后为零，即

$$\nabla \cdot \langle \boldsymbol{s} \rangle = 0 \tag{8-15}$$

考虑一个射线管(ray tube)，如图 8-1 所示。式(8-15)说明，射线管内能量是守恒的，即穿过射线管任一横截面的能量是常数，即

$$\langle \boldsymbol{s}_1 \rangle \cdot \mathrm{d}\boldsymbol{A}_1 = \langle \boldsymbol{s}_2 \rangle \cdot \mathrm{d}\boldsymbol{A}_2 \tag{8-16}$$

式(8-16)称为几何光学的强度定律 (the strength law of GO)。

3. 均匀介质中射线场的基本表达式

如果介质是均匀的，则射线是直线。由强度定律可求得传播路径上场强振幅的相对关系。如图 8-2 所示，在波面 φ_1 上，A 点的两个主曲率半径分别为 ρ_1，ρ_2，它们也称为射线焦散距离(caustics)。x 和 y 分别是两个主方向。由于这些射线同时与波面 φ_2 正交，故在 ϕ_2 上，A' 点主曲率半径分别为 $\rho_1 + s$，$\rho_2 + s$。设 A 点的平面元为 $\mathrm{d}A_1$，A' 点的平面元为

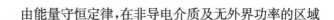

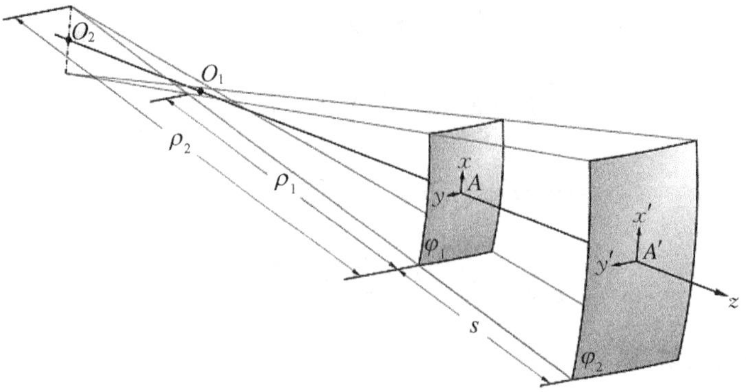

图 8-2　射线管的几何关系

dA_2，这两个面元的关系为

$$x' = \left|\frac{\rho_1 + s}{\rho_1}\right| x \tag{8-17}$$

$$y' = \left|\frac{\rho_2 + s}{\rho_2}\right| y \tag{8-18}$$

$$dA_2 = \left|\frac{(\rho_1 + s)(\rho_2 + s)}{\rho_1\rho_2}\right| dA_1 \tag{8-19}$$

由强度定律，可得

$$|E_2| = |E_1| \sqrt{\frac{\rho_1\rho_2}{(\rho_1 + s)(\rho_2 + s)}} \tag{8-20}$$

其中

$$\begin{cases} \rho_1 = \rho_2 < \infty, & \text{球面波}, \quad |E_2| = |E_1| \dfrac{\rho}{\rho + s} \\ \rho_1 < \infty,\ \rho_2 \to \infty, & \text{柱面波}, \quad |E_2| = |E_1| \dfrac{\rho_1}{\rho_1 + s} \\ \rho_1,\ \rho_2 \to \infty, & \text{平面波}, \quad |E_2| = |E_1| \\ \rho_1 \neq \rho_2 < \infty, & \text{象散波}, \quad E_2 = E_1 \sqrt{\dfrac{\rho_1\rho_2}{(\rho_1 + s)(\rho_2 + s)}}\ e^{-jks} \end{cases}$$

上式可用来由 ϕ 内一点的场强求另一点的场强，精度较高，但只在 GO 假定下成立。

(1) $s = -\rho_1$ 或 $-\rho_2$ 时，上式不能用，称为散焦区，几何绕射理论在散焦区无效。

(2) 由 Keller 的假设，绕射线上的场也适用此式。

4. Fermat 原理

光程：沿曲线 c 从 P_0 点到 P 点之间的积分为

$$\int n\,ds \tag{8-21}$$

其中 $n(x, y, z)$ 是介质的折射率。光程一般与所选的路程 C 有关。

如 C 是一条射线，则 $n = |\nabla\phi|$，所以

$$\int_c n\,ds = \phi(P) - \phi(P_0) \tag{8-22}$$

在两个波面之间沿任何一条射线的光程都是相等的。

费马原理：P_0 与 P 两点间射线的实际轨迹就是使光程取极值的曲线，而极值一般为极小值，但有时也有可能取极大值。在均匀介质中，光程与几何路径成正比，而两点间最短路程是直线，故此时光程必定由直线组成，即在均匀介质中电磁波沿直线传播。由费马原理可

以很简单地证明两种介质分界面上的反射定律和折射定律。

5. 几何绕射理论的基本原理

几何光学只研究直射、反射和折射问题，它无法解释绕射现象。当几何光学射线遇到任意一种表面不连续，例如边缘、尖顶，或者在向曲面掠入射时，将产生它不能进入的阴影区。按几何光学理论，阴影区的场应等于零，但实际上阴影区的场并不等于零。为了解除几何光学场的不连续性问题，并对几何光学场计为零的场区中做出适当修正，我们引入了一种新的射线——绕射线，其对应理论即几何绕射理论(GTD)。Keller 在 1951 年前后提出了一种近似计算高频电磁场的新方法。他把经典几何光学的概念加以推广，引入了一种绕射射线以消除几何光学阴影边界上场的不连续性，并对阴影区的场进行适当的修正。凯勒的这一方法称为几何绕射理论。绕射射线产生于物体表面上几何特性或电磁特性不连续之处。例如，物体的边缘、尖顶和光滑凸曲面上与入射射线相切之点。绕射射线既可以进入照明区，也可进入阴影区。因为几何光学射线不能进入阴影区，故阴影区的场就完全由绕射射线来代表。这样，几何绕射理论就克服了几何光学在阴影区的缺点，也改进了照明区的几何光学解。

几何绕射理论的基本概念可以归结为以下 3 点。

(1) 绕射场是沿绕射射线传播的，这种射线的轨迹可以用广义费马原理确定。费马原理认为几何光学射线是从源点到场点的最短距离传播。广义费马原理则把绕射射线也包括在内，并认为绕射射线也是沿最短路程传播的。

(2) 场的局部性原理：在高频极限情况下，像反射和绕射这一类现象只取决于反射和绕射点临近域的电磁特性和几何特性。绕射场只取决于入射场和散射体表面的局部性质。由此可以对某种几何形状的散射体，即所谓典型几何结构形，导出把入射场和绕射场联系起来的绕射系数。

(3) 离开绕射点后的绕射射线仍遵循几何光学的定律，即在绕射射线管中能量是守恒的，而沿射线路程的相位延迟就等于介质的波数和距离的乘积。

6. 绕射射线的分类

绕射射线可以分为如下几类。

1) 边缘绕射射线

凯勒指出：边缘绕射射线与边缘(或边缘切线)的夹角等于相应的入射射线与边缘(或边缘切线)的夹角。入射线与绕射线分别位于在绕射点与边缘垂直的平面的两侧或在一个平面上。一条入射线将激励起无穷多绕射线，它们都位于一个以绕射点为顶点的圆锥面上。圆锥的轴线就是绕射点的边缘或边缘的切线，圆锥的半顶角就等于入射线与边缘或边缘切线的夹角，如图 8-3 所示。所以，当入射线与边缘垂直时，圆锥面退化为与边缘垂直的平面圆盘。边缘绕射射线所分布的圆锥面通常叫做凯勒圆锥。

2) 尖顶绕射射线

如图 8-4 所示，尖顶绕射射线就是从源点 R_s 经过尖顶点 D 到达场点 R_0 的射线。尖顶可能是圆锥的顶点，也可能是 90°拐角的顶点。因为绕射点 D 就固定在尖顶上，所以尖顶绕射射线就由 R_sD 和 DR_0 两段直线组成。尖顶没有遮挡，则尖顶绕射射线总是存在的。由尖

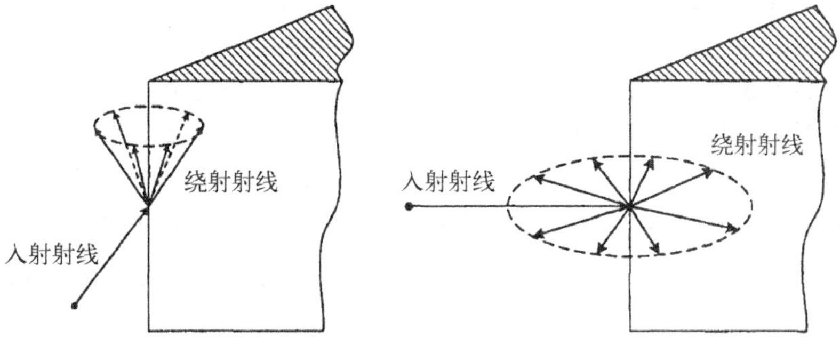

图 8-3　边缘绕射射线

顶发出的绕射射线可以向散射体所占空间以外的任意方向传播。因此一根入射线可以激励起无穷多根尖顶绕射射线，它们将从中心向四面八方传播，相应的绕射波阵面是以尖顶为中心的球面，可见尖顶绕射场的幅度必定和距离的一次方成反比。所以尖顶绕射场比边缘绕射场衰减得更快。

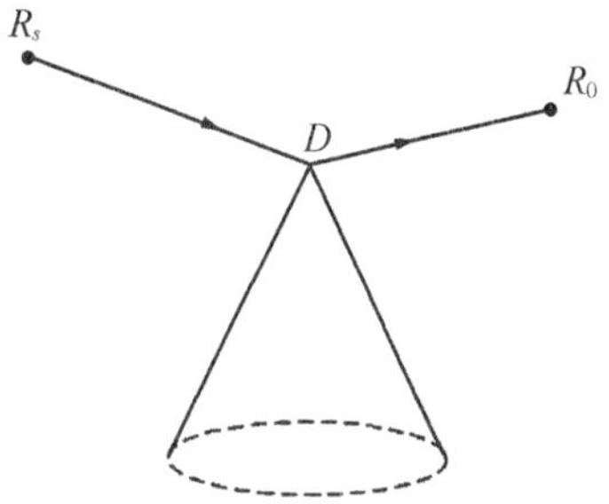

图 8-4　尖顶绕射射线

3）表面绕射射线

当有射线向光滑的理想导电曲面入射时，即沿其阴影边界入射时，它将分为两部分：一部分入射能量将按几何光学定律继续照直前进，另一部分入射能量则沿物体的表面传播，成为表面射线。表面射线在传播时将不断沿切向发出绕射线。如图 8-5 所示，对于阴影区域的场点 P，入射线与绕射线分别与表面相切于 Q_1 点和 Q_2 点，与边缘绕射线和尖顶绕射线不同的是，在曲面上一定区域内，两点之间只有一条曲线能使两点间的光程最小。表面射线又称爬行波，理论上说它要环绕封闭曲面爬行无穷多次，实际上它的能量衰减很快，因此环绕封闭曲面一周以上即可不必考虑。

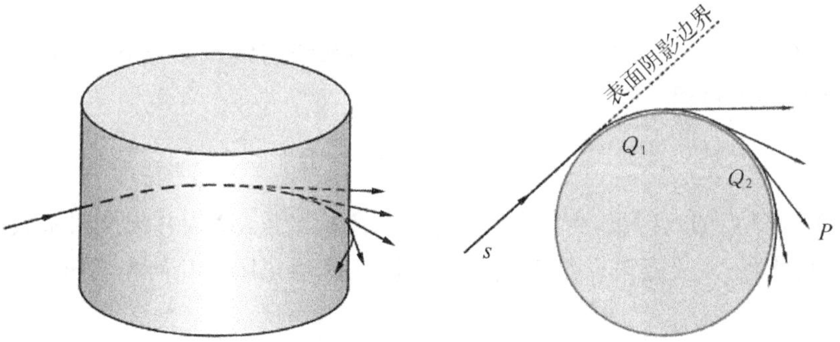

图 8-5　表面绕射射线

Keller 导出的 GTD 基本算式（绕射系数），在亮区和阴影区几何光学阴影边界两侧的过渡区内失效，因此在 20 世纪 70 年代，Pathak 和 Kovyoulnjian 等又将之发展成为一致性几何绕射理论 UTD，UTD 克服了 GTD 的缺点，较好地解决了电磁波在阴影界上的连续问题。

UTD在几何光学阴影边界过渡区有效，在阴影边界过渡区以外，则自动转化为GTD算式，对于源在曲面上的情况，也作了较为成功的研究，从而使其更具工程实用价值。虽然UTD的绕射系数是通过仅有的两个典型问题（平面波在理想导电劈上的绕射和平面波在理想导电圆柱上的绕射）的解推广出来的，却可以较好地应用在一些复杂的散射和辐射系统中。因为形状复杂的物体可以看成是许多简单几何构形的复合体，对每一个复杂构形的各个局部分别引用已知的典型问题解，然后把各个局部对场的贡献叠加起来，可求得复杂物体的辐射和散射特性。根据GTD、UTD理论，不同形状其辐射场的计算有所不同。在绕射射线中，以表面绕射也即爬行波绕射和边缘绕射为典型。

若给定射线上某点的场强 E_0，则射线上任意一点 P（除散焦线上的点以外）的场强可表达为

$$E(P) = E_0 A(s) \mathrm{e}^{-\mathrm{j}ks} \tag{8-23a}$$

$$A(s) = \sqrt{\frac{\rho_1 \rho_2}{(\rho_1 + s)(\rho_2 + s)}} \tag{8-23b}$$

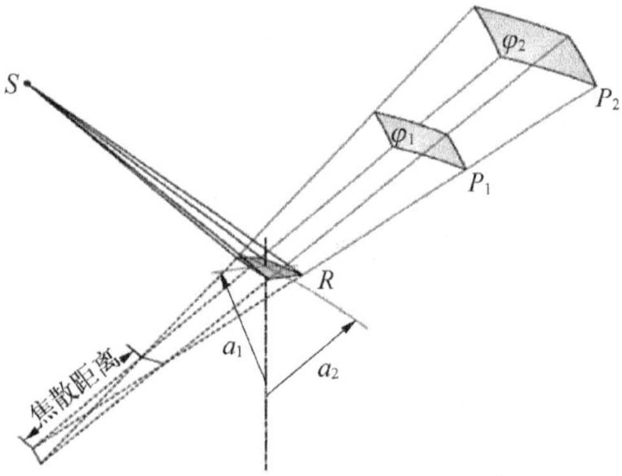

图8-6　曲面的几何光学反射

A 称为扩散因子，它表示由于传播时能量扩散而产生的场强幅度的衰减。

如果射线在传播时遇到了反射物体，则反射场与入射场一起构成几何光学场，如图8-6所示。其中 P 是点源，a_1 和 a_2 分别是反射面的两个主曲率半径。在 R 点的反射场与入射场的关系可以用下式表示

$$\boldsymbol{E}^r(P) = \boldsymbol{E}^i(R)\,\overline{\overline{R}}\sqrt{\frac{\rho_1^r \rho_2^r}{(\rho_1^r + s_1^r)(\rho_2^r + s_2^r)}}\,\mathrm{e}^{-\mathrm{j}ks^r} \tag{8-24}$$

类似地，绕射场可以按上述方式表达，设一条边缘绕射线从源点 S 经绕射点 Q 到达场点 P，则 Q 点的绕射过程可用下式表达

$$\boldsymbol{F}^d(Q) = \boldsymbol{E}^i(Q) \cdot \overline{\overline{\boldsymbol{D}}} \tag{8-25}$$

其中，$\boldsymbol{E}^i(Q)$ 为 Q 点的入射场，$\boldsymbol{F}^d(Q)$ 为 Q 点的激励系数，$\overline{\overline{\boldsymbol{D}}}$ 为并矢绕射系数，一般为 3×3 矩阵，经变换可为 2×2 矩阵。绕射线离开绕射点 Q 后仍服从几何光学定律，故 P 点的绕射场表示为

$$\boldsymbol{E}^d(P) = \boldsymbol{F}^d(Q) A_d(s^d) \mathrm{e}^{-\mathrm{j}ks^d} = \boldsymbol{E}^i(Q)\,\overline{\overline{\boldsymbol{D}}}\sqrt{\frac{\rho_1^d \rho_2^d}{(\rho_1^d + s_1^d)(\rho_2^d + s_2^d)}}\;\mathrm{e}^{-\mathrm{j}ks^d} \tag{8-26}$$

其中 s^d 为绕射线从 Q 到 P 的几何距离，ρ_1^d，ρ_2^d 为绕射场波阵面的两个主曲率半径。已知入射场及边缘的几何形状、物理特性，绕射点 Q 可由广义费马原理确定，求绕射场的问题可

归结为求 Q 点的并矢绕射系数 $\overline{\overline{D}}$ 的问题。

7. 几何绕射理论应用

辐射与散射问题的高频近似解就是直射、反射和绕射场的总贡献，求解各种射线的场可分为二步，具体如下。

1）射线求迹

首先求出对给定场点的场有贡献的所有射线的轨迹，为此需用广义费马原理确定反射点和绕射点，并求出能使从源点经反射点或绕射点到场点的光程取极值的路程，这是一个纯几何问题。

2）求并矢绕射系数

假设射线求迹问题已经解决，则下一步就是场的计算问题。当物体的电尺寸比波长大得多时，根据局部原理总可以把物体分解为若干典型的几何构形，分别求出这些典型的几何构形的反射场和绕射场并把它们叠加起来就得总场，典型几何构形的绕射系数一般是通过把渐近计算结果与典型几何构形绕射场的严格解对比而求得的。

8. 理想导体劈

几何绕射理论求解问题的基本思路就是先研究一些基本几何构形（又称典型问题）的解，再应用局部性原理将这些解推广，近似得到一些实际问题的解。所以 GTD 的应用范围取决于已知解的典型问题的多少。本节所讨论的理想导电劈就是边缘绕射场的一个典型问题。考虑一个二维理想导电劈，内角为 $(2-n)\pi$，在如图 8－7 所示圆柱坐标中，先考虑单位强度的线源照射劈时的散射场，再将线源退至无穷远处，即得单位强度平面波照射导电劈时的散射场。

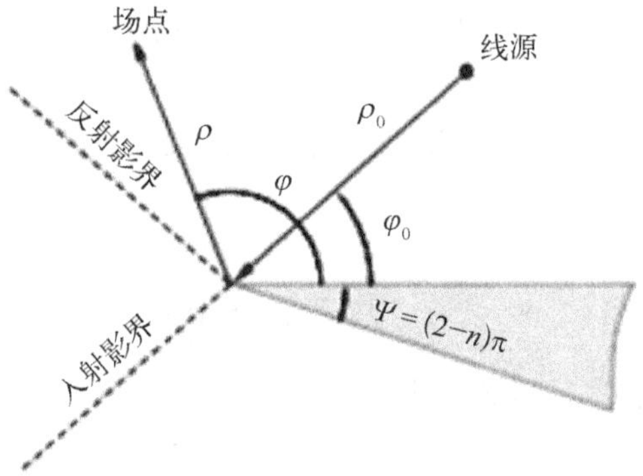

图 8－7　单位强度平面波照射导电劈时的散射场

1）理想导电劈的本征函数解

入射场总可以分解为电极化和磁极化两部分，总的散射场就是它们分别产生的场的叠加。一种是电极化波，入射电场垂直于入射面（平行于劈边缘），对应于线电流源照射的情况；另一种是磁极化波，入射磁场垂直于入射面，对应于线磁流源照射的情况，分别讨论。当入射场为电极化波

$$\nabla^2 E_z + k^2 E_z = \mathrm{j}\omega\mu\delta(\boldsymbol{\rho} - \boldsymbol{\rho}_0) \tag{8-27}$$

在柱坐标下，上式展开为

$$\left[\frac{1}{\rho}\frac{\partial}{\partial\rho}\left(\rho\frac{\partial}{\partial\rho}\right) + \frac{1}{\rho^2}\frac{\partial^2}{\partial\varphi^2} + k^2\right]E_z = \mathrm{j}\omega\mu\frac{\delta(\rho-\rho_0)\delta(\varphi-\varphi_0)}{\rho} \tag{8-28}$$

同时场点应满足下列条件

(1) 辐射条件。

$$\lim_{\rho\to\infty}\sqrt{\rho}\left(\frac{\partial E_z}{\partial\rho} + \mathrm{j}kE_z\right) = 0 \tag{8-29}$$

(2) 近区条件 $\rho\to 0$ 时场为有限值，在源点 $\rho=\rho_0$ 时场连续。

(3) 导体边界条件 $\varphi=0$，$\varphi=2\pi-n$ 面上，对电极化波 $E_z|_s=0$，对磁极化波 $\left.\frac{\partial H_z}{\partial n}\right|_s=0$

(4) 边缘条件。对于有边缘的导体的电磁散射问题而言，满足上述条件的解不是唯一的，还必须规定在尖锐边缘附近场的性态，即在边缘附近所储存的能量是有限的。对于二维导电劈，这一条件意味着

$$\rho\to 0\quad\begin{cases}E_z,\ H_z = o(\rho^{\alpha+1})\\ H_\rho,\ H_\varphi,\ E_\rho,\ E_\varphi = o(\rho^\alpha)\end{cases}，\text{其中}\quad \alpha = \frac{\pi}{2\pi-\varphi_0} - 1 \tag{8-30}$$

上述问题的解为

$$E_z = \begin{cases}-\dfrac{kZ_0}{2n}\displaystyle\sum_{m=0}^{\infty}\varepsilon_v J_v(k\rho)H_v^{(2)}(k\rho_0)\sin(v\varphi)\sin(v\varphi_0), & \rho<\rho_0\\ -\dfrac{kZ_0}{2n}\displaystyle\sum_{m=0}^{\infty}\varepsilon_v J_v(k\rho_0)H_v^{(2)}(k\rho)\sin(v\varphi)\sin(v\varphi_0), & \rho>\rho_0\end{cases} \tag{8-31}$$

$$\varepsilon_v = \begin{cases}1, & m=0\\ 2, & m>0\end{cases} \tag{8-32}$$

同样的对于磁极化波入射，本征函数解为

$$H_z = \begin{cases}-\dfrac{k}{2nZ_0}\displaystyle\sum_{m=0}^{\infty}\varepsilon_v J_v(k\rho)H_v^{(2)}(k\rho_0)\cos(v\varphi)\cos(v\varphi_0), & \rho<\rho_0\\ -\dfrac{k}{2nZ_0}\displaystyle\sum_{m=0}^{\infty}\varepsilon_v J_v(k\rho_0)H_v^{(2)}(k\rho)\cos(v\varphi)\cos(v\varphi_0), & \rho>\rho_0\end{cases} \tag{8-33}$$

可以看出场与源是互易的。

要求单位强度平面波入射时导电劈的散射场时，可将上述解中 $\rho_0\to\infty$，并将关于单位强度产生的辐射场进行归一化，可得平面波入射时导电劈的本征函数解。

已知 (ρ', φ') 处的二维单位源在 (ρ_0, φ_0) 处的辐射场为

$$E_z = -\frac{kZ_0}{4} H_0^{(2)}(k \mid \rho_0 - \rho \mid) \tag{8-34}$$

将线源退至无穷远处，即 $\rho_0 \to \infty$，则上述解中 $\rho > \rho_0$ 部分失效，且由 Hankel 函数的大宗量近似

$$\rho_0 \to \infty \quad H_0^{(2)}(k\rho_0) \approx \sqrt{\frac{2j}{\pi k\rho_0}} j^v \mathrm{e}^{-jk\rho_0} \tag{8-35}$$

单位幅度平面波入射时，电极化条件下，导电劈散射场的本征函数解为

$$E_z = \frac{2}{n} \sum_{m=0}^{\infty} \varepsilon_v j^v J_v(k\rho) \sin(v\varphi) \sin(v\varphi_0) \tag{8-36}$$

磁极化时，要将二维单位磁流源在自由空间的辐射场转为单位幅度平面波时的因子归一化，即

$$H_z = -\frac{k}{4Z_0} H_0^{(2)}(k\rho_0) \approx -\frac{k}{4Z_0} \sqrt{\frac{2j}{\pi k\rho_0}} \mathrm{e}^{-jk\rho_0} \tag{8-37}$$

于是本征函数解为

$$H_z = \frac{2}{n} \sum_{m=0}^{\infty} \varepsilon_v j^v J_v(k\rho) \cos(v\varphi) \cos(v\varphi_0) \tag{8-38}$$

一般地，上述本征函数解可改写为

$$\begin{aligned} E_z &= \frac{1}{n} \sum_{m=0}^{\infty} \varepsilon_v j^v J_v(k\rho) [\cos v(\varphi - \varphi_0) - \cos v(\varphi + \varphi_0)] \\ H_z &= \frac{1}{n} \sum_{m=0}^{\infty} \varepsilon_v j^v J_v(k\rho) [\cos v(\varphi - \varphi_0) + \cos v(\varphi + \varphi_0)] \end{aligned} \tag{8-39}$$

上述结果分属电极化与磁极化两种情况，一般为两者之和。上述结果是总场，包括入射场、反射场和绕射场。为保证精度，一般要求最后几项 $v \gg k\rho$，当 $k\rho$ 较大时，收敛很慢。

2）绕射场的分离

上述结果中都包含了 $\cos(\varphi - \varphi_0)$，$\cos(\varphi + \varphi_0)$，且形式相同，故可仅取其中一项讨论。令 $\beta^{\mp} = \varphi \mp \varphi_0$，于是

$$\mu = \frac{1}{n} \sum_{m=0}^{\infty} \varepsilon_v j^v J_v(k\rho) \cos(v\beta), \quad v = \frac{m}{n} \tag{8-40}$$

利用恒等式

$$\mu = \frac{1}{n} \sum_{m=0}^{\infty} \varepsilon_v j^v f(v) = -j \oint_P \frac{\exp\left\{ j\alpha \left(\frac{\pi}{2} - n\pi \right) \right\} f(\alpha)}{\sin(\alpha n \pi)} \mathrm{d}\alpha \tag{8-41}$$

$$J_{\alpha}(k\rho)=\frac{1}{2\pi}\int_{c}\mathrm{e}^{-\mathrm{j}(k\rho\sin\theta-\alpha\theta)}\mathrm{d}\theta$$

上式可化为

$$\mu=\frac{1}{2\pi}\int_{c}\mathrm{e}^{-\mathrm{j}k\rho\sin\theta}G(\theta)\mathrm{d}\theta \tag{8-42}$$

其中，

$$G(\theta)=-j\oint_{P}\frac{\mathrm{e}^{\mathrm{j}\alpha\left(\frac{\pi}{2}-n\pi\right)}}{\sin(\alpha n\pi)}\cos\alpha\beta\,\mathrm{e}^{\mathrm{j}\alpha\theta}\mathrm{d}\alpha \tag{8-43}$$

式(8-43)中积分路径 C 和 P 分别为再利用恒等式，再令 $\xi=\frac{\pi}{2}+\theta$

$$G(\theta)\rightarrow G(\xi)=\frac{j}{n}\frac{\sin\frac{\xi}{n}}{\cos\frac{\beta}{n}-\cos\frac{\xi}{n}} \tag{8-44}$$

而解为

$$\mu=\frac{1}{2\pi}\int_{C}\mathrm{e}^{\mathrm{j}k\rho\cos\xi}G(\xi)\mathrm{d}\xi \tag{8-45}$$

积分路径如图 8-8 所示。

从 $-\pi+\mathrm{j}\infty$ 沿图中 C 到 $\pi+\mathrm{j}\infty$，在 $-\pi\sim\pi$ 的实轴部分被积函数有许多极点，实际的积分路径为包围这些极点的半圆(见图 8-9)，积分值即为半圆半径趋于零时的积分主值。

$$\cos\frac{\xi}{n}-\cos\frac{\beta}{n}=-2\sin\frac{\xi+\beta}{2n}\sin\frac{\xi-\beta}{2n}=0 \tag{8-46}$$

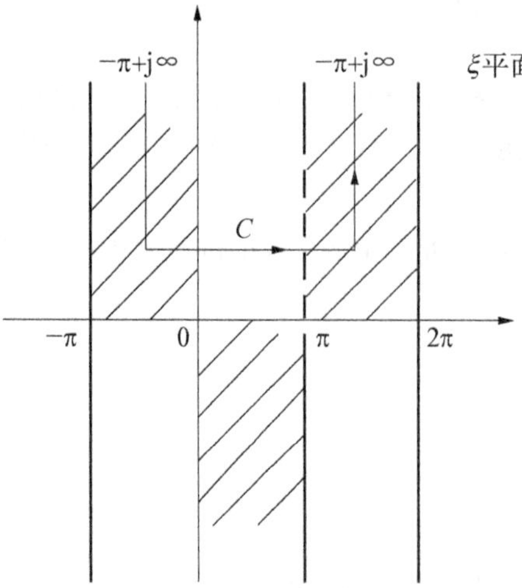

图 8-8 积分路径

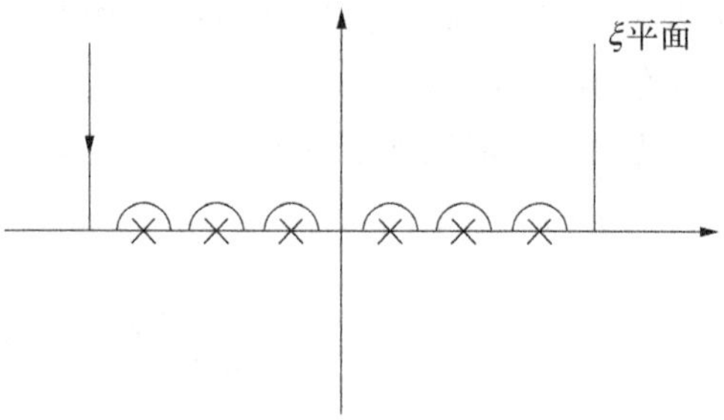

图 8-9 积分路径包围极点

$$\xi_{PN}=2nN\pi\pm\beta \qquad N=0,\pm1,\pm2,\cdots$$

极点关于 $+\beta$ 和 $-\beta$ 各一组，共两组。

极点在实轴上关于原点对称

$$\int_{-\pi+j\infty}^{\pi+j\infty}=\int_{-\pi+j\infty}^{0}+\int_{0}^{\pi+j\infty}=\int_{\pi-j\infty}^{0}+\int_{0}^{\pi+j\infty}=\int_{\pi-j\infty}^{\pi+j\infty} \tag{8-47}$$

$$\mu=\frac{1}{2\pi jn}\left\{\int_{\pi-j\infty}^{\pi+j\infty}\frac{\sin\frac{\xi}{n}e^{jk\rho\cos\xi}}{\cos\frac{\xi}{n}-\cos\frac{\beta}{n}}d\xi-2\pi j[0<\xi<\pi\text{ 间各极点的留数之和}]\right\} \tag{8-48}$$

$$\operatorname{Res}\left[\frac{\sin\frac{\xi}{n}e^{jk\rho\cos\xi}}{\cos\frac{\xi}{n}-\cos\frac{\beta}{n}}\right]_{\xi=\xi_{PN}}=\frac{\sin\frac{\xi_{PN}}{n}e^{jk\rho\cos\xi_{PN}}}{-\frac{1}{n}\sin\frac{\xi_{PN}}{n}}=-ne^{jk\rho\cos\xi_{PN}} \tag{8-49}$$

$$\mu=\frac{1}{2\pi jn}\left\{\int_{\pi-j\infty}^{\pi+j\infty}\frac{\sin\frac{\xi}{n}e^{jk\rho\cos\xi}}{\cos\frac{\xi}{n}-\cos\frac{\beta}{n}}d\xi+\sum_{N}e^{jk\rho\cos\xi_{PN}}\right\} \tag{8-50}$$

此时上式中积分路径即为与虚轴平行过点 $(\pi, j0)$ 的直线，上式中 ξ_{PN} 对应于实轴 $0<\xi<\pi$ 内的两组极点，即 $N=0$；$\xi_{P0}=\beta$；$N=1, 2, 3$；$\xi_{PN}=2nN\pi\pm\beta$。另两种取法是 $|\xi|<\pi$ 的区间只取一组，所得极点的留数逐项与上式相等(见图 8-10)。

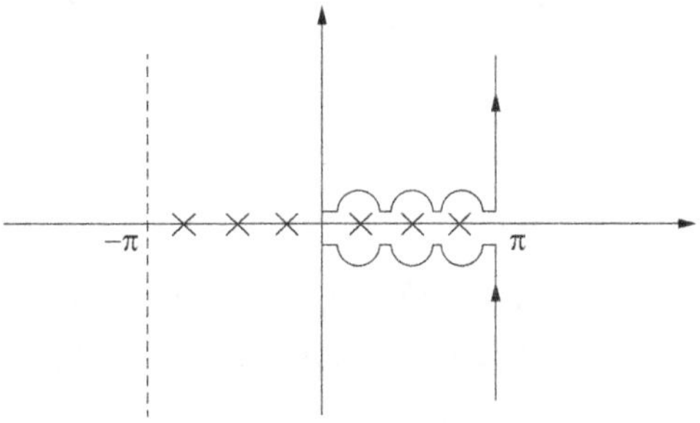

图 8-10　极点留数

取 $\sin\frac{\xi-\beta}{2n}=0$，即

$$\xi_{PN}=2nN\pi+\beta, \qquad N=0,\pm1,\pm2,\cdots$$

$$N=0, \quad \xi_{P0}=\beta$$

$$N=1, 2, 3, \quad \xi_{PN}=2nN\pi+\beta$$

$$N=-1, -2, -3,$$

$$\xi_{PN}=2n\pi|N|+\beta=-(2n\pi|N|-\beta)$$

由于 $\cos\xi_{PN}$ 为偶函数，$N=-1, -2, -3$ 时 ξ_{PN} 的留数与 $0<\xi<\pi$ 内取 $-\beta$ 一组相同，这是 James. GL 的方法。

$\sin\frac{\xi+\beta}{2n}=0$，即

$$\xi_{PN}=2nN\pi-\beta, \qquad N=0,\pm1,\pm2,\cdots$$

$$N=0, \qquad \xi_{P0}=-\beta$$

$$N=1, 2, 3, \qquad \xi_{PN}=2nN\pi-\beta$$

$$N=-1,-2,-3,\qquad \xi_{PN}=-2n\pi\mid N\mid+\beta=-(2n\pi\mid N\mid+\beta)$$

同样由于 $\cos\xi_{PN}$ 为偶函数，$N=-1,-2,-3$ 时 ξ_{PN} 的留数与 $0<\xi<\pi$ 内取 $+\beta$ 一组相同，这是 Kong J K 和 Pathak 的方法。

这两种方法的优越在于可以使 β 前的符号一致，不易搞错。这样取的数学意义在于实现图 8-11 所示的路径转换，结果是一样的。

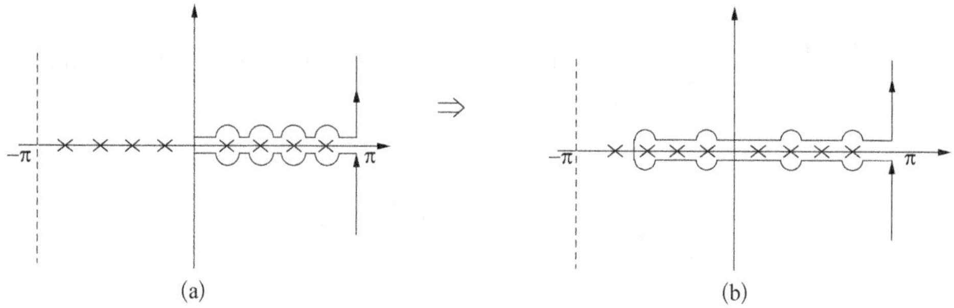

图 8-11　积分路径转换

在上述解中，求和项对应了几何光学场，积分项对应了绕射场。

3）入射场、反射场和绕射场

在前面的讨论中，β 代表了两种可能的形式 $\beta^{\mp}$，即

$$\beta^{-}=\varphi-\varphi_0,\ \beta^{+}=\varphi+\varphi_0 \tag{8-51}$$

事实上，β^{-} 表示与入射场有关的场，β^{+} 表示与反射场有关的场。前者用 μ^{i} 表示，后者用 μ^{r} 表示，则 $\beta^{-}\sim\mu^{i}$，$\beta^{+}\sim\mu^{r}$，所以有

$$\mu^{i,r}=\frac{1}{2\pi jn}\int_{-\pi+j\infty}^{\pi+j\infty}\frac{\sin\dfrac{\xi}{n}}{\cos\dfrac{\xi}{n}-\cos\dfrac{\beta^{\mp}}{n}}\mathrm{e}^{jk\rho\cos\xi}\mathrm{d}\xi \tag{8-52}$$

我们知道，单位强度电极化平面波从与 $\varphi=0$ 的劈面成 φ_0 角的方向入射到导电劈时产生入射场和反射场（见图 8-12）。

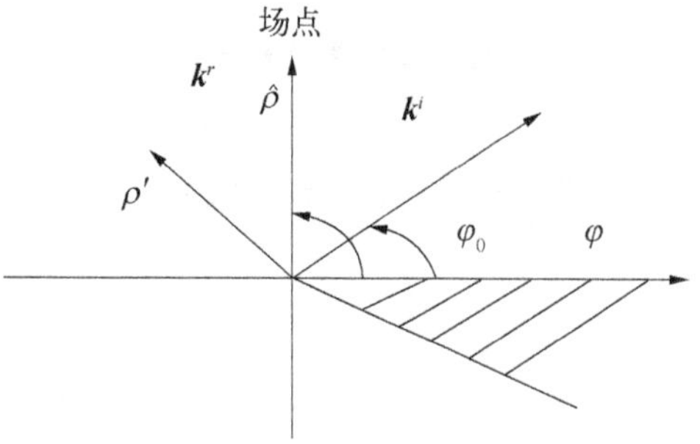

图 8-12　入射场和反射场

入射场

$$E_z^{i}=\mathrm{e}^{-\mathrm{j}\boldsymbol{k}^{i}\cdot\boldsymbol{\rho}}=\mathrm{e}^{\mathrm{j}k\rho\hat{\rho}'\cdot\hat{\rho}}=\mathrm{e}^{\mathrm{j}k\rho(\varphi-\varphi_0)} \tag{8-53}$$

反射场

$$E_z^{r}=\mathrm{e}^{-\mathrm{j}\boldsymbol{k}^{r}\cdot\boldsymbol{\rho}}=\mathrm{e}^{\mathrm{j}k\rho\hat{\rho}''\cdot\hat{\rho}}=\mathrm{e}^{\mathrm{j}k\rho(\varphi+\varphi_0)} \tag{8-54}$$

式(8-53)(8-54)中的 $\boldsymbol{k}^{i}$，$\boldsymbol{k}^{r}$ 分别代表入射和反射波矢量，与解的级数求和部分比较可知，该级数项代表了入射线和反射线上的场，因而是几何光学项。而积分项则为绕射场，取 β^{-}，β^{+} 分别表示与入射场和反射场有关的绕射场。

绕射场

$$\mu_d^{i,r}=\frac{1}{2\pi jn}\int_{\pi-j\infty}^{\pi+j\infty}\frac{\sin\frac{\xi}{n}}{\cos\frac{\xi}{n}-\cos\frac{\beta^{\mp}}{n}}e^{jk\rho\cos\xi}d\xi \tag{8-55}$$

几何光学场则为

$$\mu_0^{i,r}=\sum_N e^{jk\rho\cos(\beta^{\mp}+2\pi nN)} \tag{8-56}$$

与总的入射场有关

$$\mu^i=\mu_0^i+\mu_d^i$$

与总的反射场有关

$$\mu^r=\mu_0^r+\mu_d^r$$

所以

$$E_z=\mu^i-\mu^r=(\mu_0^i-\mu_0^r)+(\mu_d^i-\mu_d^r) \tag{8-57}$$

$$H_z=\mu^i+\mu^r=(\mu_0^i+\mu_0^r)+(\mu_d^i+\mu_d^r) \tag{8-58}$$

上述解仅是形式上的。事实上，几何光学场是不连续的，由于在部分区域几何光学射线被遮挡了，所以是不存在几何光学场；而另一部分则有几何光学场存在，所以整个空间被分为几个区域（见图 8 - 13），阴影区是几何光学场不能到达的区间；照明区是几何光学场能够到达的区间。入射线延长线与 $\phi=n\pi$ 劈面之间，入射场不能到达，为入射场阴影区；分界面称为入射影界（SB），且有 $\phi-\phi_0=\pi$，在 $\phi+\phi_0=\pi$ 的射线与 $\phi=n\pi$ 劈面之间反射场不能到达，为反射场阴影区，分界面称为反射影界（RB），其定义如下。

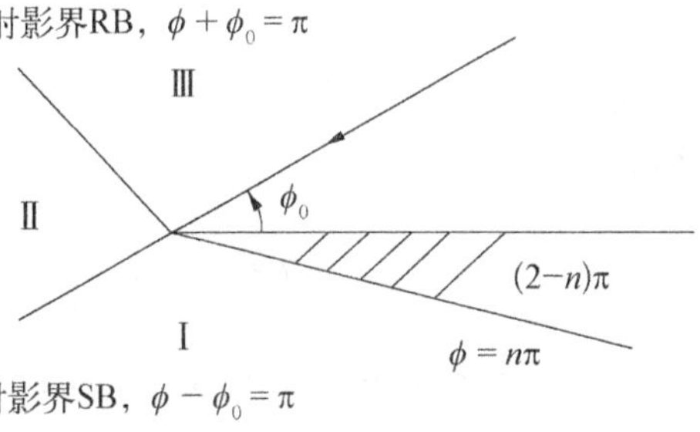

图 8 - 13　空间区域

符号函数

$$\varepsilon^{i,r}=\begin{cases}+1 & \text{在照明区}\\ -1 & \text{在阴影区}\end{cases}\quad(i,\ r\ \text{分别对应入射与反射场}) \tag{8-59}$$

阶梯函数

$$u(x)=\begin{cases}1, & x>0\\ 0, & x<0\end{cases} \tag{8-60}$$

所以总场可表示为电极化和磁极化。

电极化

$$E_z = u(\varepsilon^i)u_0^i - u(\varepsilon^r)u_0^r + (u_d^i - u_d^r) \tag{8-61}$$

磁极化

$$H_z = u(\varepsilon^i)u_0^i + u(\varepsilon^r)u_0^r + (u_d^i + u_d^r) \tag{8-62}$$

在劈面之外可分为三个区域。如图 8-13，且有

Ⅰ区：$\varepsilon^i = \varepsilon^r = -1$，入射与反射场均为阴影区，$\pi + \varphi_0 < \varphi < n\pi$

Ⅱ区：$\varepsilon^i = 1$，$\varepsilon^r = -1$，入射场为照明区，反射场为阴影区，$\pi - \varphi_0 < \pi < \varphi_0 + \pi$

Ⅲ区：$\varepsilon^i = \varepsilon^r = 1$，两者均为照明区，$0 < \varphi < \pi - \varphi_0$

在影界上，$\beta = \pi$。如 SB　$\beta^- = \varphi - \varphi_0 = \pi$；RB　$\beta^+ = \varphi + \varphi_0 = \pi$。

4) 绕射场的近似式

令 $\xi' = \xi - \pi$，则绕射积分为

$$u_d^{i,r} = \frac{1}{2\pi \mathrm{j} n}\int_{-\mathrm{j}\infty}^{\mathrm{j}\infty} \frac{\sin\left(\dfrac{\xi' + \pi}{n}\right)\mathrm{e}^{-\mathrm{j}k\rho\cos\xi'}}{\cos\left(\dfrac{\xi' + \pi}{n}\right) - \cos\dfrac{\beta^{\mp}}{n}}\mathrm{d}\xi' \tag{8-63}$$

利用三角恒等式

$$\cot(x + y) + \cot(x - y) = \frac{2\sin 2x}{\cos 2y - \cos 2x} \tag{8-64}$$

则 $u_d^{i,r} = f(\beta^{\mp}) + f(-\beta^{\mp})$。

其中

$$f(\beta^{\mp}) = -\frac{1}{4\pi \mathrm{j} n}\int_{-\mathrm{j}\infty}^{\mathrm{j}\infty} \cot\left(\frac{\xi' + \pi + \beta^{\mp}}{2n}\right)\mathrm{e}^{-\mathrm{j}k\rho\cos\xi'}\mathrm{d}\xi' \tag{8-65}$$

$f(-\beta^{\mp})$ 只需将式(8-65)中 $\beta^{\mp}$ 以 $-\beta^{\mp}$ 代入即可。

当 $k\rho$ 很大时，上式积分可利用最陡下降法求解，结果为

$$f(\beta^{\mp}) = -\varepsilon^{i,r}\ \wedge^{\mp}\ k_-(\sqrt{k\rho\alpha^{\mp}})\mathrm{e}^{-\mathrm{j}k\rho} \tag{8-66}$$

其中

$$\wedge^{\mp} = \wedge(\beta^{\mp}) = \frac{1}{n}\sqrt{\frac{\alpha^{\mp}}{2}}\cot\left(\frac{\pi + \beta^{\mp}}{2n}\right) \tag{8-67}$$

$$\alpha^{\mp} = \alpha(\beta^{\mp}) = 2\cos^2\frac{1}{2}(\beta^{\mp} + 2n\pi N) \tag{8-68}$$

$K_{\pm}(x)$ 为变形菲涅尔积分(Fresnel Integral)，且有

$$K_{\pm}(x) = \frac{1}{\sqrt{\pi}}\exp\left\{\mp \mathrm{j}\left(x^2 + \frac{\pi}{4}\right)\right\}\int_x^{\infty}\exp\{\pm \mathrm{j}t^2\}\mathrm{d}t \tag{8-69}$$

至此，可得 E_z 和 H_z 的绕射场 E_z^d，H_z^d 分别为

$$\left.\begin{matrix}E_z^d\\H_z^d\end{matrix}\right\}=u_d^i\mp u_d^r=[f(\beta^-)+f(-\beta^-)]\mp[f(\beta^+)+f(-\beta^+)] \tag{8-70}$$

绕射场的积分可直接由积分求解，也可由上述特殊函数形式求出，还可由级数解求总场减去几何光学场得到，不过最后的一种方法必须在 $k\rho$ 不太大，级数收敛比较快时才适用。

注：最陡下降法 $I(k)=\int_C f(z)e^{kg(z)}dz$，$k$ 很大，且最多只有一小虚部，过 $g(z)$ 的鞍点，找一条最陡下降路径，$I(k)$ 就等于鞍点附近的贡献（主值）。

鞍点路径

$$z=z(x,\ y),\qquad \frac{\partial z}{\partial x}=\frac{\partial z}{\partial y}\bigg|_{x0,\ y0}=0,\ 且\ \Delta=\left[\frac{\partial^2 z}{\partial x^2}\frac{\partial^2 z}{\partial y^2}-\frac{\partial^2 z}{\partial x\ \partial y}\right]_{x0,\ y0}<0,$$

则 $(x_0,\ y_0)$ 为鞍点。如果 $g(z)=u(x,\ y)+jv(x,\ y)$ 为解析函数，$g'(z_0)=0$，$g(z)$ 满足 Laplace 方程，z_0 为鞍点。

最陡下降路径即为 $\nabla u=0$ 或 $v=\mathrm{const}$ 的过鞍点的曲线。

5) 理想导电半平面的解

(1) 理想导电半平面的几何光学场和绕射场。半平面是劈内角为零的特例，即 $n=2$，由于 $|\xi_{PN}|<\pi$，即 $|\beta\pm 2nN\pi|<\pi$，因此 $N=0$。入射场和反射场为：$u_0^{i,\ r}=e^{jk\rho\cos(\varphi\mp\varphi_0)}$。

将 $n=2$，$N=0$ 代入前述结果，可得

$$\alpha^{\mp}=2\cos^2\left(\frac{\beta^{\mp}}{2}\right) \tag{8-71}$$

$$\wedge^{\mp}=\frac{1}{2}\sqrt{\frac{\alpha^{\mp}}{2}}\cot\left(\frac{\pi+\beta^{\mp}}{4}\right)=\frac{1}{2}\cos\frac{\beta^{\mp}}{2}\cot\left(\frac{\pi+\beta^{\mp}}{4}\right) \tag{8-72}$$

且

$$\wedge(\beta^{\mp})+\wedge(-\beta^{\mp})=\frac{1}{2}\cos\frac{\beta^{\mp}}{2}\left[\cot\left(\frac{\pi+\beta^{\mp}}{4}\right)+\cot\left(\frac{\pi-\beta^{\mp}}{4}\right)\right]=1 \tag{8-73}$$

因此

$$u_d^{i,\ r}=-\varepsilon^{i,\ r}K_-(\sqrt{k\rho\alpha^{\mp}})e^{-jk\rho} \tag{8-74}$$

上述中引入 $\varepsilon^{i,\ r}$ 是为了反映 $\sqrt{\alpha^{\mp}}$ 的符号变化情况，在 $u_d^{i,\ r}$ 的求和式中 $[f(\beta^{\mp})+f(-\beta^{\mp})]$ 包含了 $\sqrt{\alpha^{\mp}}$ 的符号在影界附近的变化情况，但(1)后，无法反映，故引入 $\varepsilon^{i,\ r}$。$\varepsilon^{i,\ r}$ 可由前面定义的物理概念来确定（即 SB、RB 及 Ⅰ、Ⅱ、Ⅲ 的划分），也可由数学形式确定，即

$$\varepsilon^{i,\ r}=\mathrm{sgn}(\sqrt{\alpha^{\mp}})=\mathrm{sgn}\left[\cos\frac{1}{2}(\varphi\mp\varphi_0)\right] \tag{8-75}$$

由上述可求出半平面的几何光学场 $u_0^{i,\ r}$ 和绕射场 $u_d^{i,\ r}$，从而得到总场。

(2) 几何光学区域及场连续过渡。前面已定义几何光学边界 SB、RB，并由此划分出三个区域，现讨论在 SB 和 RB 两侧场的变化规律。在影界上

$$\beta^{\mp}=\varphi\mp\varphi_0=\pi\rightarrow\alpha^{\mp}=0\rightarrow K_-(0)=\frac{1}{2}$$

因此，在影界上

$$u_0^{i,\,r}=u(\varepsilon^{i,\,r})\mathrm{e}^{-\mathrm{j}k\rho} \tag{8-76}$$

$$u_d^{i,\,r}=-\varepsilon^{i,\,r}\frac{1}{2}\mathrm{e}^{-\mathrm{j}k\rho} \tag{8-77}$$

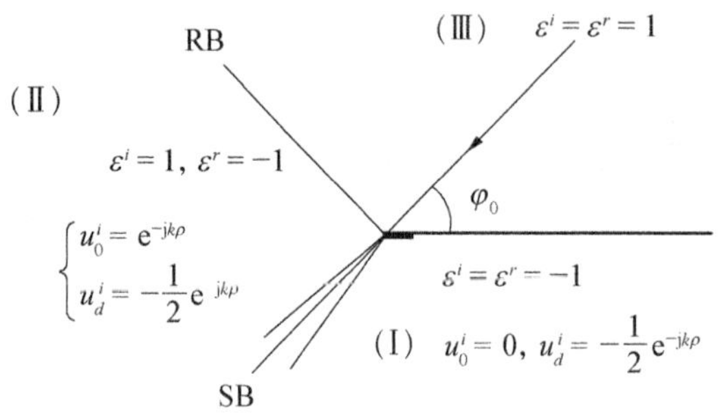

图 8-14　三个区域和边界

如在 SB 上[(Ⅰ)与(Ⅱ)交界]当 $\varphi-\varphi_0>\pi$，在(Ⅰ)区，例

$$u_0^i=0,\ u_d^i=-\frac{1}{2}\mathrm{e}^{-\mathrm{j}k\rho} \tag{8-78}$$

与入射场有关的总场 $u_0^i+u_d^i=\frac{1}{2}\mathrm{e}^{-\mathrm{j}k\rho}$ 可见如下三种情况。

一是在入射影界(SB)两侧，几何光学场不连续 $\mathrm{e}^{-\mathrm{j}k\rho}\rightarrow 0$。

二是在入射影界(SB)两侧，绕射场也不连续，$-\frac{1}{2}\mathrm{e}^{-\mathrm{j}k\rho}\rightarrow\frac{1}{2}\mathrm{e}^{-\mathrm{j}k\rho}$，变化量均为 $\mathrm{e}^{-\mathrm{j}k\rho}$，总场是连续的，即绕射场的不连续弥补了几何光学场的不连续。

在反射影界(RB)两侧也有完全相同的结论，在影界(SB、RB)上，绕射场也是平面波，其幅度为几何光学场的一半，与总场辐射相等。

(3) 远离影界的远区绕射场。用 Fresnel 积分表达的绕射场蕴含除金属面外的整个空间，且当 $|\varphi\mp\varphi_0|<\pi$ 且 $k\rho\gg 1$ 时

$$K_-(\sqrt{k\rho\alpha^{\mp}})\approx\frac{1}{2\sqrt{\mathrm{j}\pi k\rho\alpha^{\mp}}} \tag{8-79}$$

$$u_d^{i,\,r}=-\frac{1}{\sqrt{8\pi\mathrm{j}k}}\sec\frac{1}{2}(\varphi\mp\varphi_0)\frac{\mathrm{e}^{-\mathrm{j}k\rho}}{\sqrt{\rho}} \tag{8-80}$$

所以，电极化波入射时绕射场为

$$E_z^d=u_d^i-u_d^r=D_e(\varphi,\ \varphi_0)\frac{\mathrm{e}^{-\mathrm{j}k\rho}}{\sqrt{\rho}} \tag{8-81}$$

磁极化波入射时绕射场为

$$H_z^d=u_d^i+u_d^r=D_m(\varphi,\ \varphi_0)\frac{\mathrm{e}^{-\mathrm{j}k\rho}}{\sqrt{\rho}} \tag{8-82}$$

其中，D_e，D_m 分别为电、磁极化的绕射系数

$$D_{e,m}=-\frac{1}{\sqrt{8\pi jk}}\left[\sec\frac{1}{2}(\varphi-\varphi_0)\mp\sec\frac{1}{2}(\varphi+\varphi_0)\right] \tag{8-83}$$

可见，在远离影界的远区，半平面的绕射场是一个柱面波，且好像是位于边缘上的线源产生的。上述结果是在 $|\varphi\mp\varphi_0|<\pi$ 和 $k\rho\gg 1$ 的条件下得到的，即要远离影界和边缘，一般只要离开影界一定角度且 $k\rho>10$ 就可以。

(4) 绕射场的过渡区(见图 8-15)。在影界附近不能应用上式远区场结果的区域为过渡区，过渡区的大小由改进Fresnel积分的自变量定义，一般，$x>3$ 时 $K_-(x)$ 就和渐进值很逼近了，故可令 $\sqrt{k\rho\alpha^{\mp}}\approx 3$ 来定义过渡区。

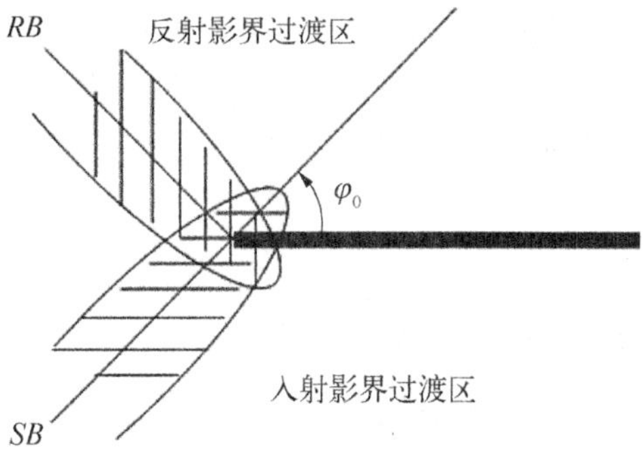

图 8-15　绕射场过渡区

令

$$\sqrt{k\rho\alpha^{\mp}}\approx\sqrt{2}\cos\frac{\beta}{2}\sqrt{k\rho}=S=const \tag{8-84}$$

则　$\rho=\dfrac{S^2}{2k}\sec^2\dfrac{\beta}{2}$。

上式是一个顶点在影界延长线。焦点在原点，焦距 $F=\dfrac{S^2}{2k}$ 的抛物线方程。

如 $F=\dfrac{S^2}{2k}=\lambda$，则 $S=2\sqrt{\pi}=3.55$，则 $\rho=\lambda\sec^2\dfrac{\beta}{2}$

在过渡区 $K_-(x)$ 不能化为渐进式。

(5) 半平面绕射场的一般表达式。当入射场为单位振幅的平面波时

$$u_0^i(E_z^i,\ H_z^i)=e^{jk\rho\cos(\varphi-\varphi_0)} \tag{8-85}$$

此时，在边缘上

$$\rho=0,\ E_z^i(0)=1,\ H_z^i(0)=1$$

则非单位振幅的平面波入射时，理想导电半平面的绕射场一般表达式为

$$E_z^d=(u_d^i-u_d^r)E_z^i(0)=D_e(\varphi,\ \varphi_0)E_z^i(0)\frac{e^{-jk\rho}}{\sqrt{\rho}} \tag{8-86}$$

$$H_z^d=(u_d^i+u_d^r)H_z^i(0)=D_m(\varphi,\ \varphi_0)H_z^i(0)\frac{e^{-jk\rho}}{\sqrt{\rho}} \tag{8-87}$$

$$D_{e,m}=-[\varepsilon^i\sqrt{\rho}K_-(\sqrt{k\rho\alpha^{\mp}})\mp\varepsilon^r\sqrt{\rho}K_-(\sqrt{k\rho\alpha^{\mp}})] \tag{8-88}$$

$$\sqrt{\alpha^{\mp}}=\sqrt{1+\cos(\varphi\mp\varphi_0)}=\sqrt{2}\cos\frac{1}{2}(\varphi\mp\varphi_0) \tag{8-89}$$

电极化和磁极化的标量绕射系数 D_e，D_m 又称为软边界和硬边界绕射系数(因为它们分别对应于声学的软、硬边界条件)。

6) 射线基坐标系

至此我们的讨论都是限于入射场为电极化或磁极化的，在半平面的特例下，得到标量绕射系数 D_e，D_m，如果入射场是任意计划的，即入射场可用矢量形式 $\boldsymbol{E}^i(Q)$ 表示，其 Q 是边缘上的绕射点，绕射场为

$$\boldsymbol{E}^d(P)=\boldsymbol{E}^i(Q)\cdot\overline{\overline{\boldsymbol{D}}}A_d(s)\mathrm{e}^{-\mathrm{j}ks} \tag{8-90}$$

式中，$\overline{\overline{\boldsymbol{D}}}$ 为并矢绕射系数；$A_d(s)$ 为扩散因子；一般情况下，$\overline{\overline{\boldsymbol{D}}}$ 应是 3×3 矩阵，但如果选择合适的坐标量，可使 $\overline{\overline{\boldsymbol{D}}}$ 简化为 2×2 矩阵，本节讨论的射线基本坐标就是函数的一种坐标系。

对于二维劈绕射问题，一般采用以边缘为 z 轴的柱坐标(称为边缘基坐标)，对于任意计划的入射波，入射场有三个分量，反映它们之间的依赖关系的绕射系数由九个量即 3×3 矩阵组成，但前面我们已经证明，由于局部性原理，经过边缘绕射板产生的绕射场仍遵守几何光学定律，即局部为平面波。对于平面波，在其传播方向是没有场分量的，为此可以选择以射线为参考坐标轴的坐标系(射线坐标系)。其定义：

$$\text{边缘基}\begin{cases}\text{入射面：由入射线与边缘或与边缘上入射点的切线单位矢 }\hat{t}\text{ 所构成的平面}\\ \text{绕射面：由绕射线与边缘或与边缘上绕射点的切线单位矢 }\hat{t}\text{ 所构成的平面}\end{cases}$$

设 $\hat{S}'$ 和 $\hat{S}$ 分别为沿入射线和绕射线方向的单位矢，$\hat{\gamma}'$ 和 $\hat{\gamma}$ 分别为与边缘基入射面和绕射面平行的单位矢，$\hat{\varphi}'$ 和 $\hat{\varphi}$ 分别为与边缘基入射面和绕射面垂直的单位矢，且有 $\begin{cases}\hat{\gamma}'=\hat{s}'\times\hat{\varphi}'\\ \hat{\gamma}=\hat{s}\times\hat{\varphi}\end{cases}$，分别为依附于入射线和绕射线的两个正交坐标系，入射线 $(\hat{S}',\hat{\gamma}',\hat{\varphi}')$ 和绕射线 $(\hat{S},\hat{\gamma},\hat{\varphi})$ 都是球坐标。入射线坐标系的单位矢 $\hat{S}'$ 指向原点，绕射线坐标系的单位矢 $\hat{S}$ 离开原点(绕射点)(见图 8-16)。

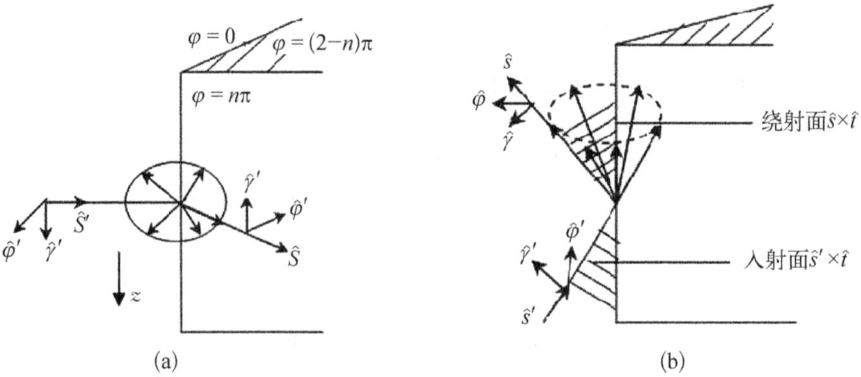

图 8-16　垂直入射和斜入射

(a) 垂直入射；(b) 斜入射

前面所讨论的电极化波垂直入射半平面时，入射场为 $E^i_{\gamma'}=E^i_z$，绕射电场也只有 z 分量，即 $E^d_\gamma=-E^d_z$，故有 $(\rho\to s)$

$$E^d_\gamma=-E^d_z=-D_e(\varphi,\ \varphi_0)E^i_{\gamma'}(Q)\frac{\mathrm{e}^{-\mathrm{j}ks}}{\sqrt{s}} \tag{8-91}$$

同理，磁极化平面波垂直入射时，有 $H^i_{\gamma'}=H^i_z$，如导电薄板所处的周围空间是一均匀介质，波阻抗为 $Z_0=\sqrt{\mu/\varepsilon}$，则有 $E^i_{\varphi'}=Z_0H^i_{\gamma'}$，绕射场为 $E^d_\varphi=Z_0H^d_\gamma$，且考虑到 $H^i_{\gamma'}(Q)=\dfrac{1}{Z_0}E^i_{\varphi'}(Q)$，则 $E^d_\varphi=-D_m(\varphi,\ \varphi_0)E^i_{\varphi'}(Q)\dfrac{\mathrm{e}^{-\mathrm{j}ks}}{\sqrt{s}}$

一般情况下，入射平面波极化方向可以是任意的，但总可分解为沿 γ' 和沿 φ' 的两个分量，则可将上述结果写成矩阵形式，即

$$\begin{bmatrix}E^d_z\\E^d_\varphi\end{bmatrix}=-\begin{bmatrix}D_e & 0\\0 & D_m\end{bmatrix}\begin{bmatrix}E^i_\gamma(Q)\\E^i_\varphi(Q)\end{bmatrix}\frac{\mathrm{e}^{-\mathrm{j}ks}}{\sqrt{s}} \tag{8-92}$$

矩阵形式的绕射系数可写成并矢

$$\overline{\overline{\boldsymbol{D}}}=-\hat{\gamma}'\hat{\gamma}D_e-\hat{\varphi}'\hat{\varphi}D_m \tag{8-93}$$

7) 平面直劈绕射场的分析

前面就半平面的情况讨论了绕射场的具体计算方式，现在对平面直劈绕射的一般情况讨论绕射场计算中的两个问题：绕射场公式中 N 的选取以及过渡区外的远区绕射场。

(1) 绕射场公式中 N 的选取。由前述讨论可知，绕射场公式中含有四个 $f(\pm\beta)$ 函数，其中

$$\begin{aligned}f(\beta^\mp)&=-\frac{1}{n}\sqrt{\frac{\alpha^\mp}{2}}\cot\left(\frac{\pi+\beta^\mp}{2n}\right)K_-(\sqrt{k\rho\alpha^\mp})\mathrm{e}^{-\mathrm{j}k\rho}\\&=-\varepsilon^{i,\ r}\Lambda^\mp K_-(\sqrt{k\rho\alpha^\mp})\mathrm{e}^{-\mathrm{j}k\rho}\end{aligned} \tag{8-94}$$

其中 $\sqrt{\alpha^\mp}=\sqrt{1+\cos(\beta^\mp+2\pi nN)}=\sqrt{2}\cos\dfrac{1}{2}(\beta^\mp+2\pi nN)$

而几何光学场为 $u_0^{i,\ r}=\sum\limits_N\mathrm{e}^{\mathrm{j}k\rho\cos(\beta^\mp+2\pi nN)}$ 上述诸式中，N 是待定的。

当 $|\beta^\mp+2\pi nN|=\pi$ 时，$\sqrt{\alpha^\mp}=0$，$f(\beta^\mp)$ 似乎应为零，事实不然。$\xi_{pN}\to\pi$ 发生在某一影界上，我们知道在影界两侧，几何光学场是不连续的，将从 $\mathrm{e}^{-\mathrm{j}k\rho}\searrow 0$ 或反之。相应的几何绕射场的四项 $f(\pm\beta)$ 中必须有一项在越过影界时改变符号，以弥补几何光学场的不连续，保持总场在影界两侧的连续，这一项也就是 $\sqrt{\alpha^\mp}\to 0$ 的一项。

由上述诸式并对照半平面的情况可知

$$|\beta^\mp+2\pi nN|\to\pi,\ \alpha^\mp\to 0,\ \Lambda^\mp\to 1,\ K_-(0)=\frac{1}{2} \tag{8-95}$$

$f(\pm\beta)$ 的四项中必有一个为

$$f(\beta^{\mp}) = -\varepsilon^{i,\,r}\,\frac{1}{2}\mathrm{e}^{-\mathrm{j}k\rho} \tag{8-96}$$

则照射区

$$\begin{aligned} &\varepsilon^{i,\,r} = 1,\, u_0^{i,\,r} = \mathrm{e}^{-\mathrm{j}k\rho} \\ &u_d^{i,\,r} = -\frac{1}{2}\mathrm{e}^{-\mathrm{j}k\rho} \rightarrow u = \frac{1}{2}\mathrm{e}^{-\mathrm{j}k\rho} \end{aligned} \tag{8-97}$$

阴影区

$$\begin{aligned} &\varepsilon^{i,\,r} = -1,\; u_0^{i,\,r} = 0 \\ &u_d^{i,\,r} = \frac{1}{2}\mathrm{e}^{-\mathrm{j}k\rho} \rightarrow u = \frac{1}{2}\mathrm{e}^{-\mathrm{j}k\rho} \end{aligned} \tag{8-98}$$

当 $\alpha^{\mp} \rightarrow 0$ 时，要求 $\Lambda^{\mp} \rightarrow 1$，则 $\Lambda^{\mp}$ 中的余切函数 $\rightarrow \infty$

N 的确定有两个条件，即 $\begin{cases} \cot\left(\dfrac{\pi \pm \beta^{\mp}}{2n}\right) \rightarrow \infty \\ \mid \beta^{\mp} + 2\pi n N \mid \rightarrow \pi \end{cases}$ 对应于不同的 φ_0 及影界位置，N 值如表 8-1 所示。

表 8-1　与不同的 φ_0 及影界位置对应的 N 值

影界	φ_0 值	图　形	影界位置	余切函数	$f(\pm\beta)$	N 值
入射影界	$\pi < \varphi_0 < n\pi$	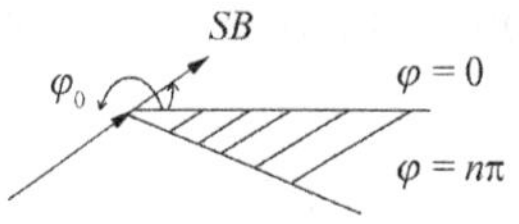	$\varphi - \varphi_0 = -\pi$	$\cot\left[\dfrac{\pi + (\varphi - \varphi_0)}{2n}\right]$	$f(\beta^-)$	0
	$0 < \varphi_0 < (n-1)\pi$	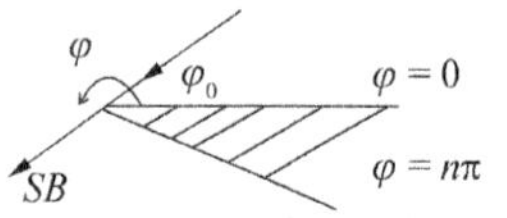	$\varphi - \varphi_0 = \pi$	$\cot\left[\dfrac{\pi - (\varphi - \varphi_0)}{2n}\right]$	$f(-\beta^-)$	0
反射影界	$\pi < \varphi_0 < n\pi$	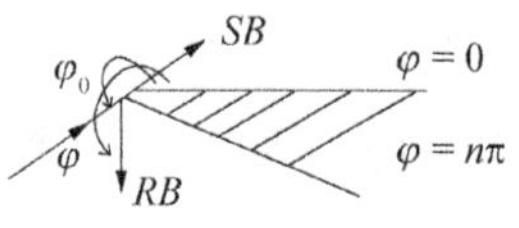	$\varphi + \varphi_0 = (2n-1)\pi$	$\cot\left[\dfrac{\pi + (\varphi + \varphi_0)}{2n}\right]$	$f(\beta^+)$	-1
	$0 < \varphi_0 < (n-1)\pi$	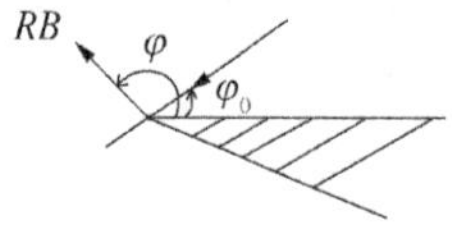	$\varphi + \varphi_0 = \pi$	$\cot\left[\dfrac{\pi - (\varphi + \varphi_0)}{2n}\right]$	$f(-\beta^+)$	0

当 $(n-1)\pi < \varphi_0 < n\pi$ 时，入射方向在劈内角的对顶角内，无入射影界而有两个反射影界，此时对应于 $f(\pm\beta^-)$ 的 N 值不能由 $\Lambda^{\mp} \rightarrow 1$ 确定，而是由边界条件确定（见图 8-17）。

与 $f(\pm\beta^{+})$ 有关的 N 值，仍由前法得到，即

$$u_d^r = f(\beta^{+})_{N=-1} + f(-\beta^{+})_{N=0} \tag{8-99}$$

再由 A 面 $(\varphi=0)$ 和 B 面 $(\varphi=n\pi)$ 的边界条件求出 $f(\pm\beta^{-})$ 的 N 值。

e.g. 对于电极化入射波　$E_z^d|_{A,B} = (u_d^i - u_d^r)|_{A,B} = 0$

将 $\varphi=0$, $n\pi$, u_d^i, u_d^r (N 已知)代入上式，即可确定 u_d^i 中的 N 值。

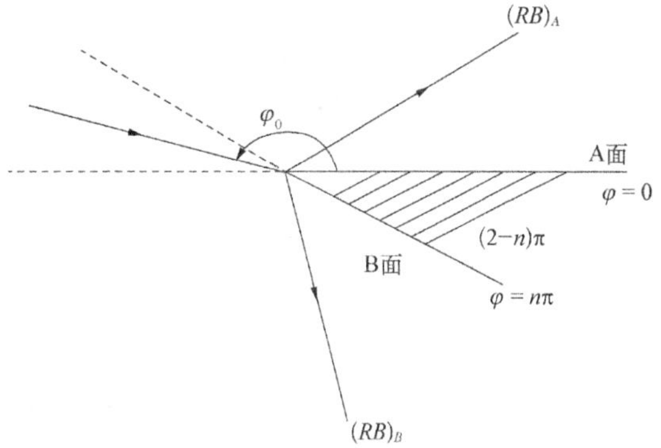

图 8-17　入射方向在劈内角的对顶角

当反射影界靠近 A 面 $(\varphi=0)$ 时，结果为

$$u_d^i = f(\beta^{-})_{N=0} + f(-\beta^{-})_{N=-1} \tag{8-100}$$

$$u_d^r = f(\beta^{+})_{N=-1} + f(-\beta^{+})_{N=0} \tag{8-101}$$

当反射影界靠近 B 面($\varphi=n\pi$) 时，结果为

$$u_d^i = f(\beta^{-})_{N=-1} + f(-\beta^{-})_{N=0} \tag{8-102}$$

$$u_d^r = f(\beta^{+})_{N=-1} + f(-\beta^{+})_{N=0} \tag{8-103}$$

(2) 过渡区外的远区绕射场。当 $K_-(\sqrt{k\rho\alpha^{\mp}})$ 的自变量 $(\sqrt{k\rho\alpha^{\mp}}) > 3$ 时，观察点不在阴影边界的过渡区

$$x\to\infty,\ K_-(x)\approx\frac{1}{2x\sqrt{\mathrm{j}\pi}} \tag{8-104}$$

则，可得 $f(\pm\beta)$ 与 N 无关

$$f(\pm\beta^{\mp})\approx-\frac{1}{n}\cot\left(\frac{\pi\pm\beta^{\mp}}{2n}\right)\frac{\mathrm{e}^{-\mathrm{j}k\rho}}{\sqrt{8\pi\mathrm{j}k\rho}} \tag{8-105}$$

相应的绕射场为

$$u_d^{i,r}\approx\frac{\dfrac{2}{n}\sin\dfrac{\pi}{n}}{\cos\dfrac{\pi}{n}-\cos\dfrac{\beta^{\mp}}{n}}\,\frac{\mathrm{e}^{-\mathrm{j}k\rho}}{\sqrt{8\pi\mathrm{j}k\rho}} \tag{8-106}$$

由上式可以看出，当 $\sin\dfrac{\pi}{n}=0$ 时，绕射场为零，此时场完全由几何光学场精确给定。这些情况对应于 $n=\dfrac{1}{m}$, $m=1, 2, 3, \cdots$

而上述情况又恰好对应于镜像法中可以求解的特例，也就是说此时的总场可以由源场

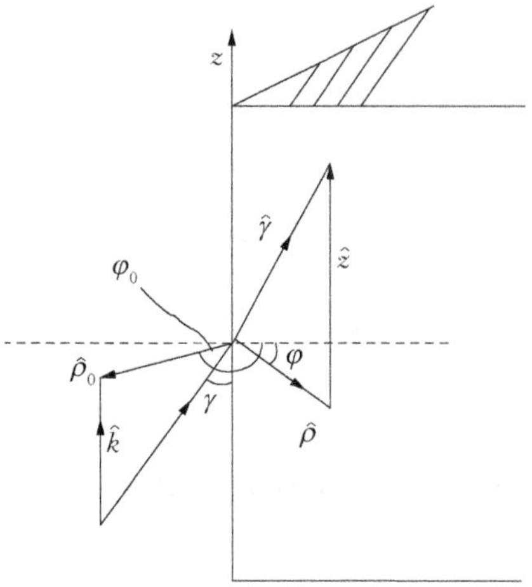

图 8-18　平面波对导电劈的斜入射

和镜像源场求得。

劈的绕射问题一般限于 $\frac{1}{2} < n \leqslant 2$ 的范围讨论。

8）平面波对导电劈的斜入射

这是一个三维问题，但不必由本征函数直接求解，可由垂直入射的情况类比得到斜入射平面波的表达式。

设单位幅度平面波以与劈成 γ 角的方向投射到导电劈，则入射场可表示为

$$u_0^i = \mathrm{e}^{-\mathrm{j}\boldsymbol{k}\cdot\boldsymbol{r}} \tag{8-107}$$

在如图 8-18 的圆柱坐标中

$$\begin{aligned}\boldsymbol{k} &= k\cos\gamma\hat{z} - k\sin\gamma\hat{\rho}_0 \\ \boldsymbol{r} &= \rho\hat{\rho} + z\hat{z} \\ \hat{\rho}\hat{\rho}_0 &= \cos(\varphi - \varphi_0)\end{aligned} \tag{8-108}$$

因此

$$u_0^i = \mathrm{e}^{-\mathrm{j}\boldsymbol{k}\cdot\boldsymbol{r}} = \mathrm{e}^{\mathrm{j}k\rho\cos(\varphi-\varphi_0)\sin\gamma - \mathrm{j}kz\cos\gamma} \tag{8-109}$$

我们知道，平面波垂直投射到导电劈时入射场为

$$u_0^i = \mathrm{e}^{\mathrm{j}k\rho\cos(\varphi-\varphi_0)} = u_0(\rho,\ \varphi-\varphi_0,\ k) \tag{8-110}$$

比较两者可知，斜入射时入射场为

$$u_0^i = u_0(\rho,\ \varphi-\varphi_0,\ k\sin\gamma)\mathrm{e}^{-\mathrm{j}kz\cos\gamma} \tag{8-111}$$

所以，在垂直入射时的平面波表达式中：① 用 $k\sin\gamma$ 代替 k；② 结果乘以 $\mathrm{e}^{-\mathrm{j}kz\cos\gamma}$。

同样对垂直入射的绕射场进行同样的替代可得到斜入射的绕射场。

（1）平面波斜入射时的绕射场。按上述替代，可得到斜入射时的绕射场为

$$u_d^{i,r} = f(\beta^{\mp}) + f(-\beta^{\mp}) \tag{8-112}$$

其中

$$f(\beta^{\mp}) = -\varepsilon^{i,r}\Lambda^{\mp} K_{-}\left(\sqrt{k\rho\sin\gamma\alpha^{\mp}}\right)\exp\{-\mathrm{j}k(\rho\sin\gamma + z\cos\gamma)\}$$

$$\alpha^{\mp} = 1 + \cos(\beta^{\mp} + 2n\pi N)$$

$$\Lambda^{\mp} = \frac{1}{n}\sqrt{\frac{\alpha^{\mp}}{2}}\cot\left(\frac{\pi + \beta^{\mp}}{2n}\right)$$

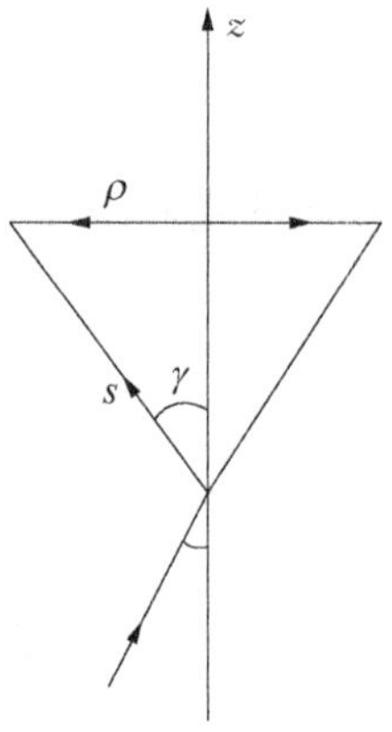

图 8-19　绕射点

如图 8-19 所示，将从绕射点算起的沿射线的距离用 s 表示，则有

$$\rho = s\sin\gamma,\ z = s\cos\gamma$$
$$f(\beta^{\mp}) = -\varepsilon^{i,r}\Lambda^{\mp}K_{-}(\sqrt{k\rho\sin\gamma}\alpha^{\mp})\mathrm{e}^{-\mathrm{j}ks} \tag{8-113}$$

远离影界的远区，$K_{-}(x)$ 由大自变量渐进式表示，则

$$f(\beta^{\mp}) = -\varepsilon^{i,r}\frac{\csc\gamma}{2n\sqrt{2\pi \mathrm{j}k}}\cot\left(\frac{\pi+\beta^{\mp}}{2n}\right)\frac{\mathrm{e}^{-\mathrm{j}ks}}{\sqrt{s}} \tag{8-114}$$

绕射场则为

$$u_d^{i,r} = f(\beta^{\mp}) + f(-\beta^{\mp}) = \frac{\sin\frac{\pi}{n}\csc\gamma}{n\sqrt{2\pi \mathrm{j}k}}\frac{1}{\cos\frac{\pi}{n}-\cos\frac{\beta^{\mp}}{n}}\frac{\mathrm{e}^{-\mathrm{j}ks}}{\sqrt{s}} \tag{8-115}$$

$\gamma = \frac{\pi}{2}$，上述结论与垂直入射时结论一致。

当场点在 $\varphi = 0 \sim 2\pi$ 变化时 γ 不变，即绕射场在与边缘成 γ 角的圆锥面上。

(2) 平面波斜入射时绕射场的一般表达式。按照射线基坐标：入射线～$(\hat{S}', \hat{\gamma}', \hat{\varphi}')$，绕射线～$(\hat{S}, \hat{\gamma}, \hat{\varphi})$，且 $\hat{\varphi}'$、$\hat{\varphi}$ 分别垂直于边缘基入射面和绕射场，$\hat{\gamma}'$、$\hat{\gamma}$ 分别平行于边缘基入射面和绕射面。

对于电极化波：
$$\begin{cases} E_\gamma^d = (u_d^i - u_d^r)E_\gamma^i(Q) \\ H_\varphi^d = -\sqrt{\dfrac{\varepsilon}{\mu}}E_\gamma^d \\ H_s^d = 0 \end{cases}$$

磁极化波：
$$\begin{cases} H_\gamma^d = (u_d^i + u_d^r)H_\gamma^i(Q) \\ E_\varphi^d = \sqrt{\dfrac{\mu}{\varepsilon}}H_\gamma^d \\ E_s^d = 0 \end{cases}$$

对于入射平面波为任意极化，总可分解为电、磁极化之和，结论为两者之和。即

$$\begin{cases} \boldsymbol{E}_d = \boldsymbol{E}^i(Q)\cdot\overline{\overline{\boldsymbol{D}}}\dfrac{\mathrm{e}^{-\mathrm{j}ks}}{\sqrt{s}} \\ \boldsymbol{H}_d = \sqrt{\dfrac{\varepsilon}{\mu}}\hat{s}\times\boldsymbol{E}_d \end{cases} \tag{8-116}$$

$$\overline{\overline{\boldsymbol{D}}} = -\hat{\gamma}'\hat{\gamma}D_e - \hat{\varphi}'\hat{\varphi}D_m \tag{8-117}$$

$$D_{e,m} = \frac{\sin\frac{\pi}{n}\csc\gamma}{n\sqrt{2\pi \mathrm{j}k}}\left(\frac{1}{\cos\frac{\pi}{n}-\cos\frac{\varphi-\varphi_0}{n}} \mp \frac{1}{\cos\frac{\pi}{n}-\cos\frac{\varphi+\varphi_0}{n}}\right) \tag{8-118}$$

注意：上述结论虽然是在平面波的条件下导出的，但由于式中不含有与入射波形式相

关的因子，它也适用于入射波为球面波、柱面波和锥面波的情况。

8.3 射线跟踪法

射线跟踪法的主要思想是从发射源点向四周发射射线，并对每条射线进行跟踪，当射线遇到障碍物时，将发生反射或绕射现象，根据反射或绕射原理计算发射点位置或绕射点位置及此时的场强，而后继续跟踪射线，直到射线通过接收点或者射线能量低于某一阈值，然后回到发射端，跟踪下一条射线，最后将到达接收点的各个射线进行合并。

1. 影响精度和运算效率的因素

影响精度和运算效率的因素主要有以下几点。

(1) 发射端发射的射线数目。它决定了要跟踪的射线数目，计算发射射线数目的公式为 $n = 2\pi/\Phi$，其中 Φ 为发射张角，因此发射张角的选择直接影响射线跟踪法的运算效率。

(2) 建筑物环境的复杂程度。建筑物环境是射线求交运算的基础，当建筑物环境复杂时，射线求交运算次数就会增加，从而影响射线跟踪法的运算效率。

另外，当射线与建筑物相交时，会发生反射或绕射现象，此时反射系数及绕射系数的精度对射线跟踪法的运算效率也会产生影响。建筑物环境分组如图 8 - 20 所示。

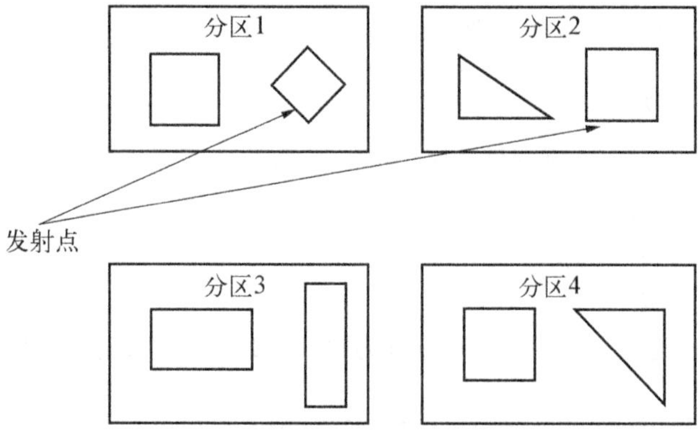

图 8 - 20　复杂环境的二维平面组分区

2. 绕射动态分区

绕射动态分区(见图 8 - 21 和表 8 - 2)的基本思想是根据不同绕射点的绕射范围，把绕射范围分成各自独立的角度范围空间，并把建筑物环境表述成以墙面为元素的单元，根据墙面元素落在不同的角度范围空间来建立绕射分区表，这样，不同绕射区内的绕射射线只需要查询绕射分区表，然后与该绕射区所包含的墙面元素进行求交运算，并对求得的交点进行排序，选择距离绕射点最近的点作为新的发射点或绕射点，或者通过对绕射区内的建筑物墙面进行排序，这样，射线只与距离绕射点最近的墙面作求交运算，通过这种方式大幅减少求交运算的次数，提高算法效率。

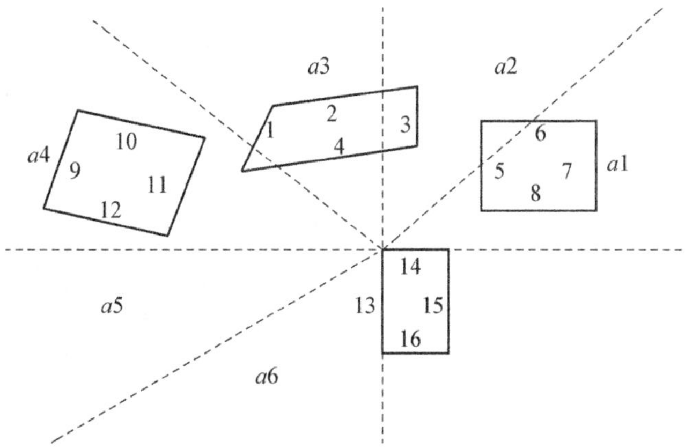

图 8-21　绕射分区

表 8-2　环境的绕射分区表

角度区	包含的墙面元素	角度区	包含的墙面元素
$a1$	5，6，7，8	$a4$	1，4，9，10，11，12
$a2$	2，3，4，5，6	$a5$	无
$a3$	1，2，4	$a6$	无

8.4　GTD 的新进展

1. *相干极化几何绕射理论*

相干极化几何绕射理论（coherent polarization geometrical theory of diffraction，CP-GTD）。相对于全极化，相干极化在散射模型及散射中心提取方面更适合与 GTD 相融合，并且在高频极化的雷达目标散射机制中更加精确[2]。

2. MOM-GTD *混合方法*

雷达横截面（radar cross section，RCS）计算结果如图 8-22 所示。MOM-GTD 混合方法的应用始于 20 世纪 70 年代，1975 年，G.A.Thiele 和 WD，Bumside 相继提出 MOM 和 GTD 相结合方法来处理电大导体问题，很好地分析了线天线在无限大导体劈上，以及在有限规则平板上的电磁特性[3]。

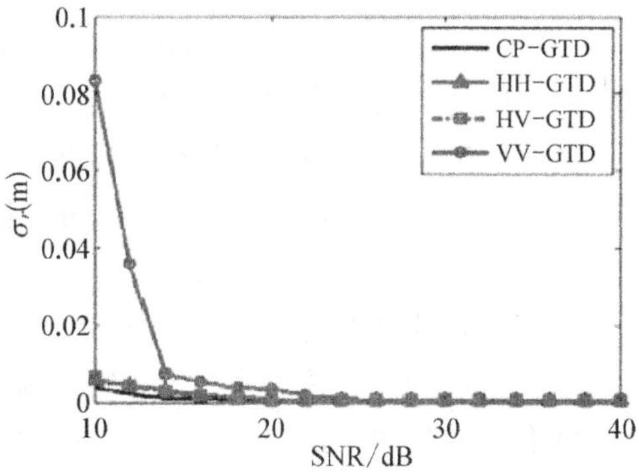

图 8-22　RCS 计算结果

3. NURBS-UTD *方法*

NURBS-UTD 方法，采用 NURBS 曲面建模具有建模精度高、面片数量少的优点，并且 NURBS 曲面建模拥有很多传统建模方法所不具有的优点，将 NURBS 与 UTD 方法相结合在射线路径寻迹方面具有很大优势[4]（参见图 8-23 和图 8-24）。

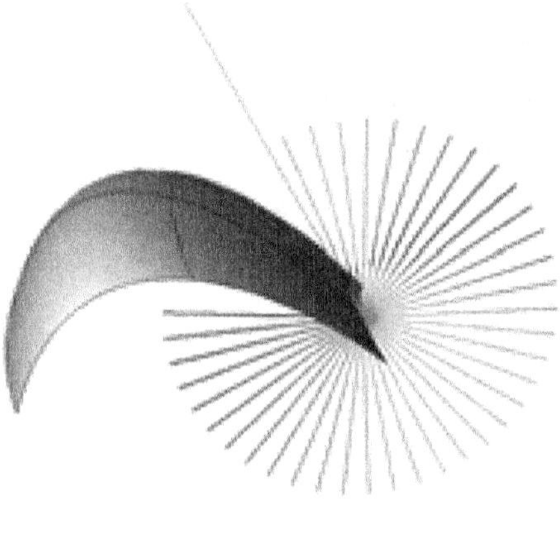

图 8-23　NURBS-UTD 中射线示意图

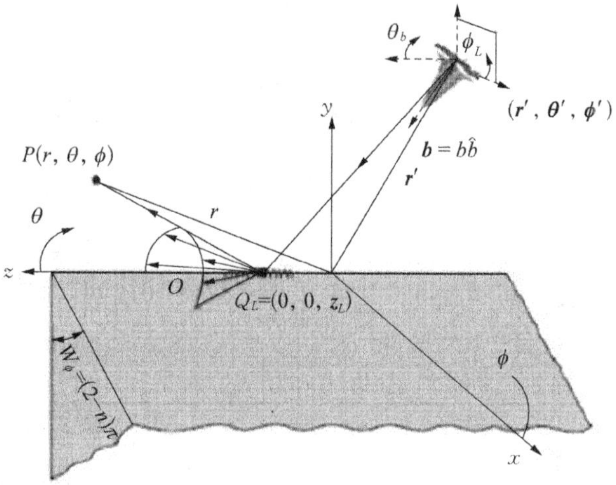

图 8-24　UTD 在曲面散射中的应用

4. 一致几何绕射 UTD

一致几何绕射(uniform geometrical theory of diffraction, UTD)在曲面散射中的应用。UTD 方法以各种形式的射线为基础,因此首先需要解决的是各种射线的寻迹。算法应用到曲面金属体上,所得结果与解析方法结果对比吻合良好说明了算法的正确性[5、6]。

5. 几何绕射模型参数估计算法(GEESE)

几何绕射模型参数估计(generalized eigenvalues utilizing signal subspace eigenvectors, GEESE)算法是基于信号子空间的旋转不变性,它采用基于观测数据的自相关矩阵的特征分解方法来分离出信号子空间和噪声子空间,然后根据信号子空间构造出两个子空间,利用它们之间存在的旋转不变性,求出两个子空间的广义特征值以此来估计散射中心的距离参数和类型参数[7]。

6. 多重信号分类(MUSIC)

多重信号分类(multiple signal classify, MUSIC)算法是对观测数据的自相关矩阵进行特征分解,所得特征值大于设定的阈值,被认为与观测空间中的信号成分相对应,对应的特征向量构成观测空间中信号子空间的一组基。这样特征值的个数即为信号的个数,也是模型的阶数。其余的特征值与观测空间的噪声分量相对应,其对应的特征向量构成观测空间中的噪声子空间的一组基[8]。

7. GTD 模型参数估计新方法—— RELAX-PSO

组合松弛(RELAX)算法和改进粒子群算法(particle swarm optimization, PSO)的 GTD 模型参数估计新方法。该算法基于 RELAX 思想,可以有效解决模型定阶问题;通过成像处理给定距离参数初值,并引入变异机制,使之能够稳定高效地收敛于全局最优值,在每次估计时通过检验同一分辨单元内是否存在多个散射中心,使之具有较好的超分辨能力。实验结果表明,该算法可以高效准确地估计 GTD 模型的散射中心参数[9]。

8. 基于正交投影的 GTD 模型参数估计方法

以几何绕射(GTD)模型为基础,提出了一种基于正交投影的模型参数估计方法。该方法依据 GTD 模型中散射中心位置与类型参数的低耦合，利用信号子空间的平移不变结构估计散射中心的位置，根据频率依赖项的正交投影系数对类型参数进行鉴别。由于整个估计过程一次完成，因此，具有较低的计算复杂性。仿真实验结果表明，该方法具有较高的估计精度和良好的推广性能[10]。

9. 尖顶绕射线

电磁波通过尖顶绕射到观察点时，要形成尖顶绕射线。它的绕射场可看成是由顶尖的点源辐射器所辐射出来的场，因而可看成是一个球面波。在一般情况下，它比劈绕射所产生的绕射场小得多，通常可忽略不计。

10. 曲面绕射线

当电磁波射向理想导电的曲面时，能量将分为两部分：

一部分沿入射线与曲面相切的方向继续前进；

另一部分则形成沿曲面爬行的绕射线（又称爬行波），该绕射线在爬行途中还沿每点的切线方向不断发散出去，能量的这种散失，便形成了指数衰减。

爬行波在曲面上走的是短程路线，对于球面来讲是大圆弧，对于柱面或圆锥面来讲则是螺旋线。

到达观察点的绕射线应由入射线、爬行途径和出射线连接而成。

11. 物理光学

物理光学方法（physical optics，PO），以菲涅尔-基尔霍夫原理为基础，是一种高频近似分析方法[11]。

假设：

物体表面上只有那些被入射波直接照射的区域才有感应电流存在；

受照射表面上感应电流特性和在入射点与表面相切的无穷大平面上的电流特性相同；

用散射体表面的感应电流取代散射体本身作为散射场的源；

对表面感应电流积分而求得散射场；

常用 PO 来算散射场，并假定散射体表面的场是几何光学的场。

8.5　本章小结

本章主要介绍了几何光学的基本原理和具体的计算方法。进一步的，把几何光学引入到电磁散射和传输的计算，即射线跟踪法，并用于电磁传输分析。最后梳理了几何绕射方法的主要进展。

8.6　问题与讨论

1) 要求

(1) 查阅文献，搜索几何绕射最新发展的 10 个新名词，并以 ppt 和 word 的形式进行汇报。

(2) 查阅几何绕射法的最新进展，尤其是近几年的最新成果。

(3) 用几何绕射法计算如下实例，并选一种新的数值计算方法计算该实例，并对比计算结果。要求至少选做 2 道题并附上计算过程、程序及结果。

2) 小习题

(1) 理想导体平面的绕射场，入射场与平面法线夹角为 30°，$f=1.5$ GHz。

(2) 45°角形导电劈的散射场，$f=0.8$ GHz。

(3) 正方形(边长 25 cm)截面的无限长导体的散射场($f=0.5\sim5.8$ GHz)，至少取 4 个频点。

(4) 均匀平面波照射球体的绕射场，误差影响分析，半径 $r=0.2$ m。

(5) 计算一块正方体(金属)被斜入射电磁波照射后的场分布，边长 15 cm，频率 150 MHz～3 GHz(至少取 4 个频点)，并对比结果。

3) 大习题

计算一幢大楼(60 m×40 m×18 m)对无线通信(500～2 000 MHz)的遮挡效应，并与 LOS 信道比较。

第9章 并行电磁计算

9.1 理论背景

并行计算(parallel computing),简单地说,就是在并行计算机上所做的计算,它和常说的高性能计算(high performance computing)、超级计算(super computing)是同义词,因为任何高性能计算和超级计算总离不开并行技术。

近年来多核处理器的快速发展,使得当前软件技术面临着极大挑战。CPU无论在主频率上还是处理器核数上都在飞速发展。硬件技术在不断发展的同时,要求软件技术也须同时进步。常用的并行计算技术有调用系统函数启动多线程以及利用多种并行编程语言开发并行程序,常用的并行编程模型有MPI、PVM、OpenMP、TBB、Cilk++等。利用这些并行技术可以充分利用多核资源,适应目前快速发展的社会需求。并行技术不仅要提高并行效率,也要在一定程度上减轻软件开发人员负担,如近年来的TBB、Cilk++并行模型就在一定程度上减少了开发难度,提高了开发效率,使得并行软件开发人员把更多精力专注于如何提高算法本身效率,而非把时间和精力放在如何去并行一个算法[1-3]。

包括计算电磁学领域在内的许多科学和工程的数学建模和仿真问题中,常常需要对大量数据进行很多次重复计算以得到有效结果,因此计算必须在“合理”的时间内完成。例如,天线设计与微波遥感模拟,气象预报中描述大气运动规律的微分方程的求解,发射导弹时导弹弹道曲线方程的计算,水利土木工程中大量力学问题的求解,核试验过程的仿真。这些问题计算不论在计算量还是数据量上都是一个巨大的挑战。要想解决这一问题,必须采用并行计算技术。所谓并行计算,就是利用多个处理器协同解决同一个问题。简单地说,并行的基本思路是将整个求解问题划分为若干部分,分别发送给不同处理器并行地计算。最理想的情况是,P 台计算机应能提供 P 倍的单机速度,不论当前计算机的速度是多少,可以期待求解的问题将在 $1/P$ 的时间内完成。当然实际上很难做到这一点。因为求解的问题通常不能完全分解为各个独立的部分,各部分之间往往要进行交互,包括计算中的数据传送和同步。所以要让并行技术充分发挥其提高计算速度的目的,真正提升我们的电磁计算仿真能力,必须要有适当的并行硬件平台和相应的高效并行算法。

对于电大尺度粗糙面和电大尺寸目标的电磁散射计算,即使综合采用高效数值方法,算法需要的计算量和存储量仍然太大,以致于在单台微机上不能实现。而对于现代雷达使用的工作频率,对于实际粗糙地、海面和几乎所有的飞行体目标都是电大尺寸的,这将导致大规模的数值计算量和存储量要求，因此需要进行并行计算。

自20世纪90年代以来，随着并行计算技术的发展，特别是PC集群技术的快速发展，并行计算的门槛进一步放低。现在，普通的研究人员也可以轻易地在自己搭建的PC集群上进行并行算法研究。正是在这种背景下，越来越多的研究者开始采用并行技术开展计算电磁学相关的研究。但是，目前在电磁环境并行计算领域，大部分都是针对小范围内信号级的电磁特性的并行计算研究，如利用并行快速多极子求解矩量法技术，并行时域有限差分法和并行有限元方法等。而对于大范围电磁环境的功能级并行仿真计算，目前研究的还很少。

在计算机计算技术方面，高性能并行计算技术在国内外受到高度的重视，它在科学研究、工程技术以及军事等方面的应用，已经取得了巨大的成就[4,5]。美国20世纪90年代有关高性能计算的研究规划，如HPCC和ACSI，都是在总统直接参与下制定的。在计算电磁学领域，运行于高档工作站系统的并行电磁场数值方法已经在大型计算中显示出其强大威力。国外由于硬件条件和软件条件两个方面的优势，研究工作开展得比较早，取得的成果也比较大。国外并行电磁计算研究工作开展得不仅深入，而且也很广泛，几乎各类电磁数值分析方法都有其对应的并行实现。

在国内，高性能计算技术也受到各级政府部门的关注和重视。由于计算机硬件资源的限制，尽管并行计算机以及并行计算方法在地质、气象、地震预报、石油探测和核物理仿真等影响到国计民生的重大领域已经获得应用，然而对于同样能够产生大型甚至巨型计算需求的电磁仿真领域，国内研究尚处于起步状态。近年来，正是集群技术这一个新的计算机技术的发展为我们在硬件上提供了研究算法及其性能的基础，使得我们能够利用低成本来实现并行电磁仿真，所以尽管研究工作刚刚起步，我们仍可倍受鼓舞地看到一些研究成果[6,7]。

9.2 并行计算基础概述

所谓并行，是指一个以上的事件在同一时刻或同一时间段内发生。并行计算就是利用多处理器或多计算机，将子进程相对独立地分配于不同的节点上，由各自独立的操作系统调度运行，各子进程享有独立的CPU和内存资源（内存可以共享），进程间通过消息传递信息。从20世纪70年代中期以来，并行计算作为一种重要的计算机技术，至今已有近50年的发展历史。在这期间人们提出了大量的并行计算相关的技术，如多处理器技术、共享内存技术、流水线技术、虚拟存储和缓存技术、集群技术和向量运算技术等[1]。

按照指令流和数据流的不同，通常可以将并行计算机系统分为单指令流多数据流（SIMD）并行机和多指令流多数据流（MIMD）并行机两大类。

SIMD结构主要由一个控制单元、一组处理单元和多个存储器组成。在SIMD结构中，所有处理器解释相同的指令，并对不同数据流执行这些指令。SIMD式并行机要求使用同步并行法进行信息与数据的处理，以向量与矩阵运算时的各分量高度同步并行性为基础，把一个较大的计算问题分裂成多个可以独立地进行处理的子问题。如图9-1所示。

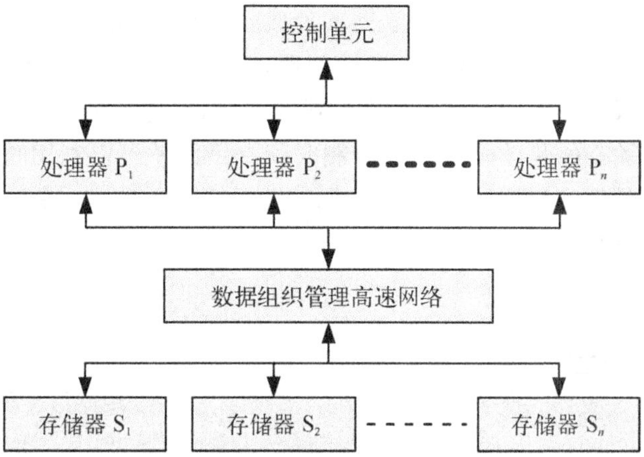

图 9－1　SIMD 结构示意图

在多指令流多数据流(MIMD)并行计算机中比较常见的有多处理器耦合型和多计算机耦合型,通常合称为多处理机系统。MIMD 并行机系统结构包括了多个能够独立执行信息处理任务的处理器。在 MIMD 并行机中,各处理机解释不同的指令并对不同的数据进行操作,并行运算过程具有高度的“自治性”,因此通常要求采用异步并行算法支持。如图 9－2 所示。

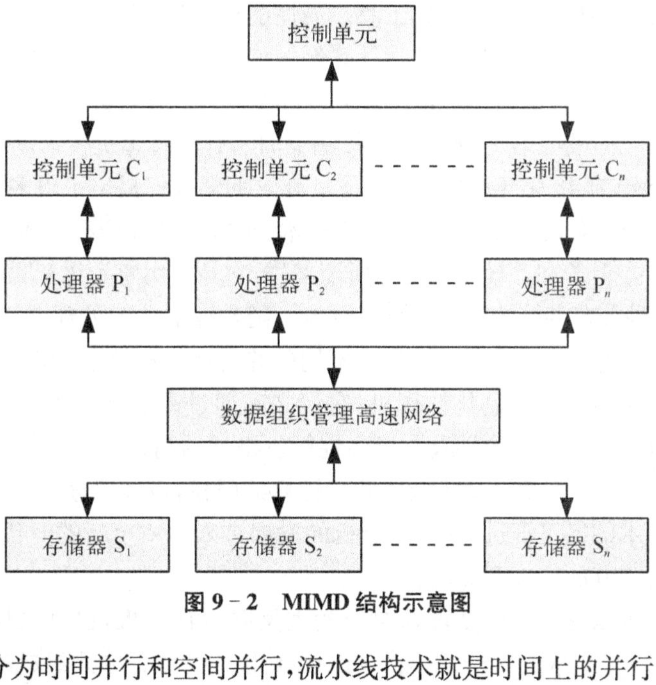

图 9－2　MIMD 结构示意图

并行计算可分为时间并行和空间并行,流水线技术就是时间上的并行,空间上的并行是指利用多个处理器并行计算。空间并行是我们目前的主要研究课题。从程序和算法设计上看,还可将并行计算划分为任务并行和数据并行。并行计算系统既可以是专用的超级计算机,如我国的天河计算机系列,也可以是基于网络连接的多台计算机集群。

基于功能分解的并行就是把整个绘制过程分解成几个不同的子功能阶段,每一个阶段顺序处理不同的数据。基于功能分解的并行是在同一个数据流上,同时执行绘制过程的不同阶段，而基于数据分解的并行则是将数据剖分成多个独立的数据流(data streams)，在一些相同的处理单元上同时对这些数据流进行处理。在一些非实时的图形绘制中，如计算机动画生成过程中，有成百上千的高质量的图像需要绘制，这种情况下每一帧的绘制速度可能不是最重要的，人们关心的是整个动画的绘制时间。因此就可以利用时间上的分解来实现并行，动画序列的帧是任务分配的基本单位，每一个处理器单独完成其中的几帧图像。这种方法的缺点是应用面比较窄。

9.3 并行计算平台

1. 并行计算平台概述

并行计算平台一般称为并行计算机，它是相对于串行计算机而得名的一个概念。一般情况下，串行计算机只有单个处理器，顺序执行计算程序。而并行计算机则由多个处理器组成(在这些处理器之间还可以相互通讯和协调)，并能够高速、高效率地进行复杂问题计算的计算机系统。高性能并行计算机是密码研究、工程计算、新药设计、生物基因、船舶工程、地质勘探、海洋工程、气象气候、地震预报、城市建设、核爆模拟、石油物探、航空航天、材料工程、环境科学和基础科学等领域不可缺少的高端计算工具。高性能计算机，能够适应国民经济建设和国防建设诸多领域的应用。解决了工程和科学计算领域许多原来无法解算的问题，主要应用包括气象气候、药物研究、石油勘探、流体力学、分子动力学、生物工程、材料力学、天文学研究、制造业等诸多领域，并已经取得了较好的应用成果；并行计算作为计算机技术，是在 20 世纪 70 年代中期提出来的，至今已有 40 多年的发展历史了。在这期间人们提出了很多关于并行计算机的技术，如共享内存技术、多处理器技术、流水线技术、虚拟存储和缓存技术、向量运算技术等。当今，最为流行的并行计算机系统是集群。所谓集群，它是采用商品化互联网络将商品化微处理器连接起来的一种分布存储的并行计算机系统。随着商品化微处理器、网络设备的发展以及 MPI/PVM 等并行编程标准的发布，集群架构的并行计算机越来越普及。在这些系统中，各个节点采用的都是标准的商品化计算机，它们之间通过高速网络连接起来。国内几乎所有的高性能计算机厂商都生产这种具有极高性能价格比的高性能计算机。而采用个人计算机作为计算节点的 PC 集群则更是降低了并行计算的门槛，极大促进了并行技术的发展。正是因为并行硬件技术的突飞猛进，并行计算机的发展进入了一个新的时代，从而使并行计算的应用达到了前所未有的广度和深度。

并行计算结构可以是上千个处理器组成的大型并行计算机，也可以是由普通的以太网连接的两台以上的 PC 组成的集群或是由 Internet 上一些计算单元组成的虚拟的超级计算机，其中网络并行计算能够充分利用现有的计算资源和存储资源，以提高计算效率。随着工作站和微机性能价格比的日益提高，以及高速网络产品的陆续问世，一种新的并行计算系统应运而生，为大运算量、大存储量要求的算法提供了实现的可能性。美国国家工程科学院院士、加州大学柏克利分校的 David Patterson 教授称之为 NOW (network of workstation，工作站网络)，也称集群(clusters)，这种系统将一群工作站用网络以某种结构互联起来，充分利用各工作站资源，统一调度、协调处理，以实现高效并行计算。

NOW 出现之前有三类典型的并行处理系统。第一类为多向量处理机系统；第二类为基于共享存储器的多处理机系统；第三类是基于分布式存储器的大规模并行处理系统(massively parallel processing, MPP)；NOW 算作第四类，其实也是一种分布式并行计算系统，如图 9-3 所示。

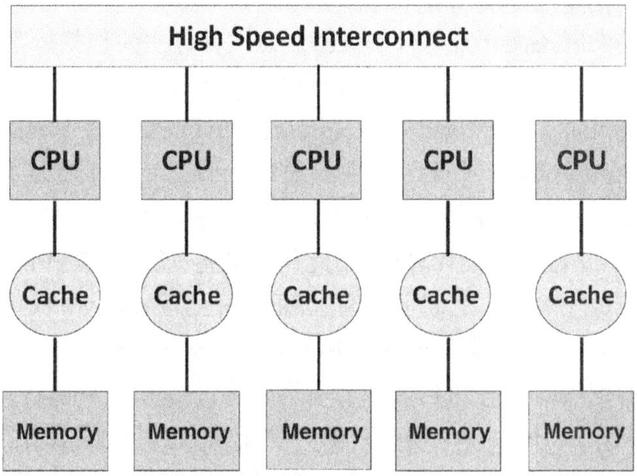

图 9-3 并行处理系统

前三类由于专用性强，研制经费高，商业售价昂贵等原因，在推广时受到一定的限制。相反，由于 VLSI 技术的发展，作为 NOW 组成元素的工作站或高性能微机，其性能以每年 50%的速度提高，而价格不断下降，使人们看到 NOW 推广应用的曙光，图 9-4 给出了利用高性能 PC 机搭建的 NOW 并行计算平台。电气与电子工程师协会科学超级计算小组委员会(Institute of Electrical and Electronics Engineers-Scientific Supercomputing Subcommitee, IEEE-SSS)将 NOW 作为它的一个焦点，并作了大量研究，认为 NOW 是并行计算领域的一个重大发展，可能成为并行计算的主导方向。在工作站参与运算时，希望整个系统用尽量少的节点，在尽量少的运行时间内完成任务，以获得较高的加速比和效率，NOW 系统的运行时间由工作站计算时间和网络的数据通信时间组成。因此组成 NOW 的工作站和互联网络的性能都是影响 NOW 性能的因素。

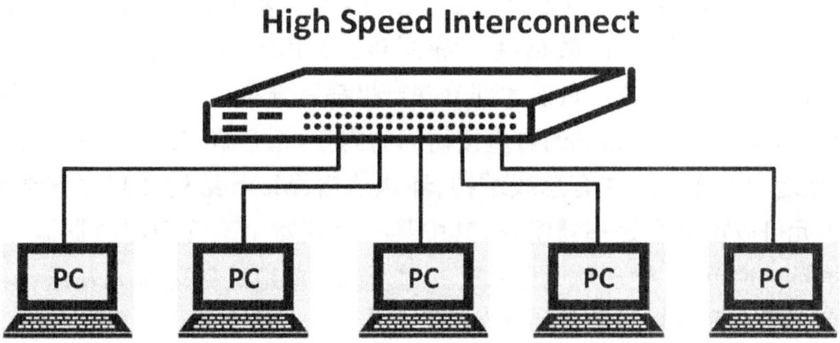

图 9-4 NOW 并行计算平台

由于工作站的性能已经比较高,而且还在迅速提高,所以负责数据通信的互联网络是一项关键技术。异步传输模式(ATM)等高速网络技术的发展给了 NOW 强大的支持。此外,千兆以太网络产品已经商业化,百兆以太网络产品价格持续降低,这也推动了 NOW 的发展。伴随高速网络而产生的另一个关键技术是工作站到网络的主机接口的设计,增加高速缓存和采用 DMA 数据传送方式是两种可供选择的技术。总之,高带宽、低延迟的互联网络技术是 NOW 发展的关键技术,近来在国际会议上这类技术如 ICPP、Hot Internet connects 等,都成为热点问题。

当然并行计算的发展还离不开软件的支持。这些软件主要包括以下几类: ① 并行程序专用设计环境(平台),它提供用户使用的并行硬件资源的编译环境。目前,较为通用的软件平台有 MPI(Message Passing Interface)、Express、PVM (Parallel Virtual Machine),Linda, P4 等;② 可视化监视/调试器,便于用户进行长时间计算时,可随时看到任务运行情况;③ 并行图形处理;④ 并行文件系统和数据库。由于目前本课题组的微机都采用 Windows 操作系统,没有专用于并行计算的计算机,因此作者借鉴 MPI 的某些设计思想,开发了更为实用的,基于 Windows 平台的并行计算程序。而实际上,Windows 操作系统也提供强大的网络支持,使用 Visual Fortran 编写网络应用程序是十分方便的。

并行应用程序的编写一般有两种方法: 一是直接进行并行数值计算研究,并编写运行于并行系统的并行程序;二是由传统串行计算方法出发,将其改编成并行计算方法,进一步把串行程序改编为并行程序。针对专用并行机的并行数值算法比较成熟,但大多数没有把实际中必需的通信开销计算在内,即算法没有考虑处理机之间数据的传输、交换等问题,这对 NOW 系统来说是不太适用的,NOW 更倾向于第二种做法。目前,并行计算在计算电磁学领域已经引起了各国重视。

2. 并行计算机平台分类

NOW 这种并行系统是一种分布式并行计算的新型系统,代表了并行计算的新发展方向。它可以将不同操作系统,不同体系结构,以及不同计算能力的计算机相连,形成高性能的并行计算系统。根据指令流和数据流的方式不同,将并行计算机一般系统分为四类: 单指令单数据流(single instruction stream & single data stream, SISD),单指令多数据流(single instruction stream & multipole data stream, SIMD),多指令单数据流(multipole instruction stream & single data stream, MISD),多指令多数据流(multipole instruction stream & multipole data stream, MIMD)。

在 MIMD 并行系统中,每个处理器都是独立的,每个单元都可以运行不同的程序,处理机之间采用高速网络通信进行数据共享和同步。MIMD 又可分为共享式存储器模式(PRAM)和分布式存储器模式。目前大部分并行机都是分布式存储器模式。在分布式存储模式中,每个处理器都有自己独立的可直接访问的内存,每个节点之间通过高速网络交换数据和信息,节点之间的连接方式有总线结构、环状结构、Mesh 结构和超立方结构等。通常,每个处理器单元可以由多个处理器组成,其中某些处理器用于管理和数据输出。分布式存储器也成为消息传递单元,处理单元可由某一地址或某些地址处理单元发送各类消息,接收单元保存消息在缓存器中并通知目的任务。

从处理器指令级并行性来考察,Flynn 根据指令和数据流的不同对计算机系统进行分类，这里介绍并行系统相关的几个类别。

1）对称多处理机（SMP）

指一个系统（节点）内多个处理器共享内存的方式，各处理器均等地占有总线和内存访问机会。在单一系统（节点）内部，则可以进行共享地址空间的并行执行，或多线程执行，或以多进程方式执行。一般说来，共享地址空间的多线程并行方法具有隐式通信功能。而基于多进程并行的程序，如需通信或共享内存则应使用特殊方式，如 MPI 等并行库，都是针对 SMP 处理机实现特定的通信技术。

2）集群计算系统

集群计算机可归属于分布式存储的多程序多数据流（MPMD）/多指令多数据流（MIMD）机型。由于其具有比较容易搭建、性价比高等优点，当前大部分主流高性能计算平台都是采用集群架构技术组建的。采用自制的 SIMD 计算机或 SMP 计算机为节点，通过高速网络互联的组织方式，能够满足大部分通用计算的需求，同时也比较适合消息传递类型并行库所要求的环境。

3）向量机

向量指令是早在如 Cray 等大型机上采用的并行处理技术。目前处理器架构设计已经把向量操作指令集成到了 CPU 的硬件逻辑中。另外，一些 SIMD 指令也能做向量操作。在以向量机为节点的集群系统中也能支持 MPI 规范。

9.4　基于消息传递的并行计算

在分布式内存的并行机中，消息传递是一种广泛使用的分布式计算程序结构模型。按照这种模型，一个程序被划分成几个子程序分别在各个节点上运行，并通过相互传递消息来保证整个程序的协调和同步。在分布式并行计算系统中由于各处理机之间通过计算机网络进行连接，处理机之间没有共享内存供数据传递。因而，分布式并行计算机系统中通过传递消息的通信机制来完成各处理机之间的数据传递操作。在并行设计环境中，依据处理机之间的消息传递机制为程序员提供不同模式和多层次的系统通信原语，以方便灵活地通过此环境进行并行程序设计，完成并行计算任务。

消息传递通信系统是围绕消息（message）的概念来建立的。在并行程序设计环境中，一个消息即是由一个发送数据操作“SEND”所产生的结果，其中数据为一些没有结构定义的字节流。每个消息由一个接收操作“RECEIVE”来消耗。如果消息字节数大于读取所需要的字节数，则多余的字节将被删掉；反之，则“RECEIVE”将接收所有此消息的字节，同时返回消息字节数不够的指示。

在并行程序设计环境中提供了多种模式及多种层次的系统通信程序包，其中按通信机制的不同，主要分为阻塞（blocking）通信和非阻塞（non-blocking）通信两类。

1. 阻塞通信

阻塞通信机制主要指当调用此通信原语时用户程序将被挂起直到相应的操作完成为止。如果是发送一个数据，则数据被从用户空间拷贝到系统消息缓冲区，等待系统根据发送目的节点地址，选择占用相应的通信链路。将数据从系统缓冲区发送出去之后，用户程序才能调用，才能返回，接着完成后面的操作。如果是接收一个数据，则在用户调用此通信系统原语之后，直到在本节点系统消息缓冲区中有相应类型的消息到达之后，该调用函数才能返回，同时，将消息从系统接收消息缓冲区拷贝到用户程序空间。

2. 非阻塞通信

对于非阻塞通信，接收节点将消息进行缓冲，以等待相应的读取操作取走数据消息。在并行程序设计环境的消息传递系统中，还提供了对于非阻塞通信机制的支持，以满足消息立即处理的消息驱动需要。通常应用程序可以设置一个处理进程(ex Handle)用于处理接收到的消息，而另一部分程序可以继续完成其他的并行计算以及处理其他来源的通信消息，它不会像阻塞通信那样在调用时被挂起。

在基于消息传递的通信过程中，同步问题比较复杂，因为常常要考虑缓冲的时延。消息传递分为同步和异步两大类，前者需要等待接收者的应答后继续，后者不需要等待接收者的应答。

(1) 同步消息传递。在这种通信方式中，接收进程接收到的消息能反映进程的当前状态。

(2) 异步消息传递。利用发送和接收命令，可以在任意的时刻实现同步要求。由于发送进程一般先于接收进程，因此接收进程接收到的消息不能反映发送进程的当前状态。

9.5 并行计算的性能指标

1. 并行加速比

设 t_p 表示用 p $(p=1, 2, 3, \cdots)$ 个处理器求解某问题所需时间。定义 p 个处理器的加速比

$$S_p=\frac{t_1}{t_p}$$

其中 t_1 是用单处理器求解同一问题所需的时间。

2. 并行效率

并行效率与加速比是相关的概念。一个并行程序的效率定义为

$$E_p=\frac{S_p}{p} \tag{9-1}$$

当加速比 S_p 接近于 p 时，效率 E_p 接近于 1。

9.6 编程平台

为了完成网络并行计算，消息传递的并行计算平台的选择十分重要。消息传递编程是一种显示编程，大多数系统使用 SEND 和 RECEIVE 函数来交换数据。目前，已经存在许多通用且成熟的消息传递软件包。其中 MPI 和 PVM 是两种比较成熟的软件包。

1. MPI 简介

消息传递接口(message passing interface, MPI)是为 MIMD 模式分布式存储器并行计算机和机群系统制定的消息标准，目标是为这类机器建立一个可移植的、易使用的标准消息传递环境。MPI 提供一个独立于平台的消息传递库标准，实现程序可移植性，支持 PC 机、工作站和几乎所有的并行机，用 MPI 编写的程序可以不加修改地应用于所有操作系统平台。

MPI 包含 125 个函数和宏组成的库，但仅需要调用 6 个基本函数即可完成基本应用：MPI 初始化，MPI 结束，确定消息传递通道的大小，确定消息传递通道的序号，消息发送给指定的处理机，从指定处理机接收消息。

1) MPI 的特征

(1) 实现方式多样化，同一编程界面可有多种开发工具。

(2) 能实现完全的异步通信，立即发送，与接收，与计算覆盖进行。

(3) 能有效地管理消息缓存区。

(4) 能在 MPP 与工作站机群上有效运行。

(5) 异步执行时能保护用户的其他软件不受影响。

(6) 是可移植的标准平台。

客观世界是由事物之间通过交互连接成的网络，事物之间通过各种接口实现通信和协作，构成普通与特例、个体与整体的关系。记录客观世界的现有模型大多数是采用串行的方式，当中最为经典的是冯·诺依曼模型。对于串行模型而言，经过多年的发展，已经形成了许多成熟的设计方法，积累了丰富的设计模式(design patterns) 如工厂模式、适配器模式等。在各种典型问题解决方案里也形成了一系列成熟算法，如分治、分支定界、动态规划等。同时也总结了高效验证方法，设计了成熟的运行环境和调试技术。而对于并行技术而言，目前尚未有通用的并行编程模型，绝大多数软件系统都需要与处理的问题本身相关。即使是被广泛应用的 MPI 并行编程模型也仅仅是提供了一种粗粒度的并行机制，在进程粒度上，基于 MPI 的程序还是串行执行，我们仍需在理论上进一步发展新的并行编程模型。

要利用 MPI 库传递数据，就必须充分了解系统封装消息的方式及流程。在进程间的通信过程中，MPI 消息被封装在一个数据包里，然后通过系统的缓冲区再由网络传输层打包发送。若一个 MPI 消息所封装的数据大小超过了 MPI 的缓冲区所能装载的规模(或再进一步地，超过物理介质传输包的大小)，则都会导致消息将被拆分成小块。一个完整的 MPI 消息应该包含有发送进程号和目的进程号。

2) MPI 库定义的三种缓冲区

(1) 应用缓冲区，存储即将接收或发送的数据的地址空间。

(2) 系统缓冲区，MPI 库为进程通信设计的存储空间，依赖于发送和接收数据的类型。

(3) 用户向系统注册缓冲区，用户在使用某些应用程序接口(API)时，在程序中申请到的存储空间，然后将该存储空间注册到 MPI 库中给进程通信使用。

通信子(communicator)是 MPI 库管理进程和通信的工具。就比如 MPI_COMM_WORLD 是 MPI 库在初始化时默认创建的通信子。对某个进程的操作(或某个进程参与的操作)必须放在通信子内才有效，MPICH2 支持通信子内通信(intra-communicator)和通信子间通信(inter-communicator)。不同空间中的消息不会相互干扰。

进程号(rank)必须存在于某一个通信子里才能正常使用,一般称某个进程的 rank 为 num,实际情况则是指在某一个通信子内该进程的编号为 num。在一个通信集合里,每一个进程在初始化时都会获得由 MPI 系统所分配的一个唯一的整形标识。进程在通信时必须使用进程号来标记通信消息的源进程和目的进程。

通信子包含一组共享存储空间的进程,这些进程即为该通信子的进程组(group)。通信子的 Context_id 属性是其身份标识。同一个进程不同的通信子有不同的 Context_id,同一个进程在不同的通信子内有可能存在着不一样的进程号。

3) MPI 库的通信协议

(1) 立即通信协议。

(2) 集中通信协议。

(3) 短消息协议。

4) 五个流程

消息传递通信系统的数据通信过程主要由以下五个流程能实现如下目标。

(1) MPI 环境初始化。

(2) 源进程发送动作准备就绪,数据进入发送缓冲区。

(3) MPI 库将发送缓冲区的数据打包成待发送消息。

(4) 将组装的消息发往目标进程。

(5) 目标进程接收消息,并将其解析到接收缓冲区。

2. PVM 简介

PVM(Parallel Virtual Machine)是美国国家基金会资助的公开软件系统,已经开发了许多版本,含变种形式和辅助工具,包括用户界面、进程控制、容错和动态进程组等。所支持的编程语言包括 C、Fortran 和 JAVA。PVM 具有通用性极强的特点,既适合 TCP/IP 网络环境,又适用于 MPP 型大型并行系统。PVM 具有以下特点。

(1) 通用性强,系统规模小(约几兆),既适合 TCP/IP 网络环境,又适用于 MPP 型大型并行系统。

(2) 功能强,PVM 是一个自含式系统,包含了进程管理,负载平衡和 I/O 等功能,对用户的支持性好。

(3) 异构性。PVM 支持异构性较好,使任务可充分利用工作组中合适的硬件平台,支持虚拟机使用不同的网络。

虽然 PVM 和 MPI 有些不同,但 MPI 和 PVM 正相互向对方演变。如 MPI - 2 中增加了进程管理功能,而现在的 PVM 已有了更多的集合。

9.7 电磁环境并行计算

自 90 年代以来,并行计算得以空前地飞速发展,一方面,由于单处理机的计算速度不断提高，并行计算机的体系结构趋于成熟，数据传输网络的标准化和传输速率的大幅提升，使得并行计算机的研制周期能够从几年到几个月，为研制并行计算机系统创造了有利条件。另一方面，推动并行计算发展的主要动力来自国际上的一些重要研究计划以及现实应用的需求。现在，人们已经可以自己搭建 PC 集群，利用学习到的理论知识来解决实际问题不再是纸上谈兵，这也为我们提供了新的机遇和挑战。正是在这种背景下，并行技术进入了计算电磁学研究者的视野。任何算法，其生命力在于对实际问题的解决程度。电磁计算领域也是如此。例如现在求解的实际电磁问题的尺寸往往达到几十个、甚至上百个波长，需要几百万，以至超过千万个未知数来模拟，使用几十 GB 甚至上百 GB 内存来完成计算。现在甚至是未来的超级计算机也无法支撑如此高强度的计算需求。实际应用的需求促使计算电磁工作者开始并越来越重视对并行算法的研究。

对已有数值计算算法的并行化处理，主要包括算法并行和数据并行两种不同的并行方式，其中算法并行是指对算法本身的并行化，即将原算法中串行的各个步骤进行并行处理，以达到较好的并行效能，这类并行化处理要求原算法中各计算步骤间逻辑关系不能太紧密。数据并行是指不对原算法做太大改动，而是对计算数据进行划分，各计算单元在划分的数据块上独立运行，以达到并行的目的，数据并行要求数据块之间不能有较强的逻辑关联性。

用有限元法分析大规模的电磁场问题时，方程组的形成需要一定的计算时间和大量的存储空间，由于单机内存的限制，导致计算单元刚度矩阵和组装总体刚度矩阵的速度缓慢甚至出现无法计算下去等现象，也就是说大型方程组的形成存在困难。区域分解法作为一种粗粒度的预处理算法，它结合区域的灵活划分和负载分配策略，适合在并行机上形成分布式方程组，并实行并行计算，缓解了单机的内存和速度的限制。

随着计算机技术的飞速发展和工程大型计算的需求，并行计算技术已经成为目前和今后工程计算领域一项重要技术。计算电磁学中，以变分原理为基础的有限元法以其优异的特性，成为电磁场计算中非常重要的一种方法。但面临大规模问题或计算量较大时，传统单机串行有限元法难以胜任，而有限元法又具有天然的并行性，将并行技术应用于电磁场有限元计算势在必行。对于在集群系统上基于有限元法(FEM)利用并行技术解决电磁计算问题的文献和成果还比较少。有限元法可分为区域分解，单元计算，合成矩阵，边界条件处理，线性方程组求解五个阶段。最主要的计算量在于求解经过边界条件处理的总体合成矩阵线性方程组。根据电磁计算问题矩阵的稀疏性和带状性，可以采用具有良好并行性的多分裂法对方程组进行并行求解。

有限元法，是求解数理边值问题的一种数值方法，它以变分原理和剖分插值为基础，适用于求解任何微分方程描述的各类物理场，同样也适合于时变场，非线性场以及复杂介质中的电磁场求解。目前，有限元法电磁计算在电气工程中的应用非常广泛，包括各个方面，如电机的电磁分布，电磁力，变形，转子运动，电力电子装置相结合的分析和特性预测及计算等。由于有限元法本身有诸多优点，所以有着非常强大的生命力和广阔的应用空间。

电磁场有限元法并行计算主要策略如下。

Step1

在区域分解阶段按照区域均分的原则，将计算区域 Ω 分解为 Ω1，Ω2，…，Ωp 共 p 个子区域，分别由 p 台处理机在本区域内按照一定规则进行区域剖分。节点编号方面，尽量采用如下的相邻顺序编号，这样有利于形成带宽较小的系数矩阵，提高存储和计算效率。

Step2

用第 i 台处理机，处理区域 Ω_i 单元数据 $(i=1,\ \cdots,\ p)$。根据电磁场问题所对应的 Maxwell 方程，在离散后的每个小区域中单独进行有限元计算。若对二维场的第一类边值问题进行线性插值三角元剖分，可以得到单元计算公式

$$K_{rs}^{e}=K_{sr}^{e}=\frac{\varepsilon}{4\Delta}(b_r b_s+c_r c_s) \tag{9-2}$$

式中，ε 为介电常数；b_i，c_i 为第 i 个三角元的两个边长；Δ 为三角元 e 的面积。

Step3

合成总体矩阵，各处理机需要对边界区域进行通讯，总场的系数矩阵元素为

$$K_{ij}=\sum_{e=1}^{e_0}K_{ij}^{e} \tag{9-3}$$

经边界条件处理后形成最终要求解的线性方程组

$$[\boldsymbol{K}]\{\varphi\}=\{0\} \tag{9-4}$$

即所谓的有限元方程。

Step4

通常求得的线性方程组系数矩阵具有稀疏性、带状性等，利用矩阵结构特殊性，使用目前比较流行的多分裂并行算法求解方程组，将矩阵 K 进行 p 个分裂，即

$$K=\sum_{i=1}^{p}K_{\Omega_i} \tag{9-5}$$

其中，K_{Ω_i} 对应第 i 台处理机计算的部分。这样每台处理机只存储和计算约 $1/p$ 的数据，并只在边界交换数据时进行通讯。而且由于有限元方程的系数矩阵由于稀疏性和带状性，很多都可以表示为具有如下形式的分块三对角矩阵，因而相比单机运算计算时间大大缩短，具体多分裂格式我们采用文献[8]中的格式计算，实践证明，有很好的加速比和扩展性。

9.8 常用并行算法

1. 遗传算法

遗传算法是从代表问题可能潜在解集的一个种群开始的，而一个种群则由经过基因编码的一定数目的个体组成。每个个体实际上是染色体带有特征的实体。染色体作为遗传物质的主要载体，即多个基因的集合，其内部表现（即基因型）是某种基因组合，它决定了个体的形状的外部表现，如黑头发的特征是由染色体中控制这一特征的某种基因组合决定的。因此，在一开始需要实现从表现型到基因型的映射即编码工作。由于仿照基因编码的工作

很复杂，我们往往进行简化，如二进制编码。初代种群产生之后，按照适者生存和优胜劣汰的原理，逐代演化产生越来越好的近似解。在每一代，根据问题域中个体的适应度大小挑选个体，并借助于自然遗传学的遗传算子进行组合交叉和变异，产生出代表新的解集的种群。这个过程将导致种群像自然进化一样，后生代种群比前代更加适应于环境，末代种群中的最优个体经过解码，可以作为问题近似最优解。

遗传算法中最优解的搜索过程也模仿生物的这种进化过程。使用所谓的遗传算子作用于群体中，进行下述的遗传操作，从而得到新一代群体 $p(t+1)$。主要操作有以下三种。

(1) 选择。根据各个个体的适应度，按照一定的规则或方法，从第 t 代群体中选择出一些优良的个体遗传到下一代群体 $p(f+1)$中。

(2) 交叉。将群体 $p(f)$内的各个个体随机搭配成对，对每一对个体，以某个概率(称为交叉概率)交换它们之间的部分染色体。

(3) 变异。对群体 $p(f)$中的每一个个体。以某一概率(称为变异概率)改变某一个或某一些基因座上的基因值为其他的等位基因。

总之，遗传算法就是一种介于随机搜索和穷举法之间的寻找某问题最优值的算法。

遗传算法是一种求解复杂系统优化问题的有效工具，其本身具有的固有并行性，在并行系统构架下有着非常广阔的应用前景。由于问题规模的不断扩大，面对复杂程度越来越高的搜索空间，串行遗传算法的搜索过程用时将成倍的延长。并行遗传算法将并行计算机的高速并行性和遗传算法的天然并行性相结合。极大地促进了遗传算法的研究与应用。并行计算的目的在于加快总体计算速度，减小单进程内存消耗。因此，如何在控制并行算法的成本的基础上提高算法的加速比是问题的关键所在。研究中，在原有遗传算法程序的基础上所作的改动是，在适应度的计算阶段，由主处理器将适应度的计算分配到各个处理器上去进行，计算完毕之后再由主处理器收集结果。然后由主处理器进行选择、交叉、变异等操作，并由此产生新一代种群。采用主从式并行遗传算法，对串行程序所作的主要改动是，在适应度的计算阶段。由主处理器将适应度的计算分配到各个处理器上去进行，计算完毕之后再由主处理器收集结果。然后由主处理器进行选择、交叉、变异等操作，并由此产成新一代种群，从而完成一次循环。

2. 并行快速多极子算法

20 世纪 90 年代以来，伴随着各种快速算法的出现和计算机技术的飞速发展，计算电磁学取得了长足的进步。其中的快速多极子方法(fast multipole method, FMM)和多层快速多极子方法(multilevel fast multipole algorithm, MLFMA)就是当今积分方程研究成果的杰出代表。目前快速多极子方法和多层快速多极子方法已经广泛应用于各种复杂目标的电磁辐射与散射分析。尤其是多层快速多极子方法，更是成为当今最快速的积分方程求解器的杰出代表。对各种复杂目标的电磁辐射与散射分析主要受限于计算机内存大小。为了充分利用已有的计算机资源求解大未知量问题，并行快速多极子方法得到了迅猛发展。

快速多极子方法的基本原理是：将散射体表面上离散得到的子散射体分组。任意两个子散射体间的互耦根据它们所在组的位置关系而采用不同的方法计算。当它们是相邻组时，采用直接数值计算。而当它们为非相邻组时，则采用聚合—转移—配置方法计算。对于一个给定的场点组，首先将它的各个相邻组内所有子散射体产生的贡献“聚合”到各自的组中心表达；再将这些组的贡献由这些组的组中心“转移”至给定场点组的组中心表达；最后将得到的所有非相邻组的贡献由该组中心“配置”到该组内各子散射体。对于散射体表面上的N个子散射体，直接计算它们的互耦时，每个子散射体都是一个散射中心即为一个单极子，共需数值计算量为O(N2)；而应用这种快速多极子方法，任意两个子散射体的互耦由它们所在组的组中心联系，各个组中心就是一个多极子，其数值计算量只为O(N1.5)。对于源点组来说，该组中心代表了组内所有子散射体在其非相邻组产生的贡献；对场点组来说，该组中心代表了来自该组的所有非相邻组的贡献，从而大大减少了散射中心的数目。

作为数值方法，快速多极子方法和多层快速多极子方法(MLFMA)具有数值误差可控、计算精度高、通用性强和应用范围宽的优点。相对于PO等高频方法，它们又具有数学公式复杂、不易编程、优化参数较多等特点。FMM与MLFMA既适用于单站RCS计算，也适用于双站RCS计算；既可分析凸形目标散射，又可分析凹形目标散射，适合于任意外形的三维金属目标RCS计算。该方法适用于任意极化(各种线极化和圆极化)照射条件下金属目标RCS的计算；既可直接计算各关键部件散射，也可用于整机散射的精确建模；既可分析理想导体目标散射，又可分析非理想导体、介质、介质导体复合体、涂敷目标等目标散射。该方法对软硬件环境要求低。在一般的PC兼容机即可开展复杂目标电磁仿真。目标散射分析能力主要受限于计算机内存大小。

我们知道，矩量法分析问题，一般单机处理的未知量最大极限为十几万。如果是快速多极子，对于电大尺寸目标的散射，其未知量数目 $N \gg 1$，此时应用多层快速多极子方法(MLF)将获得比快速多极子方法更高的效率。多层快速多极子算法可使矩阵矢量乘法进一步降为O(NlogN)，其基本实现原理为采取多层分组。分层聚合，分层极子展开的概念已达到优化矩阵计算量的目的。一般快速多极子单机处理的未知量最大极限为40万左右。因此，如何降低并行快速多极子单机的内存需求。计算更大未知量的问题就成为我们的主要目的。

1998年，美国伊利诺伊大学W. C. Chew教授与Demaco公司联合推出的高效高精度电磁数值分析软件FISC在伊利诺伊大学超级计算机应用中心的Origin 2000(8个处理器，5 GB内存)上求解了二百万未知量的散射问题。据称，目前FISC软件已成功求解了VFY218飞机模型在8 GHz频率平面波照射下的双站雷达截面(RCS)，未知量高达999万。为了充分利用已有的计算机资源求解大未知量问题，并行快速多极子方法得到了迅猛发展。

多层快速多极子方法(MLFMA)的内在并行性包括在对不变项的求解中含有的内在并行性。我们很容易发现不变项A(稀疏矩阵元素)、B(块对角矩阵)，平移项口的计算都是独立的，所以可在多台计算机异步进行。其次，用MLFMA求解矩矢乘法时也存在内在并行性。

基于上述并行性，我们依据如下步骤设计并行。

1) 读入数据，根据问题分层分组

各进程同时读入RWG网格剖分信息，并对目标结构上的RWG单元建立八叉树结构。

划分八叉树结构的过程是：首先，选择能够包含该结构的最小立方体，即第0层盒子。然后，将这个盒子均分成8个立方体，即第1层盒子；再将第1层盒子均分8部分得到第2

层盒子;如此类推一直剖分下去,直到最小盒子的边长为 0.25～0.45 波长。在各层盒子中,不包括基函数的盒子将被抛弃。

2) 划分任务

在保留原串行算法的八叉树结构的基础上,在适当层上将整棵树划分为多个子树,并以子树为基本单位划分任务给各个进程。

例如划分八叉树结构时,选择能够包含该结构的最小立方体,即第 0 层盒子。然后,将这个盒子均分成 8 个立方体,即第 1 层盒子。这时,我们将第 1 层的 8 个盒子由 8 个进程分别单独进行处理,此时我们可以区分出各个进程所要各自处理的各层非空盒子,并单独编号,令其与全局各层非空盒子之间的标号相互索引。

3) 近场填充及远场不变项处理

各个从进程近场矩阵的初始化给出各个从进程近场矩阵的大小及非零元素位置的索引。各个从进程近场矩阵的填充可选择电场、磁场或混合场填充。近场的填充,用快速多极子生成的近场矩阵一般都是稀疏化的,如果直接存储稀疏化矩阵是一件很浪费内存的事,所以我们一般要把稀疏化矩阵压缩存储。

稀疏化矩阵压缩存储一般有两种方法:行压缩存储,列压缩存储。这里我们采用的行压缩存储。稀疏化矩阵记录的是最细层组与组之间的关系,第一行记录的是最细层非空组中第一个组的近场组,第二行记录的是最细层非空组中第二个组的近场组,以此类推,第 i 行记录的是最细层非空组中第 i 个组的近场组。但这个矩阵中有很多零元素,我们采用一个一维数组记录矩阵中的非零值,同时采用两个一维数组来索引该一维数组,这样我们就能使矩阵中的值与一维数组中的值建立对应关系。

并行快速多极子时,根据上一步骤,每个进程所要处理的非空组单独记录其近场组,并单独生成各进程的压缩格式近场矩阵。远场不变项的处理主要有几个量,如当前层的转移因子,父子层之间的平移因子。由于这些项占用内存相对较小,我们可以先把这些远场不变项算好,当要用到的时候我们就直接调用。

远场作用中的汇聚项由于所占内存较大,我们根据每个进程处理的内边不同而分成若干份由各个进程分别存储。使用主从结构模式实现并行 MLFMA,主计算机主要功能为初始化,任务的管理分配和最终结果的输出,不参与中间的计算,中间计算由从计算机负责。其中并行矩阵矢量乘运算时,首先,各个从计算机计算本地存储的近场矩阵与电流未知量的乘积,再发送至主计算机,使主计算机获得整个近场矩阵与电流向量的乘积。由主计算机处理比较后,再进行下一步运算。

9.9　并行计算最新成果

并行计算的发展和计算机学科中的许多领域一样,除了学科发展的自身规律外,也受到业界的很大影响。近期,随着硬件技术和新型应用的不断发展,并行计算也有了若干新的发展,如多核体系结构、云计算、个人高性能计算机等[9,10]。

1. 以多核为主流的体系结构

最近几年来，随着芯片集成规模极限的逼近，以及能耗和成本的因素，具有多核结构的产品逐渐成为市场的主流。所谓多核技术即在同一个处理器中集成两个或多个完整的计算内核，每个计算内核实质上都是一个相对简单的微处理器。多个计算内核可以并行地执行指令，从而实现一个芯片的线程级并行，并可在特定的时间内执行更多任务实现任务级并行，从而提高计算能力。

2. 以数据为中心的云计算

云计算可以看作分布式计算（distributed computing）、并行计算（parallel computing）和网格计算（grid computing）的最新发展。云计算意味着对于服务器端的并行计算要求的增强，因为数以万计用户的应用都是通过互联网在云端来实现的。它在带来用户工作方式和商业模式的根本性改变的同时，也对大规模并行计算的技术提出了新的要求。

多核技术的出现与主流化，对于并行计算体系结构、并行算法、并行程序设计与并行应用的研究都产生了重要影响，带来了新的挑战。

3. 多核化的并行计算机

多核化趋势正在改变并行计算的面貌。跟传统的单核 CPU 相比，多核 CPU 带来了更强的并行处理能力、更高的计算密度和更低的时钟频率。

4. 大规模的并行算法

并行算法是传统并行计算研究中的重要方向，在新的条件下，并行算法的研究也同样受到了很大的影响。

5. 趋向普及的并行编程

随着当前并行计算技术的发展，并行编程日益普及，在可以预见的未来，大量的应用开发程序员将撰写并行程序，这对于并行编程的研究也提出了新的要求。

6. 新型的并行应用

一直以来并行计算的应用均展现了其高端性，多用于大型的科学计算领域，随着互联网的飞速发展和多核技术的出现，并行计算开始向低端的个人高性能机领域发展，即所谓的桌面应用。它使得普通用户也可能要面对并发和并行操作，这些通常是并行计算专业人员和高端用户才需要面对的问题。

9.10 基于 OpenMP 的 FDTD 并行算法的实现

1. OpenMP

OpenMP[11]使程序并行执行的基本思想是“分叉-合并”模型（fork-join model）。如图 9-5 所示，OpenMP 并行程序在开始运行时只有一个线程，称为 Master Thread，其线程号为 0。到了并行区时，程序会自动生成几个线程，它们和 Master Thread 一起同时执行这部分的代码。到了并行区结束的地方，程序自动同步所有的进程。退出并行区之后，只有 Master Thread 继续按照串行的方式执行下去。各个并行模块之间的执行顺序还是串行的。

因此只要在顺序模块中有一个模块可以独立的并行执行，就可以用 OpenMP。而 FDTD 方法中每一网格点的电场(磁场)分量的迭代公式只与它本身上一时刻的场值和周围网格磁场(电场)上半个时间步的值有关，而与计算区域内其他远端网格点的场量没有直接关系。因此可以容易地将 FDTD 算法的每次迭代划分成许多的小的并行子模块。

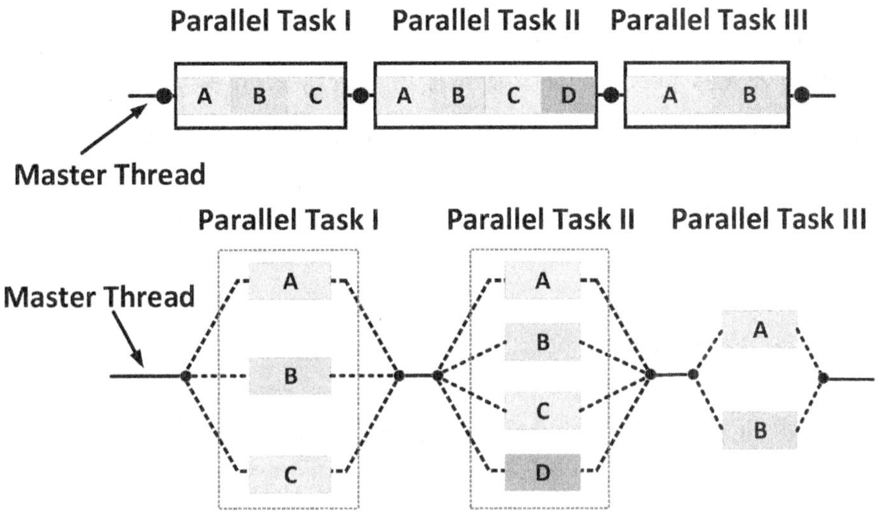

图 9－5　基于 OpenMP 的并行计算流程图[20]

OpenMP 易于使用和组合，它仅有两个基本构成部分：编译器指令和运行时例程。OpenMP 编译器指令用以告知编译器哪一段代码需要并行，所有的 OpenMP 编译器指令都以 # pragma omp 开始。就像其他编译器指令一样，在编译器不支持这些特征的时候 OpenMP 指令将被忽略。

OpenMP 运行时例程原本用以设置和获取执行环境相关的信息，它们当中也包含一系列用以同步的 API。要使用这些例程，必须包含 OpenMP 头文件——omp.h。如果应用程序仅仅使用编译器指令，则可以忽略 omp.h。

为一个应用程序增加 OpenMP 并行能力只需要增加几个编译器指令或者在需要的地方调用 OpenMP 函数。这些编译器指令的格式如下。

#pragma omp <directive> [clause[[,] clause]...]

dierctive(指令)包含如下几种：parallel, for, parallel for, section, sections, single, master, criticle, flush, ordered 和 atomic。这些指令要么是用以工作共享要么是用以同步。

对于 directive(指令)而言 clause(子句)是可选的，但子句可以影响到指令的行为。每一个指令有一系列适合它的子句，但有五个指令(master, cirticle, flush, ordered 和 atomic)不能使用子句。

在编写并行程序的时候，理解什么数据是共享的、什么数据是私有的变得非常重要——不仅因为性能，更因为正确的操作。OpenMP 让共享和私有的差别显而易见，并且你能手动干涉。共享变量在线程组内的所有线程间共享，因此在并行区域里某一条线程改变的共享变量可能被其他线程访问。反过来说，在线程组的线程都拥有一份私有变量的拷贝，所以在某一线程中改变私有变量对于其他线程是不可访问的。默认地，并行区域的所有变量都是共享的，除非如下三种特别情况：一是在并行 for 循环中，循环变量是私有的；二是并行区域代码块里的本地变量是私有的；三是所有通过 private，firstprivate，lastprivate 和 reduction 子句声明的变量为私有变量。

2. FDTD 程序的并行化

FDTD 对电场的三个分量和磁场的三个分量进行迭代。每一网格点的电场（磁场）分量的迭代只与它本身上一时刻的场值和周围网格磁场（电场）上半个时间步的值有关，而与计算区域内其他远端网格点的场量没有直接关系。这是我们对其实现并行化的前提。

以电场 E_x 的迭代程序为例，我们将式(2-14)所示的电场迭代公式写成程序语言如下。

```
for(i=1;i<IE;i++){
    for(j=1;j<JE;j++){
        for(k=1;k<KE;k++){
            temp=ax[i][j][k];
            ax[i][j][k]=ak1[i][j][k]/ak2[i][j][k]*ax[i][j][k]+coe1/ak2[i]
[j][k]
                *(hz[i][j][k]-hz[i][j-1][k]-hy[i][j][k]+hy[i][j][k-1]);
            ex[i][j][k]=aj1[j]/aj2[j]*ex[i][j][k]+ai2[i]/aj2[j]
                *ax[i][j][k]-ai1[i]/aj2[j]*temp;
        }
    }
}
```

由于 E_x 的迭代是一个独立的模块，且 for 循环的每一代之间亦相互独立。因此可以用 OpenMP 并行实现。程序如下，只是在循环体的头部加载了 OpenMP 的并行部分。

```
#pragma omp parallel private(i, j, k, temp)
shared(ax, ak1, ak2, coe1, hz, hy, ex, aj1, aj2, ai2, ai1)
    {
#pragma omp for
    for(i=1;i<IE;i++){
        for(j=1;j<JE;j++){
            for(k=1;k<KE;k++){
                temp=ax[i][j][k];
                ax[i][j][k]=ak1[i][j][k]/ak2[i][j][k]*ax[i][j][k]
                    +coe1/ak2[i][j][k]*(hz[i][j][k]-hz[i][j-1][k]-hy[i]
[j][k]+hy[i][j][k-1]);
                ex[i][j][k]=aj1[j]/aj2[j]*ex[i][j][k]
                    +ai2[i]/aj2[j]*ax[i][j][k]-ai1[i]/aj2[j]*temp;
```

```
            }
        }
    }
}
```

在其他可以并行的区域，我们可以类似地实现程序的并行化。

在两台多核 PC 上运行了并行 FDTD 程序，并行化的程序在运算速度上有明显的提高。

1）运行环境

CPU：Intel® Core™ 2 Duo T9400 @2.53 GHz

内存：2 GB DDR3

OS：Microsoft Windows XP Professional Service Pack3

表 9-1 给出了不同空间网格数的情况下串行 FDTD 天线仿真程序和 OpenMP 并行 FDTD 天线仿真程序的运行时间比较，仿真的天线问题的单极子天线，时间步数为 2 500 步。可以看出对于不同规模的问题，OpenMP 并行对串行保持了稳定的加速性能，加速比在 1.85 左右。这比 MPI 在两台计算机构成的分布式并行系统的加速比 1.6 要高。

表 9-1　串行和并行 FDTD 运行情况

空间网格数	串行 FDTD 天线仿真程序的运行时间/s	OpenMP 并行 FDTD 天线仿真程序的运行时间(双核)/s	并行程序相对串行程序的加速比
500 000	243.2	132.4	1.84
1 000 000	479.4	258.0	1.86
2 000 000	941.1	518.1	1.82
3 000 000	1 396.8	768.6	1.82
4 500 000	2 104.5	1 119.3	1.88
6 000 000	2 777.6	1 509.3	1.84
8 000 000	3 730.7	2 013.1	1.85

同时，将 FDTD 程序的运行速度和 CST 仿真软件的速度相比较，用仿真两个同样的天线为例，其运算时间如表 9-2 所示。由此可发现串行 FDTD 算法的速度和 CST 软件的仿真速度相仿，但是 FDTD 并行程序的计算速度更快。

表 9-2　串行、并行 FDTD 和 CST 软件运行时间对比

空间网格数	FDTD 划分的空间网格数	串行 FDTD 程序所用时间/s	串行 FDTD 程序所用 CPU	并行 FDTD 程序所用时间/s	并行 FDTD 程序所用 CPU	CST 划分的空间网格数	CST 软件所用时间/s	CST 软件所占用的 CPU
天线Ⅰ	108 000	56.1	1	32.5	2	103 896	37	1.8
天线Ⅱ	3 000 000	1 396.8	1	768.6	2	2 803 640	1 850	1.8

2）运行环境

CPU：Intel® Xeon® X5355 @2.66 GHz

内存：16.0 GB

OS：Microsoft Windows server 2003 R2 Enterprise X64 Edition Service Pack 2

该计算机是实验室的工作站，含 8 个 CPU。

下面的表 9-3 给出了不同空间网格数的情况下串行 FDTD 天线仿真程序和用不同 CPU 数目的 OpenMP 并行 FDTD 天线仿真程序的运行时间比较，图 9-6 为分配不同 CPU 情况下并行 FDTD 程序的加速比。仿真的天线问题为单极子天线，时间步数为 2 500 步。可以看出对于不同规模的问题，OpenMP 并行对串行保持了稳定的加速性能。在 4～8 CPU 之间，加速比一直停留在 3 左右，这可能是因为越多的 CPU 用 OpenMP 实现并行计算的开销增大，或者是因为在工作站上有一些其他的进程在运行，这影响了比较多的 CPU 并行计算时的效率。

表 9-3　串行和并行 FDTD 运行时间比较

网格数 \ CPU 数	1 CPU	2 CPU	3 CPU	4 CPU	5 CPU	6 CPU	7 CPU	8 CPU
8 000 000	4 049.5	2 124.8	1 608.5	1 558.4	1 485.4	1 385.3	1 381.1	1 370.9
6 000 000	3 048.5	1 577.7	1 181.8	1 108.5	1 102.6	1 055.4	1 027.6	1 020.6
4 500 000	2 320.8	1 226.6	912.6	826.6	825.7	779.7	774.9	748.5
3 000 000	1 564.3	813.3	611.0	545.7	537.5	512.4	501.2	488.4
2 000 000	1 074.7	561.4	419.2	384.7	372.5	363.5	347.0	330.1
1 000 000	560.2	297.9	214.2	183.4	1 800.4	176.0	170.3	165.9
500 000	298.1	160.2	119.4	101.2	100.2	98.4	97.3	93.4

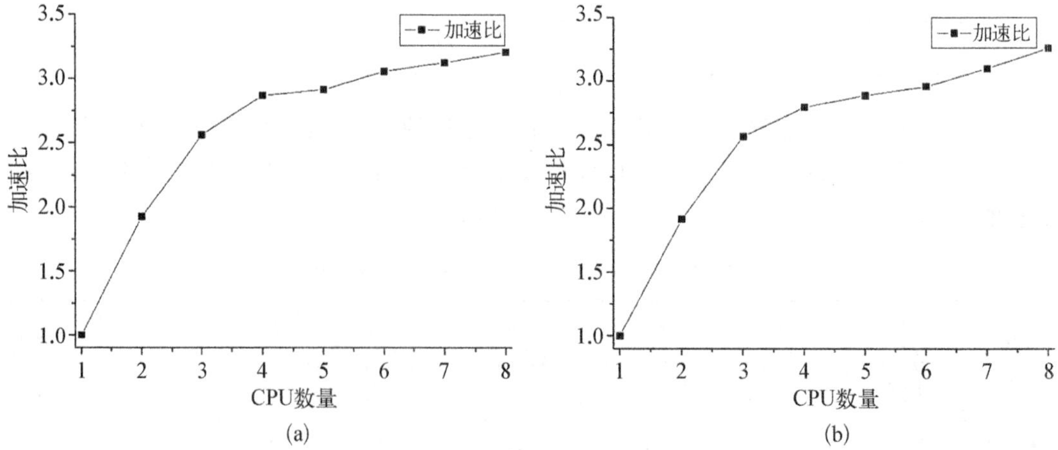

图 9-6　不同 CPU 数目并行计算的 FDTD 程序加速比

(a) 网格数三百万；(b) 网格数四百五十万

本节用 OpenMP 实现了基于共享内存系统的并行 FDTD 计算。对不同计算规模的问题进行了并行化测试，对不同 CPU 并行情况下的并行加速比进行了分析，将并行 FDTD 程序的效率和商用电磁软件 CST 的计算效率进行了比较。并行 FDTD 程序在时间上具有优势和可继续发展的潜力。

9.11　本章小结

本章主要介绍了并行计算方法的研究进展，介绍了几种主要的并行计算平台，最后就并行电磁计算方法做了介绍，并给出了一些计算实例。

9.12　问题与讨论

1）要求

(1) 查阅文献，搜索并行计算最新发展的 10 个新名词，并以 ppt 和 word 的形式进行汇报。

(2) 查阅并行计算的最新进展，尤其是近几年的最新成果。

(3) 用并行计算计算习题，并选一种新的数值计算方法计算该实例，并对比计算结果。

2）习题

(1) 算例一，至少通过两个线程计算脉冲激励后的三维自由空间场分布，中心频率 1 GHz。

(2) 算例二，至少通过两个线程计算脉冲激励后的六面是金属边界的三维空间场分布，中心频率 2 GHz。

参 考 文 献

[1] CAO Y, FATEMI V, FANG S, et al. Magic-angle graphene superlattices: a new platform for unconventional superconductivity[J]. Nature, 2018, 556(7699).

[2] CHEN Y, ZHENG S, JIN X, et al. Single-frequency computational imaging using OAM-carrying electromagnetic wave[J]. Journal of Applied Physics, 2017, 121(18): 184506.

[3] SARABANDI K, BEHDAD N. A frequency selective surface with miniaturized elements[J]. IEEE transactions on antennas & propagation, 2007, 55(5): 1239-1245.

[4] 王君,孙艳军,纪雪松,等.光电可调控频率选择表面[J].光子学报,2018,47(03): 14-22.

[5] MEHDIPOUR A, SEBAK A R, TRUEMAN C W, et al. Reinforced continuous carbon-Fiber Composites using multi-wall carbon nanotubes for wideband antenna applications[J]. IEEE transactions on antennas & propagation, 2010, 58(7): 2451-2456.

[6] RAY M W, RUOKOKOSKI E, KANDEL S, et al. Observation of dirac monopoles in a synthetic magnetic field[J]. Nature, 2014, 505(7485): 657-660.

[7] 朱晨鸣. 5G: 2020 后的移动通信[M]. 北京: 人民邮电出版社, 2016.

[8] KSHETRIMAYUM R S. A brief intro to metamaterials[J]. IEEE potentials, 2005, 23(5): 44-46.

[9] COSKUN V, OZDENIZCI B, Ok K. A survey on near field communication (NFC) technology[J]. Wireless personal communications, 2013, 71(3): 2259-2294.

[10] HARRINGTON R F. Time-harmonic electromagnetic fields[M]. Time-harmonic electromagnetic fields: McGraw-Hill, 1961.

[11] COLLIN R E. Field theory of guided waves[M]. Field theory of guided waves: McGraw-Hill, 1960.

[12] YEE K S. Numerical solution of initial boundary value problems involving Maxwell's equations in isotropic media[J]. IEEE trans. antennas propagat. 1966, 14.

[13] ZIENKIEWICZ O C, TAYLOR R L, ZHU J Z. The finite element method: Its basis and fundamentals, sixth edition[M]. The finite element method: Its Basis and

Fundamentals (Seventh Edition), 2005.
[14] COIFMAN R, ROKHLIN V, WANDZURA S. The fast multipole method for the wave equation: a pedestrian prescription[J]. IEEE trans antennas propagat, 1993, 35 (3): 7 - 12.
[15] 周希朗. 电磁场与波基础教程[M]. 北京：机械工业出版社，2014.
[16] 章文勋.电磁场工程中的泛函方法[M].上海:上海科技出版社，1985.
[17] R. F. HARRINGTON.计算电磁场的矩量法[M].王尔杰，译.北京：国防工业出版社，1981.
[18] 汪茂光.几何绕射理论[M].西安：西安电子科技大学出版社，1985.
[19] 高本庆.时域有限差分法 FDTD[M].北京：国防工业出版社，1995.
[20] 葛德彪，闫玉波.电磁波时域有限差分方法(第二版)[M].西安：西安电子科技大学出版社，2005：10 - 205.
[21] R. MITTRA.计算机技术在电磁学中的应用[M].北京：人民邮电出版社，1983.
[22] 鲁述.电磁场边值问题解析方法[M].武汉：武汉大学出版社，2005.
[23] LAL CHAND GODARA. Handbook of antenna in wireless communication[M]. CRC Press，2002.
[24] 盛新庆.计算电磁学要论[M].北京：科学出版社，2004.
[25] 张玉.电磁场并行计算[M].西安：西安电子科技大学出版社，2006.
[26] 章文勋.电磁场工程中的泛函方法[M].上海：上海科技出版社，1985.
[27] R. F. HARRINGTON.计算电磁场的矩量法[M].王尔杰，译.北京：国防工业出版社，1981.
[28] 宋文淼.并矢格林函数和电磁场的算子理论[M].北京：中国科学技术大学出版社，1991.
[29] 钱伟长.格林函数和变分法在电磁场和电磁波计算中的应用[M].上海：上海大学出版社，2000.
[30] 章文勋.电磁场工程中的泛函方法[M].上海：上海科技出版社，1985.
[31] R. MITTRA.计算机技术在电磁学中的应用[M].北京：人民邮电出版社，1983.
[32] 盛新庆.计算电磁学要论[M].北京：科学出版社，2004.
[33] 冯康.基于变分原理的差分格式[J].应用数学与计算数学，1965，2(4)：238 - 262.
[34] 谢干权.三维弹性问题的有限单元法[J].数学的实践与认识，1975(01)：28 - 41.
[35] 谭琳静.未来你有可能穿上“隐形披风”[N].长沙晚报网，2017.1.
[36] 谢干权.三维弹性问题的有限单元法[J].数学的实践与认识，1975.5(1)：28 - 41.
[37] MICHAL KRIZEK. Superconverence phenomena on three dimensional meshes[J]. International Journal of numerical analysis and modeling, 2005，2(1)：43 - 56.
[38] 王元，文兰，陈木法.数学大辞典[M].北京：科学出版社，2010.
[39] 金建铭.电磁场有限元方法[M].西安：西安电子科技大学出版社，1998.
[40] 谢处方，饶克谨.电磁场与电磁波(第四版)[M].北京：高等教育出版社，2006.

[41] 王秉中.计算电磁学[M].北京：科学出版社，2002.
[42] TAFLOVE A. Computational electrodynamics: the finite-difference time-domain method[M].Boston: Astech house, 1995.
[43] ZIVANOVIC S S, YEE K S, MEI K K. A Subgridding Method for the Time-Domain Finite-Difference Method to Solve Maxwell's Equations[J]. IEEE transaction on microwave theory and techniques, 1991, 39(3).
[44] DEY S, MITTRA R. A locally conformal finite-difference time-domain (FDTD) algorithm for modeling three-dimensional perfectly conducting objects[J]. IEEE microw guided Wave Lett, 1997(7): 273-275.
[45] YU W, MITTRA R. A conformal FDTD software package modeling antennas and microstrip circuit components[J]. IEEE antennas propag, 2000, 42(5): 28-38.
[46] ZAGORODNOV I A, SCHUHMANN R, WEILAND T. A uniformly stable conformal FDTD-method in Cartesian grids[J]. Int J Numer Model, 2003(16): 127-141.
[47] XIAO T, LIU Q H. Enlarged cells for the conformal FDTD method to avoid the time step reduction[J]. IEEE microw wireless compon lett, 2004, Dec., vol. 14, no. 12, pp. 551-553.
[48] ZAGORODNOV I A, SCHUHMANN R, WEILAND T. Conformal FDTD methods to avoid time step reduction with and without cell enlargement[J]. J Comput Phys, 2007, 225(2): 1493-1507.
[49] XIAO T, LIU Q H. A 3-D Enlarged Cell Technique (ECT) for the Conformal FDTD Method[J]. IEEE transaction on antennas and propagation, 2008, 56(3): 765-773.
[50] JURGENS T, TAFLOVE A, MOORE K. Finite-difference time-domain modeling of curved surfaces[EM scattering][J]. IEEE transactions on antennas and propagation, 1992, 40(4): 357-366.
[51] 葛德彪，闫玉波.电磁波时域有限差分方法(第二版)[M].西安：西安电子科技大学出版社，2005.
[52] KUNZ K S, LUEBBERS R J. Finite difference time domain method for electromagnetics[M]. CRC Press Inc., 1993.
[53] JOHN L VOLAKIS, DAVID B DAVIDSON. A parallel fdtd algorithm using the mpi library[J]. IEEE antennas Propag Mag, 2001, 43(2): 94-103.
[54] WOJCIECH WALENDZIUK, JAROSLAW FORENC. Verification of computations of a parallel FDTD algorithm[C]. Proceedings of the International Conference on Parallel Computing in Electrical Engineering (PARELEC'02), 2002.
[55] KENNEDY J, EBERHART R C. Particle Swarm Optimization[C]. in Proc. IEEE Int'l., Conf. on Neural Networks, IV. Piscataway, NJ: IEEE Service Center, 1995: 1942-1948.

[56] BERENGER J P. A perfectly matched layer for the absorption of electromagnetic waves[J]. J Computational Physics, 1994, 1145: 185 - 200.
[57] YEE K S. Numerical solutions of initial boundary value problems involving Maxwell's equations in isotropic media[J]. IEEE Trans antennas propag, 1966(14): 302 - 307.
[58] TAFLOVE A, HAGNESS S. Computational Electromagnetics: The Finite-Difference Time-Domain Method[M]. Boston, MA: Artech house, 2005.
[59] 周杰,周邦达,管逸飞,陈铭明.并行 FDTD 计算电磁场的软硬件实现 T03012004,2008.
[60] OPENMP, WIKIPEDIA. http://en.wikipedia.org/wiki/OpenMP.
[61] MICHAEL JOHNSON J, RAHMAT-SAMII Y. Genetic Algorithm and Method of Momemts (GA/MOM) for the Design of Integrated Antenna[J]. IEEE Trans. antennas propagat, 1999, 47(10): 1606 - 1614.
[62] Eberhart R C, Kennedy J. A new optimizer using particle swarm theory[C]. In Proc. 6th Int. Symp. Micromachine Human Sci., Nagoya, Japan, 1995: 39 - 43.
[63] JIN N, RAHMAT-SAMII Y. Advances in Particle Swarm Optimization for Antenna Designs: Real-Number, Binary, Single-Objective and Multiobjective Implementations[J]. IEEE Trans. Antennas Propagat, 2003, 55(3): 556 - 567.
[64] SHI Y, EBERHART R C. A modified particle swarm optimizer[C]. in Proceedings of the IEEE Congress on Evolutionary Computation (Anchorage, Alaska), 1998: 69 - 73.
[65] LIANG J J, QIN A K, SUGANTHAN P N, et al. Comprehensive learning particle swarm optimizer for global optimization of multimodal functions[J]. IEEE Trans. Evol. Comput., Jun. 2006, 10: 281 - 295.
[66] AHMED A A E, GERMANO L T, ANTONIO Z C. A hybrid particle swarm optimization applied to loss power minimization[J]. IEEE Trans. Power Syst., May 2005, 20(2): 859 - 866.
[67] CLERC M, KENNEDY J. The particle swarm: explosion, stability, and convergence in a multi-dimensional complex space[J]. IEEE Trans evol comput, 2002(6): 58 - 73.
[68] KENNEDY J, EBERHART R C. A discrete binary version of the particle warm algorithm[C]. in Proc. IEEE Int conf systems, man, and cybernetics, Oct. 1997(5): 4104 - 4108.
[69] GEDNEY S D. An anisotropic perfectly matched layer absorbing media for the truncation of FDTD lattices[J]. IEEE Trans antennas propagat, 1996, 44: 1630 - 1639.
[70] SUGANTHAN P N, HANSEN N, LIANG J J, et al. Problem definitions and evaluation criteria for the CEC 2005 special session on real-parameter optimization. IIT, Kanpur, India, NTU, Singapore and KanGAL Tech. Rep. 2 005 005, May 2005.

[71] 汪茂光.几何绕射理论[M].西安：西安电子科技大学出版社，1985.
[72] 徐少坤，刘记红，魏玺章，等.基于 CP－GTD 模型的三维散射中心参数估计[J].电子学报，2011，39(12)：2755－2760.
[73] G. A. THIELE and T. N. NEWHOUSE. A hybrid technique for combining momen methods with the geometrical theory of diffraction[J]. IEEE Trans.，Antenna Propag.，vol. AP－23，no.1，1975.
[74] 王楠，梁昌洪，张玉，等.NURBS－UTD 方法的爬行波射线寻迹算法[J].西安电子科技大学学报(自然科学版)，2007，34(4).
[75] 王楠.现代一致性几何绕射理论[M].西安：西安电子科技大学出版社，2011.
[76] RUAN Y C，ZHOU X Y，CHIN Y J，et al. The UTD analysis to EM scattering by arbitrarily convex objects using ray tracing of creeping waves on numerical meshes [C]. IEEE International Symposium on Antennas and Propagation，2008，2008：1－4.
[77] PILLAI S U，BYUNG H K. GEESE（Generalized Eigenvalues utilizing Signal Subspace Eigenvalues）— A New Technique for Direction Finding[C]. Asilomar Conference on Circuits，Systems & Computers，1988(2)：568－572.
[78] 贺治华，张旭峰，黎湘，等.一种 GTD 模型参数估计的新方法[J].电子学报，2005，33(9)：1679－1682.
[79] 王昕，董纯柱，殷红成.基于 RELAX 和 PSO 算法的 GTD 模型参数估计[J].系统工程与电子技术，2011(06)：1221－1225.
[80] 陶勇，胡卫东，张泽兵.基于正交投影的 GTD 模型参数估计方法[J].电波科学学报，2009，24(5)：884－890.
[81] KONG J A.电磁波理论[M].吴季，译.北京：电子工业出版社，2003.
[82] 张林波.并行计算导论[M].北京：清华大学出版社，2016.
[83] 张玉.电磁场并行计算[M].西安：西安电子科技出版社，2006.
[84] 刘文志.并行算法设计与性能优化[M].北京：机械工业出版社，2015.
[85] GRAMA A Y，GUPTA A，KUMMAR V. Isoefficiency：Measuring the Scalability of Parallel Algorithms and Architectures，Parallel & Distributed Technology：Systems & Applications，IEEE，see also IEEE Concurrency，Volume 1，Issue 3，Aug. 1993：12－21.
[86] DAVID E CULLER，RICHARD M KARP，DAVID PATTERSON，ABHIJIT SAHAY，EUNICE E. SANTOS，KLAUS ERIK SCHAUSER，RAMESH SUBRAMONIAN. THORSTEN VON EICKEN，LogP：A Practical Model of Parallel Computation[C]. Communications of the ACM，Volume 39，Issue 11，November 1996，pp.78－85.
[87] 江树刚.基于超级计算机的并行 FDTD 关键技术与应用[J].西安电子科技大学，2016.
[88] 令狐龙翔.时变多尺度电大区域海面电磁散射高性能并行计算[J].西安电子科技大学，

2018.
[89] XINING CU, QUANYI LV. A parallel algorithm for block-tridiagonal linear systems [J]. Applied Mathematics and Computation, 2006, 173: 1107 - 1114.
[90] 周楠,胡娟,胡海明.多核处理器发展趋势及关键技术[J].计算机工程与设计,2018,39(2): 393 - 399,467.
[91] 许子明,田杨锋.云计算的发展历史及其应用[J].信息记录材料,2018,19(8): 66 - 67.
[92] 吕忠亭,张玉强,崔巍.基于 OpenMP 的电磁场 FDTD 多核并行程序设计[J].现代电子技术,2013,36(23): 168 - 170.

索　引